T0237590

Perspektiven der Mathematikdidaktik

Reihe herausgegeben von

Gabriele Kaiser, Sektion 5, Universität Hamburg, Hamburg, Deutschland

In der Reihe werden Arbeiten zu aktuellen didaktischen Ansätzen zum Lehren und Lernen von Mathematik publiziert, die diese Felder empirisch untersuchen, qualitativ oder quantitativ orientiert. Die Publikationen sollen daher auch Antworten zu drängenden Fragen der Mathematikdidaktik und zu offenen Problemfeldern wie der Wirksamkeit der Lehrerausbildung oder der Implementierung von Innovationen im Mathematikunterricht anbieten. Damit leistet die Reihe einen Beitrag zur empirischen Fundierung der Mathematikdidaktik und zu sich daraus ergebenden Forschungsperspektiven.

Reihe herausgegeben von
Prof. Dr. Gabriele Kaiser
Universität Hamburg

Weitere Bände in dieser Reihe http://www.springer.com/series/12189

Alexandra Krüger

Metakognition beim mathematischen Modellieren

Strategieeinsatz aus Schülerperspektive

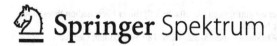

Alexandra Krüger
Glinde, Deutschland

Diese Arbeit wurde im Jahr 2020 als Dissertation an der Fakultät für Erziehungswissenschaft der Universität Hamburg angenommen. Der Titel der eingereichten Dissertation lautete: „Sichtweisen von Schülerinnen und Schülern auf den Einsatz metakognitiver Strategien in der Gruppenarbeit beim mathematischen Modellieren".

ISSN 2522-0799 ISSN 2522-0802 (electronic)
Perspektiven der Mathematikdidaktik
ISBN 978-3-658-33621-9 ISBN 978-3-658-33622-6 (eBook)
https://doi.org/10.1007/978-3-658-33622-6

Die Deutsche Nationalbibliothek verzeichnet diese Publikation in der Deutschen Nationalbibliografie; detaillierte bibliografische Daten sind im Internet über http://dnb.d-nb.de abrufbar.

Planung/Lektorat: Marija Kojic
Springer Spektrum ist ein Imprint der eingetragenen Gesellschaft Springer Fachmedien Wiesbaden GmbH und ist ein Teil von Springer Nature.
Die Anschrift der Gesellschaft ist: Abraham-Lincoln-Str. 46, 65189 Wiesbaden, Germany

Meiner Familie gewidmet.

Danksagung

An erster Stelle geht mein Dank an meine Doktormutter Prof. Dr. Gabriele Kaiser für die Möglichkeit zu promovieren sowie die Betreuung und Unterstützung während meiner Promotionszeit. Gleichermaßen danken möchte ich Dr. habil. Katrin Vorhölter, da beide es ermöglicht haben, dass ich promovieren durfte. Dies bedeutet nicht nur, dass ich meine wissenschaftliche Arbeit erfolgreich abschließen konnte, sondern auch, dass ich vielfältige Erfahrungen sammeln durfte, die ich niemals vergessen werde. Neben den wissenschaftlichen Erfahrungen habe ich auch viele weitere Erfahrungen sammeln können, die mich in meiner Persönlichkeit sehr geprägt haben.

Ich möchte jedem einzelnen aus der Arbeitsgruppe von Prof. Dr. Gabriele Kaiser an der Universität Hamburg danken, da die Ideen und Anregungen aus der Forschungsgruppe meine Arbeit voranbringen konnten. Besonders möchte ich Lisa Wendt für die intensive Zusammenarbeit während unserer gemeinsamen Promotionszeit danken. Außerdem danke ich insbesondere Ann Sophie Stuhlmann, Dr. Armin Jentsch, Dennis Meyer und Kirsten Benecke für ihre Unterstützung in unterschiedlichen Bereichen meiner Arbeit. Hayo Thom möchte ich vielmals für seine hilfreichen Anmerkungen danken.

Zudem möchte ich den teilnehmenden Lehrpersonen und Schülerinnen und Schülern an dem Projekt MeMo danken, da ohne sie meine Studie und auch das Projekt MeMo nicht möglich gewesen wären. Insbesondere möchte ich allen Schülerinnen und Schülern danken, mit denen ich Interviews führen durfte und ohne deren Bereitschaft und Einsatz, meine Arbeit nicht entstanden wäre. Ich danke den studentischen Hilfskräften, die mich bei der Transkription der Interviews unterstützt haben.

Nicht vergessen möchte ich die Unterstützung durch das Stipendium der Landesgraduiertenförderung der Universität Hamburg und auch der Stiftung Helden von Herrn Dohmen.

Schließlich geht ein besonderer Dank an meine Familie und Freunde, da sie mich in der Zeit unterstützt und den notwendigen Rückhalt gegeben haben, um meine Promotion erfolgreich abzuschließen.

Inhaltsverzeichnis

1	**Einleitung**	1
2	**Theoretischer Rahmen**	5
2.1	Metakognition	5
	2.1.1 Das Konzept der Metakognition	5
	2.1.2 Begriffsabgrenzung und Eigenschaften von Metakognition	15
	2.1.3 Soziale Metakognition	18
2.2	Mathematisches Modellieren	22
	2.2.1 Begriffsbestimmung und Ziele	22
	2.2.2 Modellierungsprozess und Modellierungskompetenz	26
	2.2.3 Modellierungsaufgaben und Schwierigkeiten	30
2.3	Stand der Diskussion	36
	2.3.1 Einsatz metakognitiver Strategien nach dem Projekt MeMo	36
	2.3.2 Auslöser des Einsatzes metakognitiver Strategien	37
	2.3.3 Einsatz metakognitiver Strategien beim mathematischen Modellieren	51
	2.3.4 Auswirkungen metakognitiver Strategien	56
2.4	Auslöser und Auswirkungen metakognitiver Strategien – Theoretische Konzeption	59
3	**Methodologie und methodisches Vorgehen**	63
3.1	Methodologische Grundorientierung	63
3.2	Das Design der Studie	70
	3.2.1 Das Projekt MeMo	70
	3.2.2 Die Lernumgebung des Projektes MeMo	72

	3.2.3	Vergleich der beiden Interventionsgruppen	77
3.3		Methodik der Datenerhebung	83
3.4		Die Stichprobe und die Fallauswahl	89
3.5		Methodik der Datenauswertung	92

4 Darstellung der Ergebnisse 105

4.1 Auswertungsergebnisse der inhaltlich strukturierenden
qualitativen Inhaltsanalyse 105

    4.1.1 Rekonstruierte Auslöser des Einsatzes
metakognitiver Strategien aus Schülerperspektive 105

    4.1.2 Berichteter Einsatz metakognitiver Strategien bei
den verwendeten Modellierungsaufgaben 111

    4.1.3 Rekonstruierte Auswirkungen des Einsatzes
metakognitiver Strategien aus Schülerperspektive 123

4.2 Schülertypen metakognitiver Strategien 129

    4.2.1 Der distanzierte metakognitive Typus 131

    4.2.2 Der passive metakognitive Typus 138

    4.2.3 Der intendierende metakognitive Typus 143

    4.2.4 Der aktivierte metakognitive Typus 148

    4.2.5 Der selbstgesteuerte metakognitive Typus 158

    4.2.6 Der überzeugte metakognitive Typus 165

4.3 Zusammenhangsanalysen zwischen der Typeneinordnung
und anderen Kategorien 172

    4.3.1 Die Auswertung der strategiespezifischen
Unterschiede 173

    4.3.2 Übergreifende Auswertung der beiden
Interventionsgruppen 180

    4.3.3 Übergreifende Einzelfallanalysen 185

5 Zusammenfassung und Ausblick 191

Literaturverzeichnis 211

Einleitung

Aufgrund einer konstruktivistischen Orientierung der Bildungsforschung ist ein allseits akzeptiertes Ziel, die Schülerinnen und Schüler zu selbstständig handelnden Akteuren ihres Lernprozesses anzuleiten, so dass sie eigenverantwortlich lernen und ihr eigenes Lernen organisieren können. Dieses Ziel wird ebenso beim mathematischen Modellieren gefordert, welches die Bearbeitung komplexer, realitätsbezogener Fragestellungen mit Hilfe der Mathematik beschreibt. Die Bedeutung des mathematischen Modellierens ist weltweit anerkannt, weshalb es in vielen internationalen Curricula fest verankert ist (Kaiser 2017, S. 267). In Deutschland wurde das mathematische Modellieren als eine der sechs allgemeinen Kompetenzen in die Bildungsstandards aller Schulformen aufgenommen.

In der Modellierungsdebatte wird vielfach die Ansicht vertreten, dass die Schülerinnen und Schüler die Bearbeitung der Modellierungsaufgaben so selbstständig wie möglich durchführen sollen. Beim mathematischen Modellieren finden dementsprechend häufig die adaptive Lehrerintervention beziehungsweise das Scaffolding Anwendung, bei dem die Intervention nur erfolgt, wenn die Schülerinnen und Schüler ohne dessen Einsatz nicht weiterkommen würden (Van de Pol et al. 2010, S. 274, Leiss und Tropper 2014, S. 19). Im Sinne Vygotskis wird hierbei von dem Erreichen der sogenannten *Zone of proximal development* gesprochen, da die Schülerinnen und Schüler durch die Hilfe der Lehrperson die nächste Zone ihrer Entwicklung erreichen können (vgl. Vygotski 1976, S. 86). Grundsätzlich gilt beim mathematischen Modellieren, dass die Lehrperson sich soweit es geht zurückhalten und nur dann helfen soll, wenn es unbedingt nötig ist, und auch dann nur so wenig wie möglich (vgl. Maaß 2007, S. 31). Dieses Verhalten soll dazu führen, dass die Schülerinnen und Schüler maximal selbstständig die Modellierungsaufgaben bearbeiten können, impliziert jedoch auch,

© Der/die Autor(en), exklusiv lizenziert durch Springer Fachmedien Wiesbaden GmbH, ein Teil von Springer Nature 2021
A. Krüger, *Metakognition beim mathematischen Modellieren*,
Perspektiven der Mathematikdidaktik,
https://doi.org/10.1007/978-3-658-33622-6_1

dass die Schülerinnen und Schüler ihren Bearbeitungsprozess selbstständig planen, steuern und kritisch beleuchten müssen. Diese Anforderungen finden sich als metakognitive Strategien, die als Teil der Modellierungskompetenz betrachtet werden, in der Konzeptualisierung von Modellierungskompetenz wieder. Bei metakognitiven Strategien handelt es sich um Lernstrategien, die *„jene Verhaltensweisen und Gedanken, die Lernende aktivieren, um ihre Motivation und den Prozess des Wissenserwerb zu beeinflussen und zu steuern"* beschreiben (vgl. Friedrich & Mandl 2006, S. 1 in Anlehnung an Weinstein und Mayer 1986). Sjuts (2003) beschreibt den Begriff der Metakognition anschaulich als die Tätigkeit des *sich selbst über die Schulter Schauens* (vgl. Sjuts 2003, S. 19). In der einschlägigen Diskussion wird bei den metakognitiven Strategien häufig zwischen Planungs-, Überwachungs- und Regulations- sowie Evaluationsstrategien unterschieden (vgl. Sjuts 2003, Brown 1984, Hasselhorn & Gold 2006, Veenman & Elshout 1999).

In der fachdidaktischen Diskussion zur Förderung von metakognitiven Strategien herrscht Konsens darüber, dass der selbstständige Einsatz derselben erst erfolgen kann, wenn Schülerinnen und Schüler den Nutzen metakognitiver Strategien erkennen. Schülerinnen und Schüler sollten dazu Wissen aufbauen, wann und wie die Strategien eingesetzt werden können und welche Auswirkungen der Einsatz für sie hat. Es darf nicht davon ausgegangen werden, dass dieses Wissen bei Schülerinnen und Schüler a priori gegeben ist. Deswegen wird im Rahmen der Forschung zur Förderung metakognitiver Kompetenz häufig empfohlen, dass das Wissen über den Nutzen und den Einsatz metakognitiver Strategien im Unterricht thematisiert und somit durch die Lehrpersonen vermittelt werden muss (z. B. Bannert 2007, S. 109, Schneider & Hasselhorn 1988, S. 116 f., Schraw 1998, S. 118). Außerdem sind indirekte Maßnahmen für die Förderung metakognitiver Kompetenz, zum Beispiel durch die Gestaltung der Lernumgebung, von zentraler Bedeutung. In der Modellierungsdiskussion gilt der Modellierungskreislauf, der die Schritte des Modellierungsprozesses visualisiert, als metakognitives Hilfsmittel.

Mit der vorliegenden Arbeit möchte ich zur Klärung bezüglich der Beweggründe beim Einsatz metakognitiver Strategien und den Einstellungen zu den metakognitiven Strategien aus Schülersicht beim mathematischen Modellieren beitragen. Der Forschungsstand lässt vermuten, dass nicht nur die Anregung von außen für den Einsatz metakognitiver Strategien bedeutend sein kann, sondern ebenso, dass die Schülerinnen und Schüler selbst den Nutzen des Einsatzes erkennen. Aufgrund der Relevanz der metakognitiven Strategien beim mathematischen Modellieren soll in dieser Studie untersucht werden, welche Auslöser aus Sicht von Schülerinnen und Schülern den Einsatz metakognitiver Strategien initiieren konnten. Daraus ergibt sich die erste Forschungsfrage der vorliegenden Studie:

1. **Welche Auslöser des Einsatzes metakognitiver Strategien lassen sich aus Schülersicht rekonstruieren?**

Es ist ebenso bedeutsam zu erforschen, welche Auswirkungen Schülerinnen und Schüler im Einsatz metakognitiver Strategien wahrnehmen, und darauf aufbauend zu untersuchen, inwiefern sie den Nutzen des Strategieeinsatzes erkennen. Daraus ergibt sich die zweite Forschungsfrage dieser Studie:

2. **Welche Auswirkungen des Einsatzes metakognitiver Strategien beschreiben Schülerinnen und Schüler?**

Schließlich darf nicht unberücksichtigt bleiben, in welcher Weise die Schülerinnen und Schüler den Einsatz der metakognitiven Strategien beschreiben, da sich die Auslöser und Auswirkungen auf die eingesetzten metakognitiven Strategien beziehen. Daraus ergibt sich die letzte Forschungsfrage dieser Studie:

3. **Welche metakognitiven Strategien lassen sich bei den verwendeten Modellierungsaufgaben aus Berichten von Schülerinnen und Schülern rekonstruieren?**

Aus den Ergebnissen der Forschungsfragen wurden Schülertypen, bezogen auf die metakognitiven Strategien, rekonstruiert, die sowohl die rekonstruierten Auslöser, den Einsatz als auch die Auswirkungen aus Schülerperspektive berücksichtigen. Die Schülertypen beziehen sich somit auf die Einstellungen der Schülerinnen und Schüler bezüglich metakognitiver Strategien beim mathematischen Modellieren und auf die Auslöser, die einen Einsatz der metakognitiven Strategien initiieren konnten. Die Klassifikation der Schülertypen dient schließlich dazu, über geeignete Fördermaßnahmen zur Förderung des Einsatzes metakognitiver Strategien beim mathematischen Modellieren zu reflektieren. Die vorliegende Studie wurde im Rahmen des Projekts MeMo (Förderung metakognitiver Modellierungskompetenzen von Schülerinnen und Schülern) unter Leitung von Dr. Katrin Vorhölter durchgeführt, welches auf die Evaluierung einer Lernumgebung zur Förderung metakognitiver Modellierungskompetenz abzielt (vgl. Vorhölter 2018, 2019).

Im Anschluss an die Einleitung erfolgt im zweiten Kapitel die Darstellung des theoretischen Rahmens, wobei sowohl in die Theorie zur Metakognition als auch zum mathematischen Modellieren eingeführt wird. Anschließend wird der Stand der Forschung bezüglich der beiden Forschungsgebiete beleuchtet und ein theoretisches Konzept, bezogen auf die Auslöser und die Auswirkungen des Einsatzes metakognitiver Strategien, abgeleitet.

Das dritte Kapitel umfasst die methodologische Einordnung und das methodische Vorgehen der Studie. Neben der Darstellung der Datenerhebung und
der Auswertungsmethode ist hierbei besonders die Vorstellung des Projektes
MeMo bedeutsam. Hierbei wird der Projektablauf, die verwendeten Modellierungsaufgaben sowie die Interventionsgruppen des Projektes vorgestellt, in die
die teilnehmenden Klassen aufgeteilt wurden. Zudem wird die Stichprobe dieser
Studie charakterisiert.

Im Rahmen des vierten Kapitels werden die Ergebnisse dieser Studie vorgestellt. Das Kapitel beginnt mit den Ergebnissen der inhaltlich strukturierten
qualitativen Inhaltsanalyse nach Kuckartz (2016), in dem die rekonstruierten
Auslöser für metakognitive Strategien, ihr Einsatz in den verwendeten Modellierungsaufgaben und Auswirkungen vorgestellt werden. Anschließend werden die
gebildeten metakognitiven Schülertypen anhand von Prototypen dargestellt. Das
Kapitel wird mit übergreifenden Fallanalysen abgeschlossen, die die Entwicklung
der Falleinordnungen thematisieren.

Diese Arbeit schließt mit einer Zusammenfassung und Diskussion der erziel-
ten Ergebnisse, Forschungsdesiderata sowie Schlussfolgerungen in Bezug auf das
Lehrerhandeln unter Berücksichtigung der rekonstruierten Schülertypen.

Theoretischer Rahmen 2

Der erste Teil meiner Arbeit soll einen Einblick in den theoretischen Hintergrund meiner Fragestellung geben. Dazu wird zunächst das Konzept der Metakognition beleuchtet, da der metakognitive Strategieeinsatz aus Sicht von Schülerinnen und Schülern erforscht wird. In dieser Studie wird der metakognitive Strategieeinsatz im Kontext des mathematischen Modellierens erforscht, welches eine bedeutende Kompetenz des Mathematikunterrichts darstellt (vgl. Kaiser 2017). Deswegen wird im zweiten Kapitel in das mathematische Modellieren eingeführt. Abschließend erfolgt die Darstellung des Forschungsstandes, wobei die empirischen Ergebnisse von metakognitiven Strategien beim mathematischen Modellieren beleuchtet werden. Ein besonderer Fokus liegt dabei auf den Auslösern und den Auswirkungen des Einsatzes metakognitiver Strategien.

2.1 Metakognition

2.1.1 Das Konzept der Metakognition

Seit den 1970er Jahren beschäftigen sich Arbeiten aus unterschiedlichen Forschungsgebieten vermehrt mit dem Konzept der Metakognition. Die entscheidenden Pionierarbeiten zu dem Konzept der Metakognition wurden von John H. Flavell und Ann Brown in den 1970er Jahren durchgeführt. Basierend auf diesen Arbeiten wurden verschiedene Definitionen und Konzeptionen des Begriffs entwickelt. Deswegen wird häufig von einem *fuzzy Konzept* gesprochen (vgl. Flavell 1981, S. 37). Dies liegt unter anderem daran, dass sich unterschiedliche Forschungsgebiete mit dem Konzept der Metakognition beschäftigen. In

© Der/die Autor(en), exklusiv lizenziert durch Springer Fachmedien Wiesbaden GmbH, ein Teil von Springer Nature 2021
A. Krüger, *Metakognition beim mathematischen Modellieren*,
Perspektiven der Mathematikdidaktik,
https://doi.org/10.1007/978-3-658-33622-6_2

der Klassifikation von Efklides (2008) werden drei Hauptstränge metakognitiver Forschung unterschieden: die Entwicklungspsychologie, die experimentelle
und kognitive Psychologie sowie die Bildungspsychologie. Während sich die Entwicklungspsychologie auf die *Theory of mind* spezialisiert hat, beschäftigt sich
die experimentelle und kognitive Psychologie vorrangig mit dem Metamemory
Konzept und die Bildungspsychologie fokussiert das selbstregulierte Lernen (vgl.
Efklides 2008, S. 277). Eine weit verbreitete und weithin akzeptierte Definition
des Konzepts der Metakognition ist die Definition von Weinert (1994), die auch
in dieser Arbeit verwendet werden soll:

> *„Dabei versteht man unter Metakognitionen im allgemeinen jene Kenntnisse, Fer-*
> *tigkeiten und Einstellungen, die vorhanden, notwendig oder hilfreich sind, um beim*
> *Lernen (implizite wie explizite) Strategieentscheidungen zu treffen und deren hand-*
> *lungsmäßige Realisierung zu initiieren, zu organisieren und zu kontrollieren"* (Weinert
> *1994, S. 193).*

Die Definition von Weinert zeigt, dass der Begriff der Metakognition unterschiedliche Komponenten umfasst in Form von *Kenntnissen, Fertigkeiten* und
Einstellungen. Im Folgenden soll auf diese genauer eingegangen werden, in dem
in die unterschiedlichen Komponenten des Begriffs der Metakognition eingeführt
wird. Hierfür werden unterschiedliche Konzeptionen des Begriffs der Metakognition beleuchtet, die sich in den letzten Jahrzehnten entwickelt haben. Zunächst
werden die Kenntnisse in Form des metakognitiven Wissens erläutert. Anschließend folgen die Einstellungen, die sich auf die affektive Ebene der Metakognition
beziehen. Abschließen soll das Kapitel mit den metakognitiven Strategien, da
diese für die Studie von besonderer Bedeutung sind.

Metakognitives Wissen (metacognitive knowledge)
Die von Weinert beschriebene Komponente der **Kenntnisse** spiegeln sich in
unterschiedlichen Konzeptionen in Form des metakognitiven Wissens (z. T. auch
deklarativen Wissens genannt) wider. Allgemein wird unter dem metakognitiven
Wissen das Wissen über die kognitiven Prozesse verstanden (vgl. Schraw & Moshman 1995, S. 352). Einen großen Einfluss auf das Konzept des metakognitiven
Wissens hatten die bereits erwähnten Arbeiten von Flavell (1979, 1984, Flavell
et al. 1993). Bereits in seinen ersten Arbeiten zum Metamemory beschrieb er das
metakognitive Wissen und unterschied hierbei zwischen Personen-, Aufgaben- und
Strategiewissen. Das Personen-, Aufgaben- und Strategiewissen wird in weiteren
Konzeptionen der Metakognition aufgegriffen (vgl. Sjuts 2003, S. 18, Borkowski
1996, S. 399, Garfalo & Lester 1985, S. 164 f.) (Abbildung 2.1).

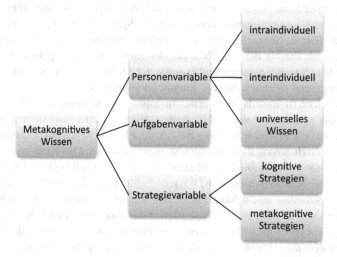

Abbildung 2.1 Die Einteilung des metakognitiven Wissens nach Flavell (1979, 1984, Flavell et al. 1993)

Das *Personenwissen* beschreibt das diagnostische Wissen über das eigene Denken und das anderer Personen (vgl. Sjuts 2003, S. 18, Flavell 1979, S. 907). Flavell (1979) unterscheidet hierbei zwischen dem intraindividuellen, interindividuellen und universellen Wissen über Kognition. Das intraindividuelle Wissen umfasst das Wissen über das eigene Individuum oder Andere, während sich das interindividuelle Wissen auf mehrere Individuen bezieht. Somit handelt es sich beim intraindividuellen Wissen um Wissen oder Annahmen in Bezug auf die eigenen Interessen, Neigungen, Fähigkeiten etc. oder die von Anderen. Im Gegensatz hierzu werden beim interindividuellen Wissen Vergleiche zwischen Personen hergestellt. Das universelle Wissen beinhaltet allgemeine Aspekte menschlichen Denkens oder der menschlichen Psychologie. Es handelt sich somit um Wissen über das Kurzzeitgedächtnis und Wissen über Fehler (vgl. Flavell 1987, S. 22). Neben dem Personenwissen stellt das *Aufgabenwissen* eine weitere Wissensfacette nach Flavell (1984) dar. Es handelt sich um Wissen über verschiedene Aufgabenanforderungen und die Auseinandersetzung damit (vgl. Flavell 1984, S. 24, Sjuts 2003, S. 18). Hierbei wird Wissen darüber aufgebaut, mit verschiedenen Anforderungen umzugehen, und wie die Art der Aufgabe den Umgang damit beeinflusst. Folglich können Annahmen über den Umgang mit gewissen Aufgabenanforderungen entwickelt werden (vgl. Flavell 1984, S. 24 f.). Das *Strategiewissen* bezieht sich auf das „*Wissen*

von kognitiven Strategien oder Prozeduren, um einen gegebenen Zustand zu verän-
dern und um Ziele anzustreben" (vgl. ebd., S. 25, Sjuts 2003, S. 18). Somit umfasst
es Wissen über die Strategien, welche für das Erreichen bestimmter Ziele erforderlich sind (vgl. Flavell 1979, S. 907). Bei der Anwendung wird gelernt, wie sich
verschiedene Strategien unterscheiden und welche Strategie wann, wie und wo am
besten eingesetzt werden kann (vgl. Borkowski 1996, S. 397).

Zu beachten ist, dass das Personen-, Aufgaben- und Strategiewissen keinesfalls
unabhängig voneinander verstanden werden sollen, sondern, dass sie miteinander
interagieren (vgl. Flavell & Wellman 1977, S. 22, Flavell 1979, S. 907). Das Zusammenspiel zwischen Aufgaben- und auch Strategiewissen wird bei Kuhn und Pearsall
(1998) als *metastrategic knowledge* bezeichnet (vgl. Kuhn & Pearsall 1998, S. 228).

Einige Wissenschaftlerinnen und Wissenschaftler fokussieren in ihrer Forschung
den Strategieeinsatz und nehmen darauf aufbauend eine andere Unterteilung des
metakognitiven Wissens vor, in der sie stärker das Strategiewissen beleuchten und
das Aufgabenwissen nach Flavell unberücksichtigt lassen. Sie unterscheiden hierbei
zwischen dem *declarative,* dem *procedural* und dem *conditional knowledge* (vgl.
Schraw 1998, S. 114 Schraw & Moshman 1995, S. 352 f., Brown 1987).

Das *declarative knowledge* beschreibt hierbei Wissen über die Person selbst
und welche Faktoren den Strategieeinsatz beeinflussen. Sie zählen hierbei auch das
Wissen über die Funktionen des Gedächtnisses dazu, weshalb diese Klassifikation
vergleichbar ist mit dem Personenwissen nach Flavell (1979). Das *procedural* und
auch *conditional knowledge* bezieht sich konkret auf den Einsatz von Strategien,
indem das prozedurale Wissen das Wissen über die Ausführung von Lernstrategien
beschreibt, während das *conditional knowledge* Wissen umfasst, wann (d. h. in welcher Situation) eine bestimmte Strategie angewendet werden sollte und welchem
Zweck diese Strategie dient (vgl. Schraw & Moshman 1995, S. 353). Der Einbezug
des *conditional knowledge* in der Klassifikation des *metacognitive knowledge* wird
ebenso in der aktuellen Diskussion unterstützt (vgl. Veenman 2011, S. 199). Das
procedural knowledge unterscheidet sich von dem *declarative knowledge,* indem
es sich nicht auf allgemeines Wissen zur Lernstrategie bezieht, sondern die konkrete Anwendung betrifft (vgl. Jakobs & Paris 1987). Veenman (2011) spricht sich
jedoch gegen den Einbezug prozeduralen Wissens in das theoretische Konzept der
Metakognition aus, da diese Wissenskomponente kognitivem Wissen zuzuordnen
ist und eine Vermischung der Konzepte der Kognition und Metakognition vermieden
werden sollte (Veenman 2011, S. 198, Veenman 2013, S. 301).

Borkowski und andere (1988) differenzieren in ihren frühen Arbeiten zum Metamemory das Strategiewissen. Sie benennen dieses als *specific strategy knowledge,*
welches die folgenden Aspekte beinhaltet:

- *a strategy's goals and objectives,*
- *the tasks for which the strategy is appropriate,*
- *its range of applicability,*
- *the learning gains expected from consistent use of strategy,*
- *the amount of effort associated with its deployment,*
- *whether the strategy is enjoyable or burdensome to use*
  (vgl. Borkowski et al. 1988, S. 80).

Sobald *specific strategies knowledge* zu verschiedenen Strategien aufgebaut worden ist, wird auch das sogenannte *relational* und *general strategy knowledge* erworben (vgl. Borkowski et al. 1988, S. 81). Bei dem *relational strategy knowledge* werden verschiedene Strategien miteinander verglichen, um ein Klassifikationsschema mit den Stärken und Schwächen von Strategien zu entwickeln. Dieses unterstützt die Auswahl der Strategien für verschiedene Aufgaben (vgl. ebd., S. 81). Das *general strategy knowledge* umfasst sowohl das spezifische wie auch relationale Strategiewissen. Hierbei wissen die Lernenden, dass ein Strategieeinsatz meist anstrengend ist, jedoch häufig zu einer erfolgreicheren Handlung führt. Dieses kann bei Lernenden, die sich diese Fähigkeiten und Fertigkeiten zutrauen, zu Selbstwirksamkeitserwartungen führen, welche wiederum die Motivation erhöhen, herausfordernde Aufgaben zu bewältigen (vgl. ebd.).

Entgegen den eben aufgeführten Konzeptionen nimmt Hasselhorn (1992) eine andere Unterscheidung des metakognitiven Wissens vor. Er orientiert sich hierbei an der Unterscheidung von Cavanaugh (1989) und differenziert zwischen dem systemischen und dem epistemischen Wissen. Hierbei beschreibt das systemische Wissen das Wissen über Gesetzmäßigkeiten, Einflussfaktoren sowie Stärken und Schwächen der kognitiven Funktionen (vgl. Hasselhorn & Gold 2006, S. 96). Es handelt sich um Faktenwissen über das Gedächtnis und dessen Wirkung (vgl. Cavanaugh 1989, S. 418). Ein Beispiel für das systemische Wissen ist das Bewusstsein, dass das Kurzzeitgedächtnis nicht grenzenlos ist.

Im Gegensatz dazu bezieht sich das epistemische Wissen auf das Wissen über die eigenen Wissensbestände in Hinblick auf die Lernbereitschaft, die Grenzen des Wissens und ihre Verwendungsmöglichkeiten (vgl. Hasselhorn & Gold 2006). Es handelt sich somit um Beurteilungen darüber, ob wir etwas wissen, wie gut wir etwas wissen oder wie sicher wir sind, etwas zu wissen (vgl. Cavanaugh 1989, S. 419). Dementsprechend umfasst es die Fähigkeit, das Ausmaß und die Verlässlichkeit des allgemeinen Wissens einzuschätzen (vgl. ebd.). Während das systemische Wissen ein gespeichertes, konstantes Inhaltswissen des Gedächtnisses ist, beschreibt das epistemische Wissen Beurteilungen über kognitive Aktivitäten und stellt somit ein dynamisches Wissen dar (vgl. ebd., S. 419).

Der affektive Bereich der Metakognition (Motivationale Metakognition, Metakognitive Empfindungen, Sensitivität)
Weinerts Definition zu dem Begriff der Metakognition umfasst auch die **Einstellungen,** *„die vorhanden, notwendig oder hilfreich sind, um beim Lernen (implizite wie explizite) Strategieentscheidungen zu treffen und deren handlungsmäßige Realisierung zu initiieren, zu organisieren und zu kontrollieren"* (Weinert 1994, S. 193).
Sjuts (2003) berücksichtigt die Einstellung zum metakognitiven Einsatz und nimmt diese in Form der motivationalen Facette in seiner Konzeption auf. Die *motivationale Metakognition* beschreibt, dass Motivation und Willenskraft für den Gebrauch von metakognitiven Strategien erforderlich sind, weshalb sie entweder bereits vorhanden sind oder entwickelt werden müssen (vgl. ebd., S. 19). Die Arbeiten von Borkowski und seiner Arbeitsgruppe berücksichtigen ebenso die Einstellungen in ihren Modellen in Form des *Personal-Motivational States.* Sie berücksichtigen hierbei persönliche Überzeugungen, bezogen auf die Effizienz des Strategieeinsatzes, die Anstrengungen und Fähigkeiten der Person sowie spezielle Formen der Motivation, wie zum Beispiel Leistungs- und intrinsische Motivation (Borkowski 1996, S. 397 ff.). Diese können metakognitive Kontrollprozesse aktivieren, die für zukünftige Strategieentscheidungen und Überwachungsentscheidungen erforderlich sind (vgl. ebd., S. 399).

Die Einstellung als Komponente der Metakognition findet jedoch nur in wenigen Konzeptionen Berücksichtigung. Dennoch werden zwei weitere Aspekte der affektiven Ebene in einigen Konzeptionen der Metakognition berücksichtigt, welche auf die Arbeiten von Flavell (1979, 1984, Flavell & Wellman 1977) zurückzuführen sind. Es handelt sich hierbei zum einen um die Sensitivität (*sensitivity*) und zum anderen die metakognitiven Erfahrungen beziehungsweise Empfindungen (*metacognitive experiences*). Flavell und Wellman (1977) unterscheiden in ihrer Konzeption die beiden Hauptkategorien *sensitivity* und *variables* voneinander. Unter der *sensitivity* verstehen sie die Sensitivität für den notwendigen Anstrengungsaufwand bei der Tätigkeit des Informationsabrufes sowie für die Vorbereitung auf künftige Tätigkeiten desgleichen. Unter *variables* wird das Wissen verstanden, welche Variablen beim Datenabruf interagieren sowie welche Aspekte sich auf die Qualität des Informationsabrufs auswirken (vgl. Flavell & Wellman 1977, S. 6–10). Hasselhorn greift den Aspekt der Sensitivität in seinem Modell auf (vgl. Hasselhorn 1992, S. 42). Unter der Sensitivität wird das Gespür für die derzeit verfügbaren Möglichkeiten eigener kognitiver Aktivitäten verstanden, die nicht immer bewusst ablaufen müssen (vgl. Hasselhorn & Gold 2006, S. 96). Nach Hasselhorn und Gold (2006) ist dieses

Gespür von zentraler Bedeutung für die effektive Nutzung von Überwachungs-strategien (vgl. ebd.). Beispielsweise für den Einsatz der Strategie „Ordnen nach Oberkategorien" führt das Wissen über die Nützlichkeit der Strategie nicht automatisch zu einem Einsatz. Erst wenn eine Person sensitiv dafür ist, dass sie somit schneller die Liste lernen und besser rekonstruieren kann, wird diese Strategie auch angewendet (Hasselhorn 1992, S. 38). Hasselhorn unterscheidet hierbei zwischen Erfahrungswissen und auch Intuition, die zur Sensitivität des Strategieeinsatzes führen (Hasselhorn 1992, S. 42). Nach Hasselhorn (1992) ist es verwunderlich, dass dieser Aspekt nur selten in Konzeptionen zur Metakognition berücksichtigt wird, da die Sensitivität eine starke Bedeutung für die Entwicklung und Vermittlung von Lernstrategien hat (Hasselhorn 1992, S. 38).

Eine weitere Facette der Matekognition bilden für einige Forscherinnen und Forscher metakognitive Empfindungen *(metacognitive experiences)* (vgl. z. B. Efklides 2009, Flavell 1984, Hasselhorn 1992). Metakognitive Empfindungen beschreiben *„what a person is aware of and what she or he feels when coming across a task and processing the information related to it"* (Efklides 2008, S. 279). Sie unterscheiden sich von anderen Empfindungen darin, dass sie immer mit kognitiven Bemühungen zu tun haben (vgl. Flavell 1984, S. 26 f.). Metakognitive Empfindungen entstehen als Produkt verschiedener Prozesse, wobei viele dieser unbewusst und nicht analytisch sind (vgl. Efklides 2009, S. 79). Efklides (2001, 2006) spricht bei metakognitiven Empfindungen von der Schnittstelle zwischen der Aufgabe und der Person. Sie differenziert metakognitiven Empfindungen in *feelings, metacognitive judgements/ estimates* und *online task-specific knowledge* und gibt für die einzelnen Bereiche Beispiele an, die in der folgenden Tabelle aufgeführt wurden (Efklides 2008, 2009) (Tabelle 2.1).

Tabelle 2.1 Beispiele metakognitiver Empfindungen nach Efklides (2008, S. 279 2009, S. 78)

feelings	feeling of knowing, feeling of familiarity, feeling of difficulty, feeling of confidence and feeling of satisfaction
metacognitive judgments/ estimates	judgment of learning, estimate of effort expenditure, estimate of time needed or expended, estimate of solution correctness; episodic memory judgments: Know/Remember/Guess, source memory (where, when, and how we acquired a piece of information), or estimates of frequency and recency of memory information
Online task-specific knowledge	Attended and used task information, ideas and thoughts dealing with a task and MK about the tasks and procedures that we used in the past, comparison with other tasks, similarities, differences, etc.

Kindern ist die Bedeutung metakognitiver Empfindungen meist noch nicht bekannt, weshalb sie Schwierigkeiten haben, mit den Empfindungen umzugehen. Nach Flavell (1979) lernen die Menschen im Laufe der Zeit mit diesen Empfindungen adäquat umzugehen (vgl. Flavell 1984, S. 26 f.). Metakognitive Empfindungen zählen für einige Wissenschaftlerinnen und Wissenschaftler zu den Auslösern metakognitiver Strategien (Flavell 1979, S. 908, Efklides 2002, S. 181), welche im nächsten Kapitel genauer beleuchtet werden.

Metakognitive Strategien (Prozedurale Metakognition)
Zu guter Letzt definiert Weinert auch *Fertigkeiten,* die einen Teil der Metakognition darstellen. Diese Fertigkeiten finden sich in Form der metakognitiven Strategien (auch genannt: prozedurale Metakognition) in den meisten Konzeptionen der Metakognition wieder. Zum besseren Verständnis des Begriffs der metakognitiven Strategien wird dieser im Folgenden sowohl von dem Begriff der Lernstrategie als auch von dem Begriff der kognitiven Strategie abgegrenzt. Friedrich und Mandl (2006) bezeichnen als Lernstrategien *„jene Verhaltensweisen und Gedanken, die Lernende aktivieren, um ihre Motivation und den Prozess des Wissenserwerb zu beeinflussen und zu steuern"* (vgl. Friedrich & Mandl 2006, S. 1 in Anlehnung an Weinstein und Mayer 1986). Bei den Lernstrategien unterscheiden Wild und Schiefele (1994) zwischen kognitiven, metakognitiven und ressourcenbezogenen Strategien (vgl. Wild & Schiefele 1994, S. 186). Die Einteilung der Lernstrategien zeigt, dass die metakognitiven Strategien von dem Begriff der Lernstrategie differenziert werden müssen, da diese eine Komponente der Lernstrategien darstellen, aber nicht alle Lernstrategien metakognitive Strategien sind. Zudem wird an der getrennten Auflistung der kognitiven und metakognitiven Strategien in der Definition der Lernstrategie deutlich, dass sich auch kognitive Strategien von metakognitiven Strategien unterscheiden. Flavell (1979) unterscheidet kognitive und metakognitive Strategien durch die zugrundeliegende Absicht, da kognitive Prozesse einen Fortschritt bewirken, während metakognitive Strategien vorrangig auf Kontrolle abzielen (Flavell 1979, S. 908 f.). Die kognitiven Strategien umfassen nach Hasselhorn und Gold (2006) mnemonische, strukturierende und generative Strategien. Während mnemonische Strategien helfen, neue Informationen im Arbeitsgedächtnis zu behalten und mit bereits Bekanntem zu verknüpfen, zielen strukturierende Strategien auf die Reduktion von Lerninhalten sowie die interne Verknüpfung und Strukturierung der Inhalte ab. Dahingegen beschreiben generative Strategien die Ausarbeitung relevanter Informationen und führen somit zu einem tieferen Verständnis. Schließlich umfassen die metakognitiven Strategien den flexiblen, kritischen und reflektierten Umgang mit den kognitiven Strategien (vgl. Hasselhorn & Gold

2006, S. 91 ff.). Es handelt sich hierbei um das Wissen und die Kontrolle über das eigene kognitive System (Hasselhorn 1992, S. 36).

In vielen Konzeptionen der Metakognition wird bei den metakognitiven Strategien zwischen Planungs-, Überwachungs- sowie Steuerungs- und Evaluationsstrategien unterschieden (vgl. z. B. Brown 1984, Hasselhorn & Gold 2006, Sjuts 2003). Es gibt jedoch auch einige Konzeptionen, die die Evaluationsstrategien nicht berücksichtigen (vgl. z. B. Hasselhorn 1992, S. 42). Am Anfang eines Lösungsprozesses steht die **Planung,** die die Festlegung des Ziels und die Bestimmung des Weges zur Zielerreichung umfasst. Hierbei soll das Ziel und die Aufgabenanforderungen möglichst antizipiert und in Hinblick darauf ein Handlungsplan erstellt werden (vgl. Hasselhorn & Gold 2006, S. 93 f.). Für die Planung der Zielerreichung kann es bedeutend sein, Strategien auszuwählen und eine Reihenfolge der Strategieanwendung festzulegen (vgl. Schreblowski & Hasselhorn 2006, S. 154). Hierfür sollten Ergebnisse der Strategieanwendungen vorhergesagt und unterschiedliche Möglichkeiten durchgespielt werden (Brown 1984, S. 63). Schließlich ist es bedeutend, die eigenen Ressourcen einzuschätzen und in der Planung zu berücksichtigen (vgl. Schreblowski & Hasselhorn 2006, S. 154). Es kann auch hilfreich sein, Teilziele mit sogenannten *checkpoints* festzulegen, bei denen der Fortschritt des Arbeitsprozesses überwacht wird (vgl. Efklides 2009, S. 80).

Die **Überwachungs- und Steuerungsstrategien** sollten im gesamten Lösungsprozess stattfinden. Im Rahmen der Überwachung müssen die Schülerinnen und Schüler den Bearbeitungsprozess kritisch begleiten und beleuchten und somit *Ist-Soll-Diskrepanzen* feststellen. Bestenfalls treffen die Schülerinnen und Schüler Vorhersagen zum potenziell erhaltenen Ergebnis, falls der Bearbeitungsprozess wie bisher fortschreitet. Hierdurch können Steuerungsstrategien angeregt werden, sodass die Schülerinnen und Schüler im idealen Fall auf dem richtigen Weg bleiben (vgl. Hasselhorn & Gold 2006, S. 94). Die Steuerung kann unter anderem in Form der Abänderung und Neuplanung von Lernstrategien erfolgen (vgl. Brown 1984, S. 63). Dementsprechend wird deutlich, dass die Überwachung und Steuerung eng zusammenhängen und sich gegenseitig beeinflussen (Schreblowski & Hasselhorn 2006, S. 155).

Die **Evaluation** des Lösungsprozesses findet nach der Bearbeitung statt und umfasst die Bewertung der Resultate des Lernprozesses und der angewendeten Regulationsstrategien (vgl. Schraw & Moshman 1995, S. 355). Hierbei wird die Strategieanwendung *nach Effizienz- und Effektivitätskriterien* beurteilt (Brown 1984, S. 63). Im günstigsten Fall wird die Effektivität der eingesetzten Lernstrategien, die Einhaltung und Angemessenheit der Zeitplanung und die Überprüfung der Zielerreichung reflektiert (vgl. Schreblowski & Hasselhorn 2006, S. 155). Schließlich sollen Schlussfolgerungen für die Bearbeitung zukünftiger Aufgaben gezogen werden

(vgl. Brown 1984, S. 63). Dieses führt bestenfalls zu Auswirkungen auf zukünftige Aufgaben, da es zu einer Verbesserung und Verfeinerung des Lernprozesses
beitragen kann (vgl. Schraw & Moshman 1995).

Die metakognitiven Strategien werden nach Brown (1984) nicht immer konsequent eingesetzt und es ist zum Teil schwer sie zu verbalisieren. Brown (1984)
spricht hierbei von einer Altersabhängigkeit sowie Aufgaben- und Situationsgebun-
denheit (vgl. ebd., S. 63 f.). Deswegen werden diese Strategien häufig ausgeführt,
aber nicht bewusst wahrgenommen, weshalb es schwierig ist, die Strategien anderen mitzuteilen und zu vermitteln (vgl. ebd., S. 63). Im Gegensatz dazu beschreibt sie
das metakognitive Wissen als *stabiles* Wissen, welches über einen längeren Zeitraum
ein überdauernder Bestandteil der naiven Theorie ist. Außerdem ist dieses Wissen
meist verbalisierbar. Aufgrund dessen beleuchtet Brown kritisch, dass der Begriff
der Metakognition sowohl den Wissens- als auch Strategieaspekt umschreibt, und
somit die fehlende begriffliche Differenzierung der unterschiedlichen Eigenschaften
häufig zu Verwirrung führt. Deswegen schlug Brown vor, den Begriff Metakognition ausschließlich für das metakognitive Wissen zu verwenden und die exekutiven
Prozesse spezifisch zu benennen, zum Beispiel als *Vorausplanen, Fehlerberich-
tigen* etc. (vgl. Brown 1984, S. 100). Dieser Ansatz konnte sich bislang jedoch
nicht durchsetzen. Hartmann (2001) unterscheidet die bewussten und unbewussten
metakognitiven Strategien sprachlich voneinander. In seiner Differenzierung werden
metacognitive strategies bewusst angewendet, während *metacognitive skills* unbewusst erfolgen, da der Gebrauch bereits verinnerlicht wurde und somit automatisiert
abläuft (Hartman 2001).

In einigen Konzeptionen werden neben den aufgeführten Strategien noch Strate-
gien der Orientierung unterschieden (Stillman & Galbraith 1998, Efklides 2009,
Bannert & Mengelkamp 2008, Garfalo & Lester 1985). Diese zielen auf das
Verständnis der Aufgabe ab, welches beinhaltet, eigene Repräsentationen für die
Aufgabeninformationen zu entwickeln (vgl. Stillman & Galbraith 1998, S. 179).
Somit werden hierbei die Fragen beantwortet, welches Ziel und welche Schritte zur
Zielerreichung führen könnten oder welche Kompetenzen erworben werden sol-
len und wie dieses unter Berücksichtigung der eigenen Ressourcen erreicht werden
kann (vgl. Bannert & Mengelkamp 2008, S. 41). Stillman und Galbraith (1998)
nehmen hierbei folgende Unterscheidung *der orientation activities* vor, die mit der
Unterscheidung von Garfalo und Lester (1985) vergleichbar ist:

– Comprehension strategies
– Analysis of data and conditions
– Assessment of familiarity
– Representations

– Assessing difficulty and success
(Stilman & Galbraith 1998, S. 180).

Diese Strategien äußern sich, indem sich die Lernenden selbst Fragen zum Verständnis der Aufgabe stellen sowie Widersprüche, fehlende Informationen oder
Vorbehalte beleuchten. Zudem werden Repräsentationen in Form von Diagram-
men, Symbolen, Tabellen oder auch Markierungen geschaffen. Schließlich müssen
Zusammenhänge innerhalb der Aufgabe herausgestellt werden (Efklides 2009,
S. 79). Stillman und Galbraith (1998) berichten aus ihrer Untersuchung, dass es
bedeutend wäre, die Zeit zur Anwendung der *orientation strategies* zu senken, da
die teilnehmenden Schülerinnen und Schüler sehr lange in dieser Phase arbeiteten.
Dieses kann durch den Erwerb von geeigneten kognitiven Strategien zur Reprä-
sentation von Inhalten oder Analysen sowie durch die Förderung metakognitiven
Strategiewissen erfolgen (Stillman & Galbraith 1998, S. 185).

Insgesamt wurde deutlich, dass die Metakognition ein Konzept ist, welches
unterschiedliche Bereiche beleuchtet. Besonders wird die Unterscheidung in einen
Wissens- und Kontrollaspekt der Metakognition deutlich. Während sich zu Beginn
der Forschung Flavell (1984) und Brown (1984) überwiegend auf einen der beiden
Bereiche bezogen haben, werden beide Bereiche in den aktuelleren Konzeptionen
kombiniert (vgl. Schraw 2001, S. 113 f.). Die vorliegende Studie fokussiert auf den
Einsatz der Kontrollaspekte in Form der metakognitiven Strategien. Trotz dessen
sind auch die anderen Bereiche der Metakognition in dieser Studie von Bedeutung,
da diese den Einsatz von Kontrollaspekten beeinflussen können (vgl. Abschnitt 2.4.).

2.1.2 Begriffsabgrenzung und Eigenschaften von Metakognition

Im vorherigen Kapitel wurde bereits die Vielschichtigkeit der Konzeptualisierung
von Metakognition deutlich. Der Metakognition werden bestimmte Eigenschaften zugesprochen, die in diesem Kapitel vorgestellt werden sollen. Außerdem
ist es bedeutend, die Metakognition von anderen Konzeptionen abzugrenzen.
Hasselhorn beschreibt den Begriff der Metakognition wie folgt:

> *„Metakognition hat mit dem Wissen und der Kontrolle über das eigene kognitive System
> zu tun. Metakognitive Aktivitäten heben sich von den übrigen mentalen Aktivitäten
> dadurch ab, dass kognitive Zustände oder Prozesse die Objekte sind, über die reflektiert
> wird. Metakognitionen können daher Kommandofunktionen der Kontrolle, Steuerung
> und Regulation während des Lernens übernehmen. " (Hasselhorn 1992, S. 36).*

Demgemäß ist es von zentraler Bedeutung, metakognitive Aktivitäten von anderen mentalen Aktivitäten abzugrenzen. Besonders wichtig erscheint hierbei die Abgrenzung zur Kognition. Der Begriff der Metakognition impliziert bereits, dass es sich um eine Kognition über Kognition, folglich um eine Kognition zweiter Ordnung, handelt und umfasst somit das Wissen über Wissen oder die Reflexion über das Handeln (Weinert 1984, S. 14 f.). Hasselhorn beschreibt in seiner Definition bereits eine wichtige Eigenschaft metakognitiver Aktivitäten, die sie von kognitiven Aktivitäten abgrenzen: Metakognition übernimmt eine sogenannte Kommandofunktion der Kontrolle, Steuerung und Regulation. Dementsprechend erinnert Metakognition metaphorisch gesehen das Denken an die Prozesse des Planens, Steuerns und Kontrollierens und fordert auf, diese einzuhalten (vgl. Kaiser 2003, S. 18). Anschaulich beschreibt Sjuts (2003) den Begriff der Metakognition als die Tätigkeit des *sich selbst über die Schulter Schauens* (vgl. Sjuts 2003, S. 19). Kaiser (2003) spricht hierbei von einer Aufforderungsinstanz, während kognitive Aktivitäten einer Entscheidungsinstanz folgen (Kaiser 2003, S. 18). Kognitionen umfassen somit Handlungen, wie das Auflisten von Informationen, das Ordnen oder auch Prüfen (vgl. Kaiser 2003, S. 18). Flavell (1979) differenziert demgemäß kognitive und metakognitive Aktivitäten in ihrer Absicht. Während metakognitive Strategien auf die Kontrolle abzielen, sind kognitive Strategien auf das Erreichen eines Fortschritts ausgerichtet. Als Beispiel wird auf das Lesen verwiesen. Wenn sich eine Schülerin oder ein Schüler nach dem Lesen selbst Fragen zu dem Gelernten stellt, kann dieses sowohl eine kognitive als auch metakognitive Absicht haben. Metakognitiv wäre dies, wenn überprüft werden soll, ob alles Gelesene behalten wurde, kognitiv, wenn ein Wissensfortschritt erzielt werden soll (vgl. Flavell 1979, S. 908 f.). Weiterhin beschreibt Kaiser (2003), dass Kognitionen situationsgebundene und spezielle Kompetenzen umfassen, die in bestimmten Situationen hilfreich sind. Im Gegensatz dazu definiert er Metakognition als allgemeine und situationsübergreifende Kompetenzen, wie zum Beispiel das Planen oder Kontrollieren, die sich auf den eigenen Denkprozess beziehen (vgl. Kaiser 2003, S. 18 f.).

Die Auffassung, dass Metakognition als allgemeine und situationsübergreifende Kompetenzen angesehen werden, wird jedoch kontrovers diskutiert. Bereits Weinert (1984) sah diese Zuordnung zu Beginn der Metakognitionsforschung als problematisch an, da hierbei die Bedeutung von bereichsspezifischen und inhaltsabhängigen Strategien unterschätzt wird (vgl. ebd., S. 16). Deswegen wird in der aktuellen Forschung auch häufig davon ausgegangen, dass es sowohl allgemeine als auch bereichsspezifische metakognitive Aspekte gibt (vgl. z. B. Veenman et al. 2006):

„Some terms refer to more general knowledge and skills in metacognition, whereas others address rather specific ones for certain age groups or types of tasks.(…) General metacognition may be instructed concurrently in different learning situations and may be expected to transfer to new ones, whereas specific metacognition has to be taught for each task or domain separately" (Veenman et al. 2006, S. 4, 7).

Veenman (2011) ergänzt hierzu, dass ältere Lernende ab dem Alter von zwölf Jahren ein Repertoire an allgemeinen metakognitiven Strategien besitzen, die sie in neuen Lernsituationen anwenden können (vgl. Veenman 2011, S. 202). Häufig wird angenommen, dass Lernende metakognitives Wissen kontextabhängig und domänenspezifisch erwerben und im Laufe der Grundschulzeit verallgemeinern (Schneider 2008, S. 116 f.). In der EWIKO Studie von Schneider et al. (2017) wurde die Domänenspezifität des metakognitiven Wissens im Laufe der Sekundarstufe untersucht. Hierbei zeigte sich, dass das metakognitive Wissen auch am Ende der Sekundarstufe entgegen den vorherigen Hypothesen domänenspezifisch bleibt. Dieses Resultat verdeutlicht somit, dass die Domänenspezifität nicht in kurzer Zeit überwunden werden kann (Schneider et al. 2017, S. 206). Dementsprechend ist der Transfer der Strategien auf andere Anwendungsbereiche nicht automatisch erfolgreich und muss erst eingeübt werden (vgl. Blum 2015, S. 88).

Außerdem wird diskutiert, inwiefern metakognitive Prozesse dem Anwenden-den bewusst sind (vgl. Weinert 1984, S. 15). Es ist bislang ungeklärt, inwiefern eine Introspektion möglich ist. Die Beziehungen zwischen stillschweigendem, implizitem und explizitem Wissen sind bislang unklar (vgl. Weinert 1984, S. 15). Einige Forschende betonen daher, dass von der Existenz sowohl von bewussten als auch unbewussten metakognitiven Prozessen auszugehen ist (z. B. Veenman 2005, Efklides 2008, Hartman 2001). Demnach ist es nicht mehr zeitgemäß, nur von bewussten metakognitiven Strategien auszugehen, da besonders das Überwachen und Kontrollieren als Komponente von Metakognition unbewusst stattfindet (vgl. Efklides 2008, S. 281). Die unbewussten metakognitiven Prozesse sind jedoch nur schwer messbar (vgl. Veenman 2005, S. 77). Im Rahmen der metakognitiven Strategien unterscheidet deswegen Hartman (2001) sprachlich zwischen *metacognitive strategies* und *metacognitive skills*. In dieser Differenzierung werden *metacognitive strategies* bewusst angewendet, während die Anwendung von *metacognitive skills* unbewusst erfolgen, da der Gebrauch bereits verinnerlicht wurde und somit automatisch abläuft (Hartman 2001, S. 33).

Neben der Abgrenzung zur Kognition ist die Differenzierung zum selbstregulierten Lernen von zentraler Bedeutung. Unter Oberbegriffen wie denen des selbstregulierten, selbstgesteuerten, des selbstständigen oder auch des selbstbestimmten Lernens werden Lernformen genannt, bei denen *„der Handelnde die*

wesentlichen Entscheidungen, ob, was, wann, wie und woraufhin er lernt, gravie-
rend und folgenreich beeinflussen kann.“ (vgl. Weinert 1982, S. 102). Weinert
verdeutlicht in seiner Definition außerdem, dass es keine einheitliche Klasse von
Lernvorgängen des selbstregulierten Lernens gibt. Insgesamt gibt es unterschiedliche Komponenten, die zum selbstregulierten Lernen gezählt werden. Besonders
häufig werden kognitive, metakognitive und motivationale Komponenten hervor-
gehoben (vgl. Boekarts 1996, S. 103, Friedrich & Mandl 1995, Schiefele &
Pekrun 1996, S. 258). Für die Ausübung selbstgesteuerten Lernens ist die Nutzung
von Lernstrategien von zentraler Bedeutung (Artelt 2000), weshalb die metakognitiven Strategien auch ein wichtiger Bestandteil des selbstregulierten Lernens
sind.

Insgesamt stellen somit die metakognitiven Strategien einen Bereich der Lernstrategien und infolgedessen auch ein Bestandteil des selbstregulierten Lernens
dar. Sie grenzen sich von dem Begriff der Kognition in ihrer Absicht ab, da Metakognition auf die Kontrolle abzielt und nicht vorrangig einen Fortschritt bewirken
will. Schließlich zeigt sich, dass es nicht nur allgemeine und bereichsspezifische
metakognitive Prozesse gibt, sondern auch bewusste und unbewusste Prozesse. Im
Rahmen des Kapitels erfolgte somit eine Abgrenzung der Konzeptualisierung von
Metakognition von anderen Konzeptionen, insgesamt wurde damit ein Überblick
über die unterschiedlichen Ansätze zur begrifflichen Fassung von Metakognition
gegeben.

2.1.3 Soziale Metakognition

In den Anfängen der Metakognitionsforschung konzentrierten sich die Wissenschaftlerinnen und Wissenschaftler überwiegend auf die metakognitiven Prozesse
und das metakognitive Wissen Einzelner und berücksichtigten somit weniger den
Einsatz von metakognitiven Strategien in kooperativen Arbeitsformen (vgl. Goos
2002, S. 284). Es ist jedoch bedeutend, dass die Gruppenmitglieder zusammen
über die Aufgabe nachdenken und zusammen in der Gruppe den Lösungsansatz
planen, überwachen und evaluieren (vgl. Goos et al. 2002, S. 219 f.). Erst in den
letzten Jahren hat sich die Aufmerksamkeit auf die sogenannte soziale Metakognition (auch Team-Kognition oder Gruppenmetakognition genannt) gerichtet (Baten
et al. 2017, S. 615). Somit wird in der aktuellen Forschung zwischen der individuellen Metakognition und der sozialen Metakognition differenziert. Im Folgenden
sollen beide Begriffe erläutert werden.

Efklides (2008) stellt die verschiedenen Facetten der individuellen Metakognition als Modell dar und zeigt hiermit die Entwicklung von der individuellen zu der sozialen Metakognition (Abbildung 2.2).

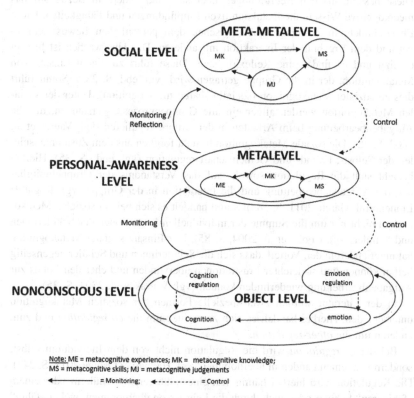

Abbildung 2.2 Facetten von Metakognition (erstellt nach Efklides 2008, S. 283)

Zunächst veranschaulicht sie, dass die unbewussten Prozesse der Metakognition die Grundlage für die Entwicklung von der individuellen zu der sozialen Metakognition darstellen. Diese besteht aus zwei Regulationsprozessen: dem unbewussten Überwachen und dem Kontrollieren (vgl. ebd., S. 282). Die Produkte dieser unbewussten Vorgänge sind Bestandteile der persönlich-bewussten Ebene, welche sich aus den Komponenten des metakognitiven Wissens, der metakognitiven Empfindungen und Fähigkeiten zusammensetzen. Sowohl die metakognitiven

Empfindungen als auch das metakognitive Wissen kann den Einsatz metakognitiver Strategien anregen. Auch eine Kombination aus beidem kann ein Auslöser des Einsatzes metakognitiver Strategien sein. Die oberste Ebene beschreibt die soziale Ebene, welche eine Meta-Meta-Ebene nach Efklides (2008) darstellt. Diese besteht aus den Beurteilungen über sich und andere in Bezug auf das metakognitive Wissen, die metakognitiven Empfindungen und Fähigkeiten. Diese Ebene bildet ein Zusammenspiel zwischen dem persönlichen Bewusstseinslevel und dem Ergebnis der Interaktion mit anderen. Das Überwachen ist hierbei explizit und es findet eine Reflexion statt. Diese führt zu einem Einsatz von Metakognition, der in die Gruppe getragen wird (vgl. ebd. S. 283). Somit führt dies zu sozialer Metakognition (socially-shared metacognition). Unter der sozialen Metakognition werden allgemein alle Gruppenprozesse verstanden, die die Aufgabenbearbeitung beim Arbeiten in der Gruppe regulieren (vgl. Vauras et al. 2003, S. 35). Die soziale Metakognition besteht folglich aus dem Zusammenspielen der Selbst-, Fremd- und Gemeinschaftsregulation (vgl. ebd., S. 35). Hierbei bezieht sich die Regulation sowohl auf das Verständnis der Gruppenmitglieder, die Aufgabenbearbeitung und die Interaktion in der Gruppe (vgl. Rogat & Linnenbrink-Garcia 2011, S. 383). Somit handelt es sich bei der sozialen Metakognition nicht nur um die Summe der individuellen Kognitionen der Schülerinnen und Schüler (vgl. Cooke et al. 2004, S. 85). Der Einsatz sozialer Metakognition hat unter anderem den Vorteil, dass sich die Schülerinnen und Schüler gegenseitig helfen können und so leichter Frustrationen überwinden und eher den Fokus zur Aufgabenbearbeitung wiederfinden können (vgl. Vauras et al. 2003, S. 35).

In der Literatur werden zwei spezielle Formen der sozialen Metakognition unterschieden. Hierbei handelt es sich zum einen um die *co-regulation* und zum anderen um die *other-regulation*.

Bei der *co-regulation* wird die Regulation nicht von dem Individuum selbst, sondern von jemand anderem übernommen (vgl. Hadwin & Oshige 2011, S. 247). Die Regulation wird hierbei häufig von einer „fähigeren" Schülerin oder einem „fähigeren" Schüler oder auch durch die Lehrperson übernommen, wobei „fähig" nicht zwingend mit mehr Wissen gleichzusetzen ist (vgl. ebd.). Somit wird die Verantwortung der Regulation geteilt und lastet nicht nur auf dem Individuum selbst (vgl. McCaslin & Hickey 2001, S. 243), was dazu führt, dass sich das Individuum besser auf die Aufgabe konzentrieren kann (vgl. Hadwin & Oshige 2011, S. 247). Der Begriff der *co-regulation* lässt sich in die Theorie von Vygotski eingliedern, da durch die Unterstützung bei der Regulation die Zone der nächsten Entwicklung erreicht werden kann (vgl. McCaslin & Hickey 2001, S. 242). Die *co-regulation* kann zur Selbstregulation (Adaptives Lernen, Motivation und

Identität) des Individuums führen sowie zu einer sozialen und kulturellen Bereicherung (vgl. Hadwin & Oshige 2011, S. 248). Dementsprechend kann es sich bei der *co-regulation* um einen Übergangsprozess zum selbstregulierten Lernen handeln.

Ebenso wie bei der *co-regulation* wird bei der *other-regulation* die Regulation extern durchgeführt, was durch Mitschüler(innen), die Lehrperson, Eltern oder auch technische Hilfsmittel geschehen kann (vgl. z. B. Rogat & Adams-Wiggins 2014). Bei *der co-regulation* bezieht sich die Regulation jedoch auf den individuellen Einsatz kognitiver und metakognitiver Strategien, wohingegen bei der *other-regulation* der Gruppenprozess durch die andere Person reguliert wird (vgl. Hadwin et al. 2011, S. 69). Das Gruppenmitglied dominiert aufgrund seiner Regulierung der Gruppenaktivität die Gruppeninteraktion, woraus eine ungleiche Gesprächsbeteiligung resultiert (vgl. Vauras et al. 2003, S. 35).

Rogat und Adams-Wiggings (2014) konnten in ihrer Studie zwei verschiedene Formen der *other regulation* rekonstruieren, die sich in ihrem jeweiligen Fokus unterscheiden. Einerseits kann von dem dominanten Gruppenmitglied der Fokus auf die Anregung der Lösungsfindung und den Einbezug aller Gruppenmitglieder in den Lösungsprozess gesetzt werden, welches nach Rogat und Adams-Wiggings (2014) *facilitative other regulation* genannt wird (vgl. Rogat et al. 2014, S. 899). Andererseits stellt die *directive other regulation* eine andere Form dar, bei der ein Gruppenmitglied die Kontrollfunktion einnimmt und häufig die Aufgabenbearbeitung beziehungsweise die Gruppenmitglieder kontrolliert, jedoch selten den Gruppenprozess oder das Gruppenverhalten leitet und kaum versucht, andere Gruppenmitglieder miteinzubeziehen (vgl. ebd., S. 899). Bei der *directive other regulation* wird die eigene Ansicht meist als zentral angesehen, andere werden nicht akzeptiert und ausgeschlossen. Dieses geschieht meist durch wiederholtes Ignorieren und Zurückweisen der Regulierungs- und Aufgabenbeiträge von Gruppenmitgliedern, durch fehlendes Einholen von Beiträgen über die Gruppenprozessregulation oder auch durch begrenzte Versuche, aus dem Arbeitsprozess ausgestiegene Gruppenmitglieder wieder miteinzubeziehen (vgl. ebd., S. 899). Dementsprechend besteht bei der *directive other regulation* häufig eine ungleiche Verteilung der Gruppenbeiträge, während es sich bei der *facilitative other regulation* um eine eher ausbalancierte Verteilung handelt (vgl. ebd., S. 899 f.). Verschiedene Studien zeigen, dass die *other regulation* als spezielle Form der *socially shared regulation* auch nur temporär auftreten kann (Rogat & Adams-Wiggings 2014, Rogat & Linnenbrink-Garcia 2011, Whitebread et al. 2007).

Das folgende Abbild stellt die verschiedenen Formen der Metakognition in Gruppen anschaulich dar (Abbildung 2.3).

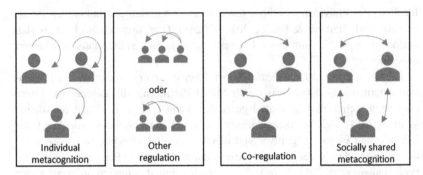

Abbildung 2.3 Verschiedene Formen der Metakognition in Gruppen. (Nach Iskala 2015, S. 18)

Im Rahmen des Kapitels wurde deutlich, dass die verschiedenen Formen der Metakognition einen Einfluss auf die Metakognition in der Gruppe haben können, weshalb die verschiedenen Formen bedeutend für die vorliegende Studie sind.

2.2   Mathematisches Modellieren

2.2.1   Begriffsbestimmung und Ziele

Weltweit ist mathematisches Modellieren ein zentrales Ziel des Mathematikunterrichtes und in vielen internationalen Curricula fest verankert (Kaiser 2017, S. 267). In Deutschland wurde die Diskussion über Anwendungsbezüge im Mathematikunterricht durch die Meraner Lehrpläne, die unter anderem von Felix Klein Anfang des 20. Jahrhunderts entwickelt wurden, vorangetrieben. Trotz dieser Forderungen wurde über mehrere Jahrzehnte an den bislang praktizierten Lehrmethoden festgehalten und vorrangig das Lernen von Algorithmen ohne Anwendungsbezüge praktiziert. Erst mit dem 1967 von Hans Freudenthal durchgeführten Symposium *„How to Teach Mathematics So As to Be Useful"* wurde die Bedeutung der Anwendungsbezüge im Mathematikunterricht gestärkt (vgl. ebd., S. 268). Seitdem stieg die Anzahl der Studien zum mathematischen Modellieren und die Akzeptanz der Bedeutung für den Mathematikunterricht wurde kontinuierlich größer. In Deutschland wurde das mathematische Modellieren als eine der sechs allgemeinen Kompetenzen in allen Schulformen bzw. Schulstufen in die Bildungsstandards aufgenommen (vgl. Bildungsstandards im Fach Mathematik

für den Primarbereich 2005b, S. 8, Bildungsstandards im Fach Mathematik für
den Hauptschulabschluss 2005a, S. 7, Bildungsstandards im Fach Mathematik für
den Mittleren Schulabschluss 2003, S. 7 f., Bildungsstandards im Fach Mathematik für die Allgemeine Hochschulreife 2012, S. 15). Nach Maaß (2009) ist das
mathematische Modellieren jedoch nicht nur eine der sechs allgemeinen mathematischen Kompetenzen, sondern auch ein übergreifendes Lernziel, da es neben
der Kompetenz des mathematischen Modellierens ebenso die anderen allgemeinen
Kompetenzen fördern kann. Außerdem können durch das mathematische Modellieren inhaltliche Lernziele vermittelt werden (vgl. Maaß 2009, S. 22). Schließlich
kann der Einsatz des mathematischen Modellierens die drei häufig geforderten
Grunderfahrungen des Mathematikunterrichts nach Winter (1995) ermöglichen:

1. *„Erscheinungen der Welt um uns, die uns alle angehen oder angehen sollten,
   aus Natur, Gesellschaft und Kultur, in einer spezifischen Art wahrzunehmen und
   zu verstehen,*
2. *mathematische Gegenstände und Sachverhalte, repräsentiert in Sprache, Sym-
   bole, Bildern und Formeln, als geistige Schöpfungen, als eine deduktiv geordnete
   Welt eigener Art kennen zu lernen und zu begreifen,*
3. *in der Auseinandersetzung mit Aufgaben Problemlösefähigkeiten, die über die
   Mathematik hinaus gehen, (heuristische Fähigkeiten) zu erwerben."*
(Winter 1995, S. 17).

Beim mathematischen Modellieren *„geht es darum, eine realitätsbezogene Situation durch den Einsatz mathematischer Mittel zu verstehen, zu strukturieren und
einer Lösung zuzuführen sowie Mathematik in der Realität zu erkennen und zu beurteilen"* (Blum et al. 2012, S. 40 f.). Das mathematische Modellieren umfasst einen
komplexen Lösungsprozess, der auf einer Modellauffassung des Verhältnisses
von Realität und Mathematik basiert (vgl. Kaiser 1995, S. 67). Dementsprechend liegt der Fokus auf dem Prozess des mathematischen Modellierens.
Dieses unterscheidet es von Anwendungen im Allgemeinen, da Anwendungen im
Mathematikunterricht meist eher die Richtung von der Mathematik zur Lösung
betrachten und somit das erhaltene Produkt im Vordergrund steht (vgl. Niss et al.
2007, S. 3 f.).

In obigen Ausführungen wurde bereits deutlich, dass beim mathematischen
Modellieren Modelle zur Lösung realer Probleme eine zentrale Rolle spielen (vgl.
auch Henn & Maaß 2003, S. 2). Unter Modellen werden vereinfachende Dar-
stellungen der Realität bezeichnet, die nur gewisse, einigermaßen objektivierbare
Teilaspekte der Realität berücksichtigen (vgl. Henn. 2002, S. 5). Maaß (2007)
weist darauf hin, dass die Situation in Bezug auf die jeweilige Fragestellung hin

vereinfacht wird und somit Teilaspekte der Situation im Modell berücksichtigt werden (vgl. Maaß 2007, S. 13). Mathematische Modelle können die Realität oft nicht vollständig abbilden (vgl. Greefrath 2010a, S. 43). Dies ist jedoch häufig auch nicht erwünscht, da das Erstellen von Modellen die Möglichkeit einer überschaubaren Verarbeitung der realen Daten bieten soll (vgl. ebd., S. 43). Außerdem sind Modelle nicht eindeutig, da die Möglichkeit besteht, auf unterschiedliche Art Vereinfachungen vorzunehmen (vgl. ebd., S. 43 f.). Deswegen kann nicht trennscharf nach „richtigen" und „falschen" Modellen unterschieden werden, sondern diese können nur auf ihre Angemessenheit hin bewertet werden (vgl. Hinrichs 2008, S. 9). Als Kriterien wird hierbei untersucht, ob das Modell *richtig, zuverlässig* und *zweckmäßig* ist, was beinhaltet, ob die wesentliche Situation passend, eindeutig und widerspruchsfrei abgebildet wird (vgl. Ortlieb et al. 2013 in Anlehnung an Hertz 1894). Es werden unterschiedliche Arten von Modellen unterschieden, die unterschiedlichen Zwecken dienen. Häufig werden deskriptive und normative Modelle voneinander unterschieden. Deskriptive Modelle sollen den Gegenstand beziehungsweise die Realität nachahmen oder genau abbilden, während normative Modelle Entscheidungsgrundlagen zur Verfügung stellen und als Vorbild dienen sollen (vgl. ebd., S. 44). Bei den deskriptiven Modellen lassen sich Eigenschaften wie *explikativ, deterministisch* und *probabilistisch* unterscheiden (vgl. ebd., S. 44). Für eine genauere Übersicht der unterschiedlichen Modelle siehe Greefrath (2010a).

Dem Begriff des mathematischen Modellierens werden unterschiedliche Bedeutungen beigemessen und es werden häufig unterschiedliche Schwerpunkte und Anforderungen gesetzt. Kaiser (2017) beschreibt unter Bezug auf das Klassifikationsschema von Kaiser und Sriraman (2006) sechs verschiedene Perspektiven des mathematischen Modellierens (Kaiser 2017, S. 272–274). Diese Perspektiven sollen in der folgenden Auflistung kurz skizziert werden (für eine genauere Erläuterung der Perspektiven siehe Kaiser 2017, S. 272–274).

– *Realistic or applied modeling:* Diese Perspektive hat ihre Ursprünge in der *early pragmatic oriented perspective for applied mathematics,* die zum Beispiel von Pollak vertreten wird. Im Vordergrund stehen bei dieser Perspektive authentische und komplexe Modellierungsaufgaben, die nur etwas vereinfacht werden. Charakteristisch ist hierbei, dass der Modellierungsprozess als Ganzes durchlaufen wird.
– *Epistemological or theoretical modeling:* Diese Perspektive orientiert sich an der *scientific humanistic perspective.* Im Vordergrund steht hierbei die Theorieorientierung. Nach dieser Perspektive sollten Anwendungsbeispiele vorrangig

die Entwicklung von mathematischen Konzepten und Algorithmen fördern, weshalb dem Realitätsbezug dahinter nur wenig Bedeutung beigemessen wird.

– *Educational modeling:* Bei dieser Perspektive werden zwei unterschiedliche Ansätze unterschieden: *didactical modeling* und *conceptual modeling*. Während beim *didactical modeling* die Struktur von Lernprozessen und pädagogische Ziele fokussiert werden, verfolgt das *conceptual modeling* subjektorientierte Ziele, um mathematische Konzepte einzuführen und zu verstehen.

– *Contextual modeling or model eliciting perspective:* Diese Perspektive hat ihre Wurzeln in der Problemlöse- sowie in der kognitiven und psychologischen Forschung. Ein Bereich dieser Perspektive ist das *model eliciting*, welches Problemlöseaktivitäten umfasst, bei denen Lernende ihre eigenen Ansätze entwickeln, dann ausdehnen und verfeinern. Im Gegensatz zum Problemlösen liegt hierbei der Fokus auf dem Prozess. Es sollen Aktivitäten entwickelt werden, die Lernende motivieren und gleichzeitig die Bedeutung von Mathematik vermitteln können.

– *Sociocritical and sociocultural modeling:* Diese Perspektive beschäftigt sich mit der Förderung des kritischen Verständnisses von Modellierungsprozessen und den entwickelten Modellen unter Berücksichtigung der kulturellen Abhängigkeit (Kaiser et al. 2007, S. 2039). Besonders bedeutend ist hierbei die Reflexion über die Rolle der Mathematik in der Gesellschaft.

– *Cognitive modeling as metaperspective:* Diese Perspektive beschäftigt sich mit der Analyse von Modellierungsprozessen und mit der Identifikation kognitiver und affektiver Barrieren. Es handelt sich um eine Metaperspektive, da eine deskriptive Perspektive im Vordergrund steht (vgl. Kaiser 2017, S. 272–274).

Aufgrund der unterschiedlichen Perspektiven und der daraus resultierenden verschiedenen Schwerpunkte können unterschiedliche Ziele beim mathematischen Modellieren verfolgt werden. Blum (2015) leitet hierbei vier Bedeutungen für die Lernenden aus obigen Perspektiven ab:

„applied":	*sense through understanding and mastering real world situations.*
„educational":	*sense through realizing own competency growth.*
„socio-critical":	*sense through understanding the role of mathematics.*
„epistemological":	*sense through comprehending mathematics as a science.*
„pedagogical":	*sense through enjoying doing mathematics.*
„conceptual":	*sense through understanding mathematical concepts.*

(Blum 2015, S. 82 f.).

Im Unterricht ist es wichtig, verschiedene Perspektiven und Bedeutungen für die
Lernenden durch eine geschickte Auswahl von Modellierungsaufgaben anzuregen. Empirische Studien weisen darauf hin, dass die Lernenden hierbei abhängig
von ihren Einstellungen und *beliefs* unterschiedlich auf die Angebote reagieren.
So hofft Blum (2015), dass die Lernenden durch die Variabilität der Angebote
ihre *beliefs* erweitern und eine positive Einstellung gegenüber der Mathematik
aufbauen können (vgl. Blum 2015, S. 83).

2.2.2 Modellierungsprozess und Modellierungskompetenz

Der komplexe Vorgang des Modellierens vom Problem in der Realität zu einem
Modell bis hin zu einer realen Lösung wird anschaulich in einem Modellierungskreislauf dargestellt (vgl. Maaß 2009, S. 12). Der Modellierungskreislauf
verfolgt hierbei unterschiedliche Funktionen. Zum einen dient er dem Verständnis
des Modellierens und zum anderen als Hilfe beim Bearbeiten von Modellierungsaufgaben, insbesondere im Bereich der Metakognition (vgl. Stillman &
Galbraith 2012, S. 99). Schließlich stellen Modellierungskreisläufe einen eigenen
Lerninhalt dar, strukturieren den Modellierungsprozess und dienen als Grundlage für empirische Untersuchungen (vgl. ebd., S. 14). Dementsprechend können
Modellierungskreisläufe für forschende und für schulische Zwecke unterschieden
werden (vgl. ebd., S. 21). In der einschlägigen Diskussion werden unterschiedliche Modellierungskreisläufe differenziert, die sich in der Anzahl der Schritte der
Modellentwicklung unterscheiden. Es werden Modellierungskreisläufe des direkten Mathematisierens (z. B. Ortlieb 2004), des zweischrittigen Mathematisierens
(z. B. Kaiser & Stender 2013, 2015) und des dreischrittigen Mathematisierens
(z. B. Blum & Leiss 2005) unterschieden, wobei diese einen, zwei beziehungsweise drei Schritte der Modellentwicklung berücksichtigen (für eine Übersicht
über die verschiedenen Modellierungskreisläufe siehe Kaiser 2017, S. 276–278).
Die Darstellung des Modellierungsprozesses in Form eines Modellierungskreislaufs ist idealisierend, da oft zwischen verschiedenen Schritten gewechselt wird
(vgl. Maaß 2007, S. 13).

Im Folgenden soll ein idealtypischer Modellierungsprozess in Form eines
Modellierungskreislaufes des zweischrittigen Mathematisierens von Kaiser und
Stender (2013) vorgestellt werden. Dieser berücksichtigt zwei Phasen der Modellentwicklung in Form des realen und auch mathematischen Modells. Die Modellierungskreisläufe des zweischrittigen Mathematisierens zielen auf den Einsatz
im Mathematikunterricht ab, da sie für die Schülerinnen und Schüler eine metakognitive Hilfe sein können (vgl. Borromeo Ferri & Kaiser 2008, S. 7 f.).

Deswegen wurde dieser Modellierungskreislauf als Hilfsmittel für die Schülerinnen und Schüler in dieser Studie eingesetzt und eignet sich aufgrund dessen im Besonderen zur Vorstellung des Modellierungsprozesses (Abbildung 2.4).

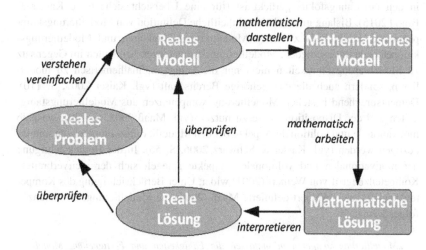

Abbildung 2.4 Der Modellierungskreislauf nach Kaiser und Stender (2015, S. 100)

Als Ausgangspunkt des Modellierungsprozesses steht ein reales Problem, welches zunächst verstanden und zu einem realen Modell vereinfacht wird. Hierfür wird die Realsituation erfasst und relevante Aspekte identifiziert. Das reale Modell wiederum wird mit mathematischen Mitteln dargestellt, wodurch das mathematische Modell konstruiert wird. Durch die Berücksichtigung des Zwischenschritts zwischen dem realen Problem und dem mathematischen Modell in Form des realen Modells sind die Modellierungskreisläufe des zweischrittigen Mathematisierens charakterisiert (vgl. Greefrath et al. 2013, S. 16). Im Rahmen des mathematischen Modells wird nun mathematisch gearbeitet, um schließlich die mathematische Lösung zu erhalten. Die mathematische Lösung wird in Hinblick auf die Realität interpretiert, um die reale Lösung zu ermitteln. Zu guter Letzt wird die reale Lösung in Hinblick auf das Problem und die Realität validiert. Wenn die reale Lösung als nicht angemessen beurteilt wird, muss der Modellierungskreislauf erneut durchlaufen werden.

Anhand der Komplexität des Modellierungsprozesses wird bereits deutlich, dass das Bearbeiten von Modellierungsaufgaben verschiedene Kompetenzen erfordert. In der fachdidaktischen Diskussion hat die Beschreibung von Modellierungskompetenzen eine lange Tradition, obwohl dieser Aspekt erst relativ spät in den Forschungsfokus gerückt ist (für eine Übersicht siehe u. a. Kaiser & Brand 2015). Bislang gibt es keine einheitliche Definition von Modellierungskompetenzen. Häufig wird zwischen Modellierungsfähigkeiten und Modellierungskompetenzen unterschieden. Modellierungskompetenzen beinhalten im Gegensatz zu Modellierungsfähigkeiten nicht nur die Fähigkeit, mathematisch zu modellieren, sondern auch die dazugehörige Bereitschaft (vgl. Kaiser 2007, S. 110). Dementsprechend bestehen Modellierungskompetenzen aus Modellierungsfähigkeiten und der Disposition, diese zu nutzen (vgl. Maaß 2005, S. 120), weshalb motivationale und volitionale Aspekte bei den Modellierungskompetenzen miteinbezogen werden (vgl. Kaiser & Schwarz 2006, S. 56). In der Berücksichtigung der motivationalen und volitionalen Aspekte spiegelt sich der weitverbreitete Kompetenzbegriff von Weinert (2001) wider. Unter Berücksichtigung des Kompetenzbegriffs nach Weinert definierte Maaß (2004) die Modellierungskompetenzen folgendermaßen:

> *„Modellierungskompetenzen umfassen die Fähigkeiten und Fertigkeiten, Modellierungsprozesse zielgerichtet und angemessen durchführen zu können sowie die Bereitschaft, diese Fähigkeiten und Fertigkeiten in Handlung umzusetzen."* *(Maaß 2004, S. 35).*

In dieser Arbeit soll diese Definition von Modellierungskompetenzen verwendet werden, da sie sowohl die Fähigkeit mathematisch zu modellieren wie auch die Bereitschaft, dies zu tun, berücksichtigt.

Bei dem Begriff der Modellierungskompetenzen wird zwischen globalen Modellierungskompetenzen und Teilkompetenzen beim mathematischen Modellieren unterschieden (vgl. Kaiser et al. 2015, S. 369). Während sich die globalen Modellierungskompetenzen auf die notwendigen Fähigkeiten beziehen, den gesamten Modellierungsprozess durchführen zu können und über ihn zu reflektieren, beinhalten die Teilkompetenzen des Modellierens verschiedene Kompetenzen, die notwendig sind, um die einzelnen Schritte des Modellierungskreislaufs auszuführen (vgl. ebd.). Auf Grundlage von Vorarbeiten von Blum und Kaiser (1997), Maaß (2004), Kaiser (2007), Kaiser und Schwarz (2010), Haines et al. (2000), Houston und Neill (2003) und weiterer Studien unterscheiden Kaiser et al. (2015) die folgenden Teilkompetenzen beim mathematischen Modellieren:

a) „Kompetenzen zum Verständnis eines realen Problems und zum Aufstellen eines realen Modells, d. h. die Fähigkeiten,

- nach verfügbaren Informationen zu suchen und relevante von irrelevanten Informationen zu trennen;
- auf die Situation bezogene Annahmen zu machen bzw. Situationen zu vereinfachen;
- die eine Situation beeinflussenden Größen zu erkennen bzw. zu explizieren und Schlüsselvariablen zu identifizieren;
- Beziehungen zwischen den Variablen herzustellen;

b) Kompetenzen zum Aufstellen eines mathematischen Modells aus einem realen Modell, d. h. die Fähigkeiten

- die relevanten Größen und Beziehungen zu mathematisieren, genauer in mathematische Sprache zu übersetzen;
- falls nötig, die relevanten Größen und ihre Beziehungen zu vereinfachen bzw. ihre Anzahl und Komplexität zu reduzieren;
- adäquate mathematische Notationen zu wählen und Situationen ggf. graphisch darzustellen;

c) Kompetenzen zur Lösung mathematischer Fragestellungen innerhalb eines mathematischen Modells, d. h. die Fähigkeiten

- heuristische Strategien anzuwenden wie Aufteilung des Problems in Teilprobleme, Herstellung von Bezügen zu verwandten oder analogen Problemen, Reformulierung des Problems, Darstellung des Problems in anderer Form, Variation der Einflussgrößen bzw. der verfügbaren Daten usw.;

d) Kompetenz zur Interpretation mathematischer Resultate in einem realen Modell bzw. einer realen Situation, d. h. die Fähigkeiten

- mathematische Resultate in außermathematischen Situationen zu interpretieren;
- für spezielle Situationen entwickelte Lösungen zu verallgemeinern;
- Problemlösungen unter angemessener Verwendung mathematischer Sprache darzustellen bzw. über die Lösungen zu kommunizieren;

e) Kompetenz zur Infragestellung der Lösung und ggf. erneuten Durchführung eines Modellierungsprozesses, d. h. die Fähigkeiten

- gefundene Lösungen kritisch zu überprüfen und zu reflektieren;
- entsprechende Teile des Modells zu revidieren bzw. den Modellierungsprozess erneut durchzuführen, falls Lösungen der Situation nicht angemessen sind;
- zu überlegen, ob andere Lösungswege möglich sind, bzw. Lösungen auch anders entwickelt werden können;
- ein Modell grundsätzlich in Frage zu stellen" (Kaiser et al. 2015, S. 369 f).

Die Teilkompetenzen sind für die Modellierungskompetenzen zwar notwendig, dennoch reichen sie allein nicht aus, um Modellierungskompetenzen zu charakterisieren, da hierfür globale Modellierungskompetenzen unabdingbar sind (vgl. Zöttl 2010, S. 100). Nach Kaiser und Schwarz (2006) gehören zu den globalen Modellierungskompetenzen folgende Kompetenzen:

- „Kompetenz reale Probleme durch selbst entwickelte mathematische Beschreibungen (Modell) zu bearbeiten;
- Kompetenz über Modellierungsprozess zu reflektieren durch Aktivierung von Meta-Wissen;
- Einsicht in die Beziehungen zwischen Mathematik und Realität, insbesondere in Subjektivität von Modellierung;
- Soziale Kompetenzen wie Kompetenz zur Gruppenarbeit oder Kommunikationskompetenzen" (Kaiser & Schwarz 2006, S. 56).

Entsprechend dieser Unterteilung gehört zu den globalen Modellierungskompetenzen auch die Metakognition (vgl. Theoriekapitel 2.1), da es von zentraler Bedeutung ist, über den Modellierungsprozess zu reflektieren und metakognitive Strategien der Planung, Überwachung und Regulation einzusetzen (für einen Einblick in die metakognitiven Strategien beim mathematischen Modellieren siehe 2.3.3).

2.2.3 Modellierungsaufgaben und Schwierigkeiten

Modellierungsaufgaben[1] können als offene, komplexe und realitätsbezogene Aufgaben charakterisiert werden, zu deren Lösung ein Modellierungsprozess durchlaufen werden muss. Dementsprechend umfasst die Arbeit mit Modellierungsaufgaben die Schritte des Modellierungskreislaufes (vgl. Maaß et al. 2008, S. 75). Modellierungsaufgaben zeichnen sich durch bestimmte Charakteristika aus, die in unterschiedlichen Klassifikationen von Modellierungsaufgaben

---

[1]Unter einem mathematischen Problem werden Aufgaben verstanden, bei denen ein Ziel abgeleitet werden kann, aber der Weg zum Ziel unklar ist. Das Problem beinhaltet außerdem Anforderungen, die mit Schwierigkeiten verbunden sind (vgl. Heinrich et al. 2015, S. 279 f.). Nach dieser Definition zählen die Modellierungsaufgaben zu Problemen. Trotz dessen wird im Folgenden der Begriff der Modellierungsaufgabe verwendet, da dieser in der zugrunde gelegten Literatur verwendet wird.

entwickelt wurden. Im Folgenden sollen die Charakteristika von Modellierungsaufgaben nach Maaß (2007, 2009) betrachtet werden, wobei sich viele der
Charakteristika in anderen Klassifikationen widerspiegeln (vgl. z. B. Greefrath
2010).

Zum einen sind Modellierungsaufgaben **offen** (vgl. Maaß 2007, S. 12, Maaß
2009, S. 11). Durch die Offenheit der Modellierungsaufgaben sind unterschiedliche Lösungswege und Lösungen möglich (vgl. Greefrath 2010, S. 47). Durch
offene Unterrichtsformen kann die Offenheit der Aufgabe weiter unterstützt werden (vgl. ebd., S. 47). Infolge der Offenheit besitzen Modellierungsaufgaben
selbstdifferenzierende Eigenschaften, da die Schülerinnen und Schüler Lösungswege in ihren eigenen Kompetenzbereichen wählen können (vgl. Maaß 2007,
S. 19). Maaß (2006) zeigte in ihrer Studie, dass die leistungsstärkeren Schülerinnen und Schüler eher anspruchsvollere, für sie fordernde Modellierungen
vornahmen, während leistungsschwächere Schülerinnen und Schüler einfachere
Lösungswege wählten, um ebenfalls zu einer Lösung zu gelangen (vgl. Maaß
2006, S. 159).

Zum anderen besitzen Modellierungsaufgaben einen **Realitätsbezug,** indem
die Aufgaben Kontexte aus dem Alltag und der Umwelt der Schülerinnen und
Schüler beinhalten (vgl. Maaß 2007, S. 27). Infolgedessen ist auch die **Relevanz**
der Aufgaben für die Schülerinnen und Schüler bedeutend, wobei zwischen der
Schülerrelevanz und der *Lebensrelevanz* unterschieden wird (vgl. Greefrath et al.
2013, S. 26). Während sich die *Schülerrelevanz* auf die Aufgaben bezieht, die
aktuell bedeutend für die Schülerinnen und Schüler sind, bezieht sich die *Lebens-*
relevanz auf Aufgaben, die zukünftig bedeutend sein werden (vgl. ebd., S. 26).
Greefrath (2010) ergänzt hierzu den Begriff der *Lebensnähe,* der die Aufgaben
nach ihrer Nähe zum Leben beurteilt, da dieses objektiv erfassbarer ist als die
Lebensrelevanz (vgl. Greefrath 2010, S. 32).

Modellierungsaufgaben sind **authentisch** und somit für die Schülerinnen und
Schüler glaubwürdig (vgl. Maaß 2007, S. 12, Maaß 2009, S. 11). Dies ist
dadurch gewährleistet, dass es sich bei der Modellierungsaufgabe um eine wirk-
liche Fragestellung handelt, die auch außerhalb des Mathematikunterrichts ihre
Berechtigung hat (vgl. Greefrath 2010, S. 30). Hierbei unterscheidet Eichler
(2015) zwischen einer objektiven und einer subjektiven Authentizität. Während
die objektive Authentizität aussagt, dass die Fragestellung der Realität entstammt,
beschreibt die subjektive Authentizität, dass die Schülerinnen und Schüler die Fragestellung als authentisch wahrnehmen (vgl. Eichler 2015, S. 107). Vos (2011)
hingegen spricht sich gegen eine solche Unterscheidung aus. Sie plädiert dafür,
dass die Authentizität personenunabhängig gemessen wird. Eine Aufgabe ist demnach authentisch, wenn sie aus der Realität stammt und nicht für den schulischen

Zweck entwickelt wurde. Demnach können Aufgaben authentische und nicht authentische Aspekte beinhalten (vgl. Vos 2011, S. 720 f.). Diese Charakteristika spiegeln sich zum Teil in der Definition von Niss (1992) wider, bei der eine authentische Situation folgendes beschreibt: *„one which is embedded in a true existing practice or subject area outside mathematics, and which deals with objects, phenomena, issues, or problems that are genuine to that area and are recognized as such by people working in it"* *(Niss 1992, S. 353).*

Nach der Auffassung von Niss (1992) muss es sich nicht notwendigerweise um alltägliche Angelegenheiten handeln, sondern es ist erforderlich, dass die Situation außerhalb der Mathematik besteht und nicht nur für den Schulkontext eingekleidet wurde (vgl. ebd., S. 353 f.). Vos (2011) grenzt sich von dieser Definition ab, indem sie darstellt, dass Niss in seiner Definition gewisse authentische Situationen ausgrenzt: *„However, the Niss-definition has its limitations, with experts being equated to 'people working in that practice or area'. With this formulation, Niss excludes other stakeholders of problem situations. For example, consumer problems (finding the best price) or environmental problems (optimizing CO_2 reduction) can be recognized as being important, not only by people working in these areas, but also by out-of-school stakeholders, such as consumers, environmentally engaged citizens, or the students themselves, and other 'not formally' working people who take up responsibilities"* (Vos 2011, S. 718).

Schließlich sind weitere Charakteristika von Modellierungsaufgaben, dass diese **problemhaltig** sind und somit zur **Lösung des Problems ein Modellierungsprozess durchlaufen** werden muss (vgl. Maaß 2007, S. 12, Maaß 2009, S. 11). Somit unterscheiden sich Modellierungsaufgaben grundlegend von den sogenannten *eingekleideten* Aufgaben, da bei den eingekleideten Aufgaben der mathematische Kontext im Vordergrund steht und der Anwendungskontext eine neben- oder auch untergeordnete Rolle hat (vgl. Reiss & Hammer 2010, S. 61). Daher zielen die eingekleideten Aufgaben auf das Anwenden und Üben von Rechenfertigkeiten sowie mathematischen Begriffen ab (vgl. Krauthausen & Scherer 2008, S. 84), während beim mathematischen Modellieren weitaus mehr Ziele verfolgt werden (vgl. Abschnitt 2.2.1). Ein weiterer Unterschied der eingekleideten Aufgaben zu den Modellierungsaufgaben ist, dass zur Lösung dieser nur wenig Schritte nötig sind. Schülerinnen und Schüler müssen eine Rechenoperation erkennen und das Ergebnis ermitteln (vgl. Franke 2003, S. 33). Bei den Modellierungsaufgaben hingegen müssen alle Schritte des Modellierungskreislaufes durchlaufen werden (vgl. Abschnitt 2.2.2). Dementsprechend sind die Aufgaben **komplex** und fordern die Schülerinnen und Schüler kognitiv heraus. In dem Analyseschema von Kaiser-Messmer (1986), welches in Blum und Kaiser (1984) weiter ausdifferenziert wurde, können Anwendungsaufgaben in Hinblick auf ihre Charakteristika untersucht werden. In diesem Analyseschema werden drei verschiedene Dimensionen unterschieden: die konzeptuelle, die curriculare und die situative Dimension. Zudem werden unterschiedliche Fragen dargelegt, die dazu dienen, eine Aufgabe in Hinblick auf ihre Charakteristika der Anwendungen zu beleuchten (für einen Einblick in das Analyseschema siehe Kaiser 1986, S. 25–29 bzw. Blum & Kaiser 1984, S. 205–208).

Aufgrund der Komplexität von Modellierungsaufgaben treten besonders häufig Schwierigkeiten und Fehler bei der Bearbeitung der Modellierungsaufgaben auf. Dabei stellt jeder Schritt des Modellierungsprozesses eine potenzielle Hürde für die Schülerinnen und Schüler dar (vgl. Blum 2015, S. 79, Goos 2002, Galbraith and Stillman 2006, Stillman 2011). Zudem können auch übergreifende Fehler auftreten (vgl. Maaß 2007, S. 33). Die möglichen Schwierigkeiten im Rahmen des Modellierungsprozesses sollen im Folgenden genauer erläutert werden, da diese von besonderem Interesse für den Einsatz metakognitiver Strategien beim mathematischen Modellieren sind (vgl. Abschnitt 2.3.2).

Zunächst können *Schwierigkeiten bei der Modellerstellung* entstehen. Die ersten Hürden können beim Lesen und Verstehen der Aufgabe auftreten, wobei Schwierigkeiten beim Lesen des Sachtextes, bei der Interpretation der Bilder sowie beim Verstehen der Fragestellung und der durch sie implizierten strukturellen Zusammenhänge auftreten können (vgl. Schukajlow 2011, S. 182). Die Schülerinnen und Schüler sind es meist gewohnt, dass sie auch ohne gründliches Lesen und Verstehen des Kontextes die Aufgabe lösen können, und müssen lernen, dass sie beim mathematischen Modellieren ohne gründliches Lesen und Verstehen des Kontextes die Aufgabe nicht erfolgreich lösen können (vgl. Blum 2015, S. 79). Das Verständnis der Aufgabe kann häufig durch eine klare Darstellung des Problems im Aufgabentext positiv beeinflusst werden (vgl. Greefrath 2010a, S. 203).

Beim Aufstellen des Realmodells ist es möglich, dass Schülerinnen und Schüler falsche Annahmen voraussetzen oder das Realmodell unangemessen vereinfachen (vgl. Greefrath 2010a, S. 203). Der Grund hierfür ist, dass den Schülerinnen und Schülern häufig Stützpunktwissen fehlt, wie zum Beispiel Wissen über Längen und Anzahlen (vgl. ebd., S. 203). Einerseits kann es sein, dass ein unangemessenes Realmodell dadurch entsteht, dass die Annahmen die Realität zu stark vereinfachen und somit wichtige Aspekte vernachlässigt werden (vgl. Maaß 2007, S. 36). Andererseits zeigt sich, dass notwendige Vereinfachungen von den Schülerinnen und Schülern nicht vorgenommen werden, sodass ein kompliziertes Realmodell entwickelt worden ist, welches nicht bearbeitbar ist (vgl. Greefrath 2010, S. 23). Dies tritt häufig bei überbestimmten Aufgaben auf, wenn die Schülerinnen und Schüler die relevanten Daten nicht identifizieren können oder sich nicht „*trauen*", zu idealisieren oder grob abzuschätzen (vgl. Hinrichs 2008, S. 67 f.). Dadurch, dass beim mathematischen Modellieren auch länger zurückliegende Inhalte aufgegriffen werden, kann es vorkommen, dass die Schülerinnen und Schüler keine geeigneten Modelle finden (vgl. ebd., S. 68).

Aufgrund der aufgeführten Fehler beim Aufstellen von Modellen unterscheiden Krug und Schukajlow (2015) zwischen *weichen* und *harten Fehlern* (vgl. Krug & Schukajlow 2015, S. 33). Mit *weichen Fehlern* sind Fehler gemeint, bei denen das Modell mehr oder weniger gut zur Realsituation passt (vgl. ebd., S. 33). Diese Fehler lassen sich je nach Vorwissen und Motivation der Schülerinnen und Schüler produktiv nutzen, indem sie den Modellierungsprozess nochmals durchlaufen (vgl. ebd., S. 33). Bei *harten Fehlern* hingegen passt der Aufbau des Modells nicht zu der Realsituation (vgl. ebd., S. 33). Bei entsprechender Thematisierung bieten die Fehler jedoch vielfältige Lerngelegenheiten (vgl. ebd., S. 36).

Bei der Bildung des mathematischen Modells kann es passieren, dass die Schülerinnen und Schüler den falschen Algorithmus anwenden oder keine adäquate mathematische Schreibweise verwenden (vgl. ebd., S. 37). Es kommt auch vor, dass die Schülerinnen und Schüler Übersetzungsfehler machen, indem sie zum Beispiel Rechenoperationen falsch anwenden (vgl. Hinrichs 2008, S. 69).

Zudem können *Schwierigkeiten bei der Arbeit im mathematischen Modell* auftreten. Zum einen entstehen häufig Rechenfehler beim Bearbeiten des mathematischen Modells (vgl. Greefrath 2010, S. 23). Zu beachten ist jedoch, dass die Schülerinnen und Schüler diese Rechenfehler häufig selbstständig erkennen, wenn ihnen dazu die Gelegenheit geboten wird (vgl. Greefrath 2010a, S. 203). Zum anderen kommt es auch vor, dass Schülerinnen und Schüler die Bearbeitung des mathematischen Modells ohne Ergebnis beenden, weil ihnen zum Beispiel die notwendigen heuristischen Strategien fehlen (vgl. Maaß 2007, S. 37). Wenn die Schülerinnen und Schüler ein zu komplexes Modell gewählt haben, kann es auch vorkommen, dass sie die innermathematische Lösung nicht bewältigen können oder dass dies aufgrund der Komplexität des Modells nicht einfach möglich ist (vgl. Hinrichs 2008, S. 70). Außerdem ist es möglich, dass die Schülerinnen und Schüler den Überblick verlieren, wenn das mathematische Modell zu kompliziert und unübersichtlich ist (vgl. ebd., S. 71).

Weiterhin gibt es auch *Schwierigkeiten beim Interpretieren und Validieren*. Ein Problem dieser letzten wichtigen Schritte des Modellierungsprozesses ist, dass die Schülerinnen und Schüler das Interpretieren und Validieren häufig nicht ernst genug nehmen (vgl. Greefrath 2010a, S. 204). Dies führt dann dazu, dass die kritische Reflexion der Ergebnisse fehlt oder nur sehr oberflächlich durchgeführt wird (vgl. Maaß 2007, S. 37). Zudem kann auch die Interpretation der Ergebnisse fehlen oder beispielsweise aufgrund der Komplexität der Aufgabe falsch sein (vgl. ebd., S. 37). Dies führt dazu, dass das Ergebnis so interpretiert wird, dass es zur Sachsituation passt (vgl. Franke 2003, S. 100 ff.). Für das Validieren fehlen den Schülerinnen und Schülern zum Teil Kontrollkompetenzen, speziell im Bereich von Plausibilitätsbetrachtungen, weshalb dies besonders schwierig für sie ist (vgl. Greefrath 2010a, S. 203). Schließlich kann es passieren, dass die Unzulänglichkeit eines Modells zwar erkannt, aber nicht verbessert wird (vgl. Maaß 2007, S. 37).

Weiterhin gibt es *Schwierigkeiten beim gesamten Modellierungsprozess*. Wenn Schülerinnen und Schüler die Phasen des Modellierungsprozesses nicht ausreichend verinnerlicht haben, *„vergessen"* sie teilweise einzelne Phasen, insbesondere das Interpretieren und Validieren (vgl. Hinrichs 2008, S. 74). Manchen Schülerinnen und Schüler gelingt es nicht, zielstrebig vorzugehen und auf ein Ergebnis hinzuarbeiten (Maaß 2007, S. 35). Außerdem verlieren die Schülerinnen und Schüler teilweise den Überblick über ihr Handeln und verfolgen ihren Lösungsplan nicht weiter oder stellen keinen Bezug zur Mathematik her (vgl. Greefrath 2010a, S. 204). Nach Hinrichs (2008) wäre hierbei eine strenge Orientierung am Modellierungskreislauf hilfreich (vgl. Hinrichs 2008, S. 74). Es kommt außerdem vor, dass die komplexeren Aufgabenstellungen im Gegensatz zu den einfacheren nicht gelöst werden (vgl. Maaß 2007, S. 37). Manchmal berichten die Schülerinnen und Schüler nur von ihren Erfahrungen ohne Bezug auf die Mathematik oder ihre Rechnungen zu nehmen (vgl. ebd., S. 37). Es treten zusätzlich Fehler im Rahmen der Kommunikation über den Modellierungsprozess auf, indem der Modellierungsprozess zu knapp dargestellt wird oder wesentliche Argumentationen fehlen (vgl. ebd., S. 37). Weitgehend erforscht ist außerdem, dass den Schülerinnen und Schüler häufig Strategien zum Lösen des realen Problems fehlen (Blum 2015, S. 80). Im Allgemeinen reflektieren Schülerinnen und Schüler häufig auch nicht ihre Aktivitäten und sind nicht in der Lage, Transferleistungen zu erbringen, indem sie zum Beispiel von einem Kontext zu einem anderen Kontext schließen (vgl. ebd., S. 80).

Zusammenfassend zeigt die Darstellung der potenziellen Fehler und Schwierigkeiten im Modellierungsprozess die Komplexität des Bearbeitungsprozesses von Modellierungsaufgaben. Dies ist von zentraler Bedeutung für den Einsatz metakognitiver Strategien, die im nächsten Abschnitt genauer beleuchtet werden (vgl. 2.3.2).

2.3   Stand der Diskussion

2.3.1   Einsatz metakognitiver Strategien nach dem Projekt MeMo

Im Rahmen des Projektes MeMo, welches von Katrin Vorhölter geleitet wird, wurde das folgende Prozessmodell zum Einsatz metakognitiver Strategien in Gruppenarbeitsphasen entwickelt (vgl. Vorhölter (Unveröffentlicht)) (Abbildung 2.5):

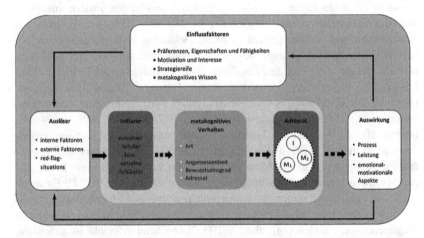

Abbildung 2.5 Modell des Einsatzes metakognitiver Strategien in Gruppenarbeitsprozessen (Vorhölter (unveröffentlicht)); I steht für Initiator, M1 und M2 für weitere Mitglieder der Gruppe

Demnach erfolgt aufgrund bestimmter Auslöser der Einsatz metakognitiver Strategien. Diese können in interne Faktoren, externe Faktoren und die *red-flag* Situationen eingeteilt werden (für eine Übersicht der aktuellen Diskussion über Auslöser des Einsatzes metakognitiver Strategien siehe Abschnitt 2.3.2). Hierbei beziehen sich die internen Auslöser auf das Individuum selbst, während die externen Auslöser eine Anregung von außen beschreiben. Diese Auslöser können, müssen aber nicht bei einer Schülerin oder einem Schüler zu dem Einsatz metakognitiver Strategien führen. Der metakognitive Einsatz durch die Schülerin beziehungsweise dem Schüler kann wiederum in seine Art (Orientierung, Planung, Überwachung, Regulation und Evaluation), in seine Angemessenheit (produktiv, fehlerhaft), seinen Bewusstseinsgrad (bewusst, unbewusst) sowie in den anvisierten Adressaten klassifiziert werden (vgl. Abschnitt 2.1.1, 2.1.2, 2.1.3, 2.3.3). Dieses metakognitive Verhalten kann sich im Sinne der sozialen Metakognition auf das Individuum selbst, auf ein anderes Gruppenmitglied oder auf den Gruppenprozess beziehen (vgl. Abschnitt 2.1.3). Es muss beim Adressaten jedoch nicht ankommen, sondern kann ebenso ignoriert werden oder unbewusst bleiben. Der Einsatz der metakognitiven Strategien kann wiederum Auswirkungen haben, die sich auf den Arbeitsprozess, auf die Leistungen sowie auf die emotional-motivationale Ebene der Initiatorin bzw. des Initiators beziehen können (für eine Übersicht in die aktuelle Diskussion zu den Auswirkungen metakognitiver Strategien siehe 2.3.4).

Die Auslöser, die Auswirkungen und der Einsatz der metakognitiven Strategien können durch bestimmte Faktoren beeinflusst werden. Hierzu zählen persönliche Eigenschaften, Präferenzen und Fähigkeiten, die Motivation und das Interesse, die Strategiereife und das metakognitive Wissen der Initiatorin beziehungsweise des Initiators. Die Einflussfaktoren können hierbei einen Auslöser oder einen metakognitiven Strategieeinsatz sowohl positiv als auch negativ beeinflussen, indem dieser beziehungsweise dieses angestoßen oder eher behindert wird. Dies gilt ebenso für die Auswirkungen des metakognitiven Strategieeinsatzes, da die Einflussfaktoren einen positiven oder auch negativen Einfluss auf die Auswirkungen des Einsatzes für den Initiator beziehungsweise der Initiatorin haben können. Ebenso können die entstandenen Auswirkungen die Einflussfaktoren sowie die Auslöser beeinflussen, da Auswirkungen im Arbeitsprozess, in der Leistung oder auf der emotional-motivationalen Ebene die benannten Einflussfaktoren und Auslöser verändern können.

Dieses Modell des Einsatzes metakognitiver Strategien beschreibt die Wechselbeziehungen der einzelnen Komponenten bei einem metakognitiven Strategieeinsatz. In den folgenden Kapiteln soll genauer auf die Auslöser des Einsatzes, auf den metakognitiven Strategieeinsatz beim mathematischen Modellieren und auf die Auswirkungen des Einsatzes eingegangen werden. Hierfür wird der Stand der Forschung genauer beleuchtet, um schließlich ein eigenes Modell für die vorliegende Studie unter Berücksichtigung der ausgewählten Forschungsfragen zu entwickeln.

2.3.2   Auslöser des Einsatzes metakognitiver Strategien

Im Rahmen der aktuellen Diskussion wurden bereits Auslöser für den Einsatz metakognitiver Strategien beschrieben. So zeigte sich in der Interviewstudie von

Goos (1998), dass der Einsatz von Regulationsprozessen und Monitoringstrategien ausgelöst wird, wenn Schwierigkeiten bei der Bearbeitung von mathematischen Aufgaben auftreten (Goos 1998, S. 226). Somit reagieren Schülerinnen und Schüler bei Schwierigkeiten mit Nichtstandardaufgaben mit der Anwendung von metakognitiven Strategien. Bereits in Abschnitt 2.2.3 wurde deutlich, dass es sich beim mathematischen Modellieren keineswegs um Standardaufgaben, sondern um komplexe Aufgaben handelt, bei denen sehr viele Schwierigkeiten auftreten können. Dementsprechend ist auch der Einsatz metakognitiver Strategien von zentraler Bedeutung.

Goos (1998) identifizierte in ihrer Studie verschiedene Schwierigkeiten, die zu einem Einsatz metakognitiver Strategien geführt haben. Diese Auslöser von metakognitiven Strategien nennt Goos (1998) *Red flags,* wobei sie zwischen den folgenden drei *Red flags* Situationen unterscheidet.

– *Lack of progress (Fehlender Fortschritt)*
– *Detection of an error (Entdecken eines Fehlers)*
– *Anomalous result (Anormales Resultat)*
   (Goos 1998, S. 226)

Nach Goos (1998) führt ein fehlender Fortschritt im Lösungsprozess dazu, dass die verwendete Lösungsstrategie auf ihre Eignung überprüft und gegebenenfalls verworfen wird. Außerdem können weitere nützliche Informationen identifiziert werden, die den Arbeitsprozess voranbringen (vgl. ebd., S. 226). Im Rahmen der Entdeckung eines Fehlers müssen die Schülerinnen und Schüler ihre Arbeit überprüfen und korrigieren (vgl. ebd.). Schließlich muss auch bei der Entdeckung eines anormalen Resultates eine Überprüfung der Rechnung erfolgen. Falls die Rechnung korrekt ist, muss die Lösungsstrategie überdacht werden (vgl. ebd.). Stillman (2011) übertrug die *red flag Situationen* auf das mathematische Modellieren und untersuchte in ihrer Studie das Verhalten der Schülerinnen und Schüler in diesen Situationen (vgl. Stillman 2011, S. 171 ff.). Dieses wird zum späteren Zeitpunkt genauer erläutert (vgl. Abschnitt 2.3.3). Indizien für den Einsatz metakognitiver Strategien bei dem Erhalt von anormalen Resultaten beim mathematischen Modellieren zeigten sich außerdem in der Studie von Schukajlow (2010). Hierbei wurde deutlich, dass der Erhalt eines Ergebnisses, welches von den Erwartungen der Schülerinnen und Schüler abwich, Kontrollstrategien auslöste (vgl. Schukajlow 2010, S. 201).

Neben den Schwierigkeiten, die zu dem Einsatz metakognitiver Strategien führen können, gelten einige Eigenschaften beziehungsweise Erfahrungen des Individuums als Auslöser metakognitiver Strategien. Flavell und Wellman (1977) sprechen in ihrer Konzeption von der *sensitivity*, die die Sensitivität für den notwendigen Anstrengungsaufwand bei der Tätigkeit des Informationsabrufes sowie für die Vorbereitung auf künftige Tätigkeiten desgleichen beschreibt. Hasselhorn greift den Aspekt der Sensitivität in seinem Modell auf (vgl. Hasselhorn 1992, S. 42). Sensitivität umschreibt das Gespür für die derzeit verfügbaren Möglichkeiten eigener kognitiver Aktivitäten, die nicht immer bewusst ablaufen müssen (vgl. Hasselhorn & Gold 2006, S. 95 f.). Nach Hasselhorn und Gold (2006) ist dieses Gespür von zentraler Bedeutung für die effektive Nutzung von Überwachungsprozessen (vgl. ebd.). Hasselhorn beschreibt die Notwendigkeit der Sensitivität für den Einsatz der Strategien anhand der Strategie *„Ordnen nach Oberbegriffen"*:

> *„So reicht beispielsweise das Wissen darüber, daß das Ordnen nach Oberbegriffen eine nützliche Behaltensstrategie darstellt, allein noch nicht aus, damit ein Kind etwas beim Einprägen einer Einkaufsliste von der Ordnungsstrategie Gebrauch macht. Erst wenn es auch sensitiv dafür ist, daß man durch eine kategoriale Ordnung der einzukaufenden Gegenstände (z. B. nach Fleischwaren, Backwaren, Milchprodukte) auch eine Einkaufsliste schneller lernen und besser rekonstruieren kann, wird das Kind diese strategische Möglichkeit auch selbstständig nutzen"* (vgl. Hasselhorn 1992, S. 38).

Dementsprechend kann die Sensitivität für den Einsatz einer Strategie zur Auslösung dessen führen, was impliziert, dass auch die metakognitiven Strategien hiermit ausgelöst werden können.

Neben der *sensitivity* vertritt Flavell in seinen Arbeiten die Position, dass *metacognitive experiences* den Einsatz von metakognitiven Strategien auslösen können (vgl. z. B. Flavell 1979, S. 909). Nach Flavell (1987) können metakognitive Empfindungen aufgrund der folgenden vier Anlässe auftreten:

- Durch die explizite Auslösung einer Situation.
- z. B. durch Anforderung Anderer.
- Bei Konfrontation mit wenig vertrauten kognitiven Anforderungen.
- In Situationen, in denen korrekte und sorgfältige Schlussfolgerungen, Beurteilungen und Entscheidungen erforderlich sind.
- Bei Schwierigkeiten mit kognitiven Bemühungen (vgl. Flavell 1987, S. 28).

Efklides (2002) zeigt in ihrer Untersuchung, dass der Einsatz metakognitiver Empfindungen von den kognitiven Fähigkeiten, der Persönlichkeit, dem eigenen Selbstkonzept und dem self-efficacy beliefs beeinflusst wird. Außerdem hängt der Einsatz von den eigenen Expertisen und individuellen Faktoren, wie zum Beispiel dem Geschlecht ab (vgl. Efklides 2002, S. 182). Es ist somit eine Reaktion unter Berücksichtigung der eigenen Ressourcen und der gestellten Aufgabe (vgl. ebd., S. 182). Efklides (2002) arbeitete hierbei in ihrer Studie empirisch heraus, dass metakognitive Empfindungen den aktivierenden Input für den Einsatz metakognitiver Strategien liefern können (vgl. Efklides 2002, S. 181).

In dem theoretischen Modell von Borkowski (1996) werden weitere Eigenschaften beziehungsweise Erfahrungen des Individuums deutlich, die den Einsatz metakognitiver Strategien auslösen können. Demnach kann der Einsatz metakognitiver Strategien sowohl mittels aufgebauten metakognitivem Wissen wie auch indirekt auf einer persönlich-motivationalen Ebene erfolgen. Borkowski (1996) beschreibt, dass die folgenden Fähigkeiten und Vorstellungen eines Individuums zur Selbstregulation führen oder auch wechselseitig beeinflusst werden:

1. *knows a large number of learning strategies;*
2. *understands when, where, and why these strategies are important;*
3. *selects and monitors strategies wisely and is extremely reflective and planful;*
4. *adheres to an incremental view regarding the growth of mind;*
5. *believes in carefully deployed effort;*
6. *is intrinsically motivated and task-oriented and has mastery goals;*
7. *does not fear failure – in fact, realizes that failure is essential for success hence, is not anxious about tests but sees them as learning opportunities;*
8. *has concrete, multiple images of "possible selves," both hoped for and feared selves in the near and distant future;*
9. *knows a great deal about many topics and has rapid access to that knowledge; and*
10. *has a history of being supported in all of these characteristics by parents, schools, and society at large.*
    (Borkowski 1996, S. 396).

Den wechselseitigen Einfluss der metakognitiven Bereiche stellt Borkowski hierbei in dem folgenden Modell dar (Abbildung 2.6):

Einen großen Bereich des Modells bildet das metakognitive Wissen in Form des *self-knowledge,* des *domain-specific knowledge* und des *specific strategy knowledge.* Hierbei wird Wissen über die Effektivität der Strategien, der unterschiedlichen Anwendungsbereiche und auch Erfahrungswissen über den Gebrauch der Strategien aufgebaut. Aufgrund des Wissens kann die Auswahl und der Einsatz von metakognitiven Strategien erfolgen (vgl. ebd., S. 397). Die daraus resultierten Erfahrungen führen wiederum dazu, dass Lernende den Nutzen und die Bedeutung der Strategien erkennen und somit entsprechende *beliefs* über den Einsatz der

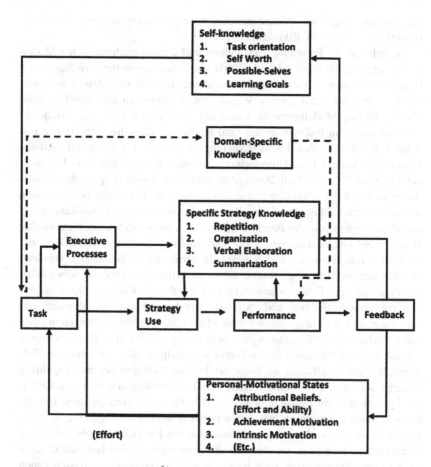

Abbildung 2.6 Cognitive, motivational, and self-system components of metacognition (erstellt nach Borkowski 1996, S. 399)

Strategien aufbauen. Die persönlichen und motivationalen Gemütszustände können ebenso einen Einfluss auf die Aufgabenbearbeitung oder das metakognitive Wissen haben und somit auch indirekt einen Einfluss auf die Auswahl der Strategien nehmen (vgl. Borkowski 1996, S. 399). Zudem können aus dem Einsatz metakognitiver Strategien persönlich-motivationale Einstellungen gebildet werden, die den Einsatz dieser wiederum aktivieren können (vgl. ebd., S. 399). Auch andere Wissenschaftlerinnen und Wissenschaftler schließen sich der Annahme an, dass metakognitives Wissen metakognitive Strategien auslösen kann (vgl. Hasselhorn 1992, S. 46, Efklides 2009, S. 78).

Im Rahmen der Forschung zum Lehren und Lernen mathematischer Modellierung untersuchte bereits Maaß (2004) die Zusammenhänge zwischen metakognitivem Wissen und der Modellierungskompetenz. In ihrer Studie analysiert Maaß (2004) das metakognitive Wissen von Schülerinnen und Schülern beim mathematischen Modellieren im Laufe der Bearbeitung von sechs Modellierungsaufgaben. Im Rahmen dessen fand sie heraus, dass die Schülerinnen und Schüler das Wissen über den Modellierungsprozess als Teil des metakognitiven Wissens im Verlauf ihrer Untersuchung ausbauen konnten (für eine Übersicht der Ergebnisse siehe Maaß 2006). Am Ende der Studie zeigten die Schülerinnen und Schüler Grundkenntnisse des mathematischen Modellierens, indem sie zum Beispiel fähig waren, *den Bezug zwischen den Aufgabenstellungen und den Metabegriffen, also den Begriffen „Realität", „Realmodell", „mathematisches Modell" und „mathematische Lösung" herzustellen.* Außerdem entwickelte der Großteil der Schülerinnen und Schüler ein vernetztes tiefergehendes Verständnis über den Modellierungsprozess, indem sie Kenntnisse über die Subjektivität des Prozesses, die Fehlerfortpflanzung und die Berücksichtigung des Überprüfens erworben hatten (vgl. ebd., S. 162). Aus den geführten Schülerinterviews und den erstellten Concept Maps konnte Maaß (2004) Fehlvorstellungen in Form von fehlerhaftem metakognitiven Wissen in Bezug auf den Modellierungsprozess rekonstruieren. Im Rahmen dessen konnte aufgezeigt werden, dass einzelne Teilschwächen im Modellieren als Folge der Fehlvorstellungen des metakognitiven Wissens auftraten. Zum einen zeigten sich Fehlvorstellungen über das Realmodell gemeinsam mit Defiziten beim Erstellen des realen Modells sowie Defizite beim Validieren zusammen mit Fehlvorstellungen darüber (vgl. ebd. S. 166). Zum anderen war auch eine gemeinsame positive Entwicklung rekonstruierbar. Zudem konnte beobachtet werden, dass die Lernenden mit überdurchschnittlichen Modellierungskompetenzen auch herausragendes metakognitives Wissen hatten (vgl. ebd., S. 166). Dementsprechend verdeutlichen die Ergebnisse die Bedeutung des metakognitiven Wissens für die Entwicklung der Modellierungskompetenz, wozu auch die metakognitiven Strategien gehören. Außerdem zeigten die Interviewergebnisse, dass auch die Schülerinnen und Schüler den positiven Einfluss des metakognitiven Wissens für ihren Modellierungsprozess wahrgenommen und geäußert haben (vgl. ebd., S. 167). Inwiefern die positive Entwicklung der metakognitiven Kompetenz mit einem erhöhten Einsatz metakognitiver Strategien erfolgt, ist hierbei nicht untersucht.

Schließlich hat auch der Aspekt der sozialen Metakognition einen Einfluss auf den Einsatz metakognitiver Strategien. Schukajlow (2010) zeigte, dass bestimmte

Fragen der Gruppenmitglieder auf die Metaebene abzielen sowie Gruppenmitglieder Regulationen des anderen übernehmen können (vgl. Schukajlow 2010, S. 202), welches sich ebenso in den bereits dargestellten Facetten der sozialen Metakognition widerspiegelt (vgl. Abschnitt 2.1.3). Außerdem wurde in derselben Untersuchung deutlich, dass sich Schülerinnen und Schüler gegenseitig direkt zur Überprüfung des Ergebnisses aufforderten, wodurch sie sich gegenseitig zum Einsatz dieser Strategien anregten (vgl. ebd., S. 189). Ebenso verdeutlichen die Ergebnisse von Vorhölter (2018), dass die Regulation häufiger auf Gruppenebene als auf Individualebene stattfindet, welches den sozialen Einfluss auf den Einsatz von Regulationsprozessen bestätigen kann (vgl. Vorhölter 2018, S. 352, Kapitel Förderung metakognitiver Kompetenz).

Die Studie von Artzt und Armour-Thomas (1997) untersuchte den Einfluss zwischen der Gruppenkonstellation und dem Einsatz von Metakognition in der Gruppenarbeit. Im Rahmen der Studie zeigten leistungshomogene Gruppen weniger metakognitiven Strategieeinsatz, während am meisten metakognitives Verhalten in leistungsheterogenen Gruppen zu beobachten war. Außerdem konnten sie herausstellen, dass leistungsstarke Schülerinnen und Schüler einen großen Einfluss auf den Einsatz der Metakognition haben, während der Einfluss der leistungsschwächeren Schülerinnen und Schüler gering ist (vgl. Artzt und Armour-Thomas 1997, S. 67).

In der Studie von Rogat et al. (2014) wird die *directive other regulation* genauer untersucht, bei der ein Gruppenmitglied die Kontrollfunktion einnimmt und häufig die Aufgabenbearbeitung beziehungsweise die Gruppenmitglieder kontrolliert, jedoch selten den Gruppenprozess oder das Gruppenverhalten leitet und kaum versucht andere Gruppenmitglieder mit einzubeziehen (vgl. ebd., S. 899). Die folgende Übersicht verschiedener Einflussfaktoren auf den Einsatz der *directive other regulation* wurde von Rogat et al. (2014) herausgearbeitet.

1) Unterschiede im Vorwissen der Gruppenmitglieder
2) Individuelle Eigenschaften eines Gruppenmitglieds z. B. guter Klassenstatus des Gruppenmitglieds (Barron 2000, Cohen 1994, Eilam and Aharon 2003)
3) Negative Einstellung zur Gruppenarbeit / Fehlverständnis von Gruppenarbeit (Kumpulainen and Mutuanen 1999)
4) Nicht Vorhandensein der notwendigen Fähigkeiten für Gruppenarbeiten (Blumenfeld et al. 2006, Järvelä and Järvenoja 2011, Rogat et al. 2013)
5) Motivationale Orientierung bezogen auf die Gruppenarbeit (vgl. Rogat et al. 2014, S. 901).

Beide Studien verdeutlichen somit, dass die Gruppenkonstellationen und die verschiedenen Eigenschaften und Präferenzen der Gruppenmitglieder einen Einfluss auf den Einsatz von sozialer Metakognition in der Gruppe haben.

Neben der Anregung des Einsatzes metakognitiver Strategien durch andere Gruppenmitglieder, ist es außerdem möglich, dass die Lehrperson den Einsatz metakognitiver Strategien im Unterricht durch die Gestaltung der Lernumgebung oder den Einsatz von Lehrerinterventionen anregt. Inwiefern metakognitive Strategien eingeübt werden und somit der Einsatz durch die Förderung metakognitiver Strategien auftritt, wird ebenfalls in der Forschung untersucht. Die Förderung metakognitiver Kompetenz kann den Einsatz metakognitiver Strategien anregen, da Einigkeit darüber herrscht, dass metakognitive Kompetenzen vermittelbar sind (vgl. Brown 1984, Flavell 1976, Schraw 2001). Deswegen wird im Folgenden in die Thematik der Förderung metakognitiver Kompetenz mit besonderem Augenmerk auf das mathematische Modellieren eingeführt.

Förderung metakognitiver Kompetenz
In der Forschung wird häufig zwischen einer direkten und indirekten Förderung metakognitiver Kompetenz unterschieden. Die direkte Förderung beschreibt eine explizite Vermittlung der Prinzipien des effektiven Lernens und Denkens und bietet zudem die Gelegenheit, an speziell ausgewählten Aufgaben diese Strategien zu üben (vgl. Friedrich & Mandl 1992, S. 29). Bei der indirekten Förderung wird die Situation so gestaltet, dass das Lernen und Denken beziehungsweise der Strategieeinsatz optimal angeregt wird, ohne explizite Erklärungen geben zu müssen (vgl. ebd., S. 29). Hierbei ist unter anderem eine Gestaltung der Lernumgebung, des Lehrmaterials oder des Curriculums möglich (vgl. ebd., S. 29). Eine Art der indirekten Förderung sind die sogenannten *Prompts,* die häufig bei der Förderung metakognitiver Kompetenz eingesetzt werden. Durch die *Prompts* werden die Lernenden zu bestimmten Zeitpunkten aufgefordert, spezifische metakognitive Lernaktivitäten durchzuführen, um die Lernperformanz zu verbessern (vgl. Bannert 2003, S. 15). Die Wirksamkeit der *Prompts* zeigte sich bereits in verschiedenen Studien. Lin und Lehman (1999) unterscheiden in ihrer Studie die folgenden drei Bereiche der *Prompts:* die exekutiven Kontrollaspekte (reason-justification), das aufgabenspezifische Strategiewissen (rule-based) und den motivational-emotionalen Zustand (emotion-focused) (vgl. Lin & Lehman 1999, S. 841). In ihrer Studie profitierte die exekutive Kontrollgruppe am meisten mit signifikant besseren Leistungen in den Transferaufgaben (vgl. Lin & Lehman 1999, S. 852 f.). Die Metastudie von Rosenshine et al. (1996) zeigt den generellen Nutzen der Förderung in Form von *Prompts,* um kognitive und metakognitive Strategien zu fördern (Rosenshine et al. 1996). Sie weisen jedoch auch daraufhin, dass gut erstellte *prompting*-Maßnahmen

nicht das Hintergrundwissen in diesem Bereich ersetzen können (vgl. ebd., S. 210). Insgesamt ist die indirekte Förderung vor allem bei älteren Lernenden mit höheren intellektuellen Fähigkeiten und einem Mindestmaß an Vorwissen bei mittelschweren Aufgaben wirksam (vgl. Bannert 2003, S. 16).

Beim mathematischen Modellieren wurde die Förderung metakognitiver Modellierungskompetenz in der Studie von Vorhölter (2019) untersucht, wobei unter anderem *prompts* eingesetzt wurden. Die Studie entstand in dem Projekt MeMo, welches ebenso von Katrin Vorhölter geleitet wurde. In dem Projekt entstand neben der Untersuchung von Lisa Wendt zu Reflexionsweisen von Lehrpersonen, bezogen auf den Einsatz metakognitiver Strategien, zudem die vorliegende Studie (für eine Einführung in das Projekt vgl. 3.2.1). In Vorhölters Studie wurde der selbstberichtete Einsatz metakognitiver Strategien in einem Kontrollgruppen- sowie Pre-Post-Design untersucht. Hierfür füllten die teilnehmenden Schülerinnen und Schüler nach der Bearbeitung der Modellierungsaufgabe Fragebögen zu dem Einsatz metakognitiver Strategien aus, wobei sie ihr metakognitives Verhalten zum einen auf Individual- und zum anderen auf Gruppenebene einschätzten. Die teilnehmenden Klassen wurden hierbei in zwei Interventionsgruppen eingeteilt, die sich darin unterschieden, dass eine Gruppe in dem Einsatz metakognitiver Strategien nach der Bearbeitung der Modellierungsaufgaben gefördert wurde (für weitere Informationen siehe Abschnitt 3.2.1 und 3.2.3). Die Ergebnisse zeigen, dass die spezielle Förderung der metakognitiven Strategien keinen signifikanten Einfluss auf die berichteten *proceedings* und *regulation strategies* auf Gruppenebene zeigte. Dahingegen zeigte sich ein signifikanter Unterschied im berichteten Einsatz der Evaluationsstrategien zu den beiden Messzeitpunkten (vgl. Vorhölter 2019, S. 11). Dieses empirische Ergebnis zeigt, dass die Förderung metakognitiver Strategien beim mathematischen Modellieren in der Wahrnehmung der Schülerinnen und Schüler zu einem erhöhten Einsatz der Evaluationsstrategien auf Gruppenebene führen kann.

Im Rahmen der Modellierungsdiskussion konnte zudem in der Studie von Stender (2016) nachgewiesen werden, dass eine erfolgreiche Diagnose durch genaues Nachfragen des Vorgehens in einer Gruppe dazu führen kann, dass diese durch den Einsatz von Metakognition ohne weiteren Impuls weiterarbeiten kann (vgl. Stender 2016, S. 223). In diesen Fällen zeigte sich meist, dass der Redeanteil der Schülerinnen und Schüler höher war als der Redeanteil der Lehrperson, da die Lehrperson nur gezielt Fragen zu dem Vorgehen stellt, um den Arbeitsprozess zu verstehen. Das Vorstellen des eigenen Arbeitsprozesses führte hierbei häufig dazu, dass die Schülerinnen und Schüler allein die Schwierigkeiten überwinden konnten. Dementsprechend kann die Intervention, den Arbeitsstand der Gruppe zu erfragen, zu dem Einsatz metakognitiver Strategien führen (vgl. ebd., S. 223).

Für eine erfolgreiche Diagnose zur Förderung metakognitiver Strategien ist es nicht nur wichtig, Wissen über den Arbeitsstand der Schülerinnen und Schüler zu haben, sondern auch zu erkennen, in welchen Entwicklungsstadien des Strategieerwerbs sich die Schülerinnen und Schüler befinden. Hierbei werden die folgenden drei Entwicklungsstadien unterschieden:

1. *Mediationsdefizit:* In diesem Stadium bringen die Schülerinnen und Schüler die Strategien weder spontan hervor, noch können sie die Strategie nachahmen, wenn sie ihnen vorgemacht werden (vgl. Hasselhorn & Gold 2017, S. 96). In dieser Phase eignet sich vor allem die direkte Förderung, da die Lernenden von allein noch nicht über die notwendigen Voraussetzungen zum Strategieeinsatz verfügen und diese deswegen explizit vermittelt werden sollten (vgl. Bannert 2007, S. 107).
2. *Produktionsdefizit:* In diesem Stadium bringen die Schülerinnen und Schüler die Strategie nicht spontan hervor, tun dieses jedoch nach gezielter Aufforderung, weshalb hier häufig eine indirekte Förderung ausreichend ist (vgl. Bannert 2007, S. 107). Als mögliche Ursachen für das Befinden in diesem Stadium gelten motivationale Bedingungen, Überlastungen sowie das Vorwissen und fehlendes Wissen über die Nützlichkeit des Strategieeinsatzes (vgl. Hasselhorn 1996, S. 180).
3. *Nutzungsdefizit:* Bei diesem Stadium verwenden die Schülerinnen und Schüler zwar die Strategien selbstständig, dennoch wirkt sich die Strategienutzung nicht in der erwarteten Weise positiv aus (vgl. Miller 1994, S. 286). Dieses könnte entweder an einer unzureichenden Entwicklung der Automatisierung der Strategien liegen oder an der mangelnden Sensitivität, wann und wie die Strategien sinnvoll eingesetzt werden (vgl. Miller & Seier 1994, S. ab 129).

Das Stadium des Nutzungsdefizits muss nicht notwendigerweise auftreten, aber gerade bei komplexen Lernstrategien, wie den metakognitiven Strategien, ist das Auftreten nach Hasselhorn und Gold (2017) sehr wahrscheinlich (vgl. Hasselhorn & Gold 2017, S. 97). Dementsprechend muss davon ausgegangen werden, dass beim Erwerb einer neuen Strategie Motivationsprobleme bei den Schülerinnen und Schüler auftreten werden, da sie Phasen durchlaufen müssen, in denen sie noch keinen Nutzen aus dem Strategieeinsatz erzielen können (vgl. ebd., S. 97). Miller und Seier (1994) haben im folgenden Diagramm die Entwicklung der Strategienutzung dargestellt (Abbildung 2.7):

Hasselhorn und Gold (2017) sprechen in Anlehnung daran von einem Motivationstal, welches vom Stadion A bis C zunächst überwunden werden muss, damit sich der Nutzen des Strategieeinsatzes für die Lernenden äußert (vgl. Hasselhorn

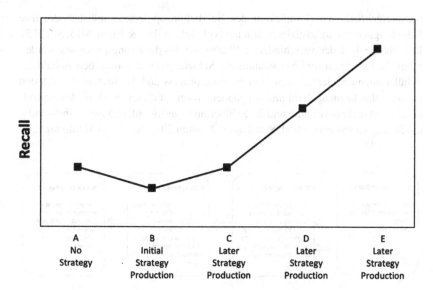

Abbildung 2.7 Entwicklung der Nutzung von Strategien (erstellt nach Miller & Seier 1994, S. 109)

& Gold 2017, S. 97). Dementsprechend zeigt sich, wie wichtig die Rolle der Lehrperson bei der Förderung metakognitiver Strategien ist, damit die Schülerinnen und Schüler nicht den Mut verlieren und weiter an dem Einsatz der Strategien arbeiten.

In der Modellierungsdiskussion gilt der Modellierungskreislauf als metakognitives Hilfsmittel, um den Einsatz metakognitiver Strategien zu fördern. In verschiedenen Projekten wurden spezielle Modellierungskreisläufe, die sogenannten Lösungspläne, entwickelt, die nach Schukajlow et al. (2015) als *Scaffolding* Instrument dienen können (vgl. Schukajlow et al. 2015, S. 1245). Unter *Scaffolding* versteht man eine Unterstützung, die sich an die individuellen Schwierigkeiten der Lernenden anpasst, damit diese anschließend selbstständig weiterarbeiten können. Diese Unterstützung setzt jedoch nur ein, wenn die Schülerinnen und Schüler ohne Unterstützung nicht weiterkommen würden (vgl. Van de Pol et al. 2010, S. 274). Scaffolding bezieht sich hierbei aber nicht nur darauf Hilfe anzubieten, sondern auch ein Gerüst aufzubauen, damit die Schülerinnen und Schüler neue Fertigkeiten erlernen, um langfristig selbstständig die Schwierigkeiten zu überwinden (vgl. ebd.).

Der Lösungsplan teilt den Modellierungsprozess in vier Phasen ein, sodass nach Schukajlow und Blum (2015) die Schülerinnen und Schüler aufgrund der

heruntergebrochenen Komplexität des Bearbeitungsprozesses selbstständig ihre
Schwierigkeiten diagnostizieren können (vgl. Schukajlow & Blum 2015, S. 1245).
In Abhängigkeit der verschiedenen Phasen des Modellierungsprozesses werden
mögliche Strategien zur Überwindung der Schwierigkeiten vorgegeben. Sobald die
Schülerinnen und Schüler den Modellierungsprozess und die Strategien durch den
Lösungsplan kennengelernt und verstanden haben, ist dieser im Sinne des Scaffol-
dings nicht mehr notwendig und die Schülerinnen und Schüler können selbstständig
die Strategien anwenden (vgl. Schukajlow & Blum 2015, S. 1245) (Abbildung 2.8).

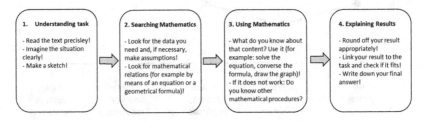

Abbildung 2.8 Lösungsplan (erstellt nach Schukajlow et al. 2015)

In der empirischen Untersuchung von Schukajlow et al. (2015) zeigte sich, dass
die Intervention in Form eines Lösungsplanes einen Einfluss auf den metakognitiven
Strategieeinsatzes aus Sicht der Schülerinnen und Schüler hat, da die Schülerinnen und Schüler durch die Intervention mittels des Lösungsplans vermehrt von
Planungsstrategien berichteten (vgl. Schukajlow et al. 2015, S. 1250). Dennoch
zeigte sich in der Studie, dass der Einsatz des Lösungsplans keinen Einfluss auf
die Entwicklung der globalen Modellierungskompetenz hat. Allerdings konnte ein
positiver Einfluss auf die Modellierungskompetenz im Aufgabengebiet des Satzes
von Pythagoras rekonstruiert werden (vgl. ebd., S. 1251).

Ebenso wurde in der quantitativen Studie von Beckschulte (2019) der Einfluss
eines Lösungsplans auf die Kompetenzentwicklung der Modellierungskompetenz
untersucht (vgl. Beckschulte 2019). Dieses wurde von Beckschulte (2019) im
Rahmen des Projektes LIMo in einem Kontrollgruppendesign erforscht. In dieser
Untersuchung wurden die Teilbereiche Vereinfachen, Mathematisieren, Interpre-
tieren und Validieren getrennt betrachtet. Es zeigten sich hierbei signifikante
Unterschiede in den Teilbereichen des Interpretierens und Validierens in beiden
Interventionsgruppen, was zeigt, dass auch ohne den Einsatz des Lösungsplans ein
Kompetenzerwerb möglich ist. Dennoch lassen die Ergebnisse vermuten, dass der
Lösungsplan zu einem langfristigeren und höheren Kompetenzerwerb führen kann

(vgl. ebd., S. 162). Besonders konnten die Jungen in den Teilkompetenzen des Vereinfachens und Validierens von dem Instrument des Lösungsplans profitieren (vgl. ebd., S. 165).

Trotz der Tatsache, dass in den aufgeführten Studien nur bedingt ein Einfluss des Lösungsplans auf die Kompetenzentwicklung rekonstruiert werden konnte, zeigte sich in der qualitativen Untersuchung von Greefrath (2013, 2015), dass die Schülerinnen und Schüler eine positive Sicht auf den Lösungsplan haben und ihn als Unterstützung im Lösungsprozess wahrnehmen (vgl. Greefrath 2013, 2015, S. 138, S. 181). Dieses deckt sich mit der empirischen Untersuchung von Maaß (2004), die zu dem Ergebnis kam, dass die Lernenden die Darstellung des Modellierungsprozesses in Form eines Modellierungskreislaufs als hilfreich empfanden (vgl. Maaß 2004, S. 166 f.).

Außerdem wird der Einsatz metakognitiver Strategien durch spezielle Aufgaben ausgelöst. Hierbei spielt die Komplexität der Aufgaben eine zentrale Rolle, da Schwierigkeiten im Lösungsprozess zu dem Einsatz metakognitiver Strategien führen können (vgl. Goos 1998, S. 226, Stillman 2011, S. 171). Hattie, Biggs und Purdie (1996) konnten dementsprechend einen Zusammenhang zwischen der Aufgabenkomplexität und der metakognitiven Kompetenz herausstellen. Demnach ist die metakognitive Kompetenz umso bedeutsamer, desto komplexer die gestellte Aufgabe ist, wobei metakognitive Strategien nur dann zielgerichtet angewendet werden können, wenn eine gewissen Strategiereife bei den Schülerinnen und Schülern vorhanden ist (vgl. Hattie, Biggs & Purdie 1996, S. 130 f.). Außerdem ist der Einsatz von sozialer Metakognition, insbesondere bei der Bearbeitung komplexerer Aufgaben zu beobachten (vgl. Rogat et al. 2014, S. 35), was zeigt, dass die Komplexität der Aufgabe den Einsatz von metakognitiven Strategien anregen kann. Aufgrund der Komplexität der Modellierungsaufgaben können diese dementsprechend auch einen Einsatz metakognitiver Strategien auslösen (vgl. Abschnitt 2.2.3). Die Studie von Brand (2014) kann diese Ergebnisse bestätigen. In ihrer Studie arbeitet sie mit einem vierdimensionalem Kompetenzstrukturmodell, welches unter anderem die Kompetenz des *„Gesamtmodellierens"* umfasst. Das *„Gesamtmodellieren"* beinhaltet hierbei neben der Fähigkeit den gesamten Modellierungsprozess zu durchlaufen, auch metakognitive Aspekte (vgl. Brand 2014, S. 113). Ihre Untersuchung zeigt, dass die Kompetenz des *„Gesamtmodellierens"* am besten durch holistische Modellierungsaufgaben gefördert werden kann. Holistische Modellierungsaufgaben unterscheiden sich von atomistischen Modellierungsaufgaben, indem bei diesen der gesamte Modellierungsprozess durchlaufen wird und nicht nur Teilkompetenzen erforderlich sind. Außerdem stellte sie heraus, dass leistungsschwächere Schülerinnen und Schüler besser durch den holistischen Modellierungsansatz gefördert

werden konnten (vgl. ebd. S. 300), welches durch die stärker selbstdifferenzieren-
den Eigenschaften dieses Ansatzes begründet werden kann. Trotz dessen konnten in
beiden Gruppen eine signifikante Leistungssteigerung in der Kompetenzentwicklung zwischen dem ersten und zweiten sowie ersten und dritten Messzeitpunkt
nachgewiesen werden (vgl. Brand 2014, S. 298).

Zur Förderung metakognitiver Aktivitäten fasst Bannert (2007) auf Basis der
aktuellen Literatur die folgenden allgemeinen Empfehlungen zusammen:

– Bereichsspezifische und integrierte Gestaltung der Intervention, d. h. Förderung
   spezifischer Kompetenzen beziehungsweise spezifischer Leistungsbereiche (vgl.
   Hasselhorn & Hager 1998, S. 96)
– Vermittlung des spezifischen Nutzens und der Einsatzmöglichkeiten
– Zusätzlich Vermittlung von allgemeinen Strategien der Kontrolle und Regulation
– Rückmeldung und Reflexion über jeweilige Lernhandlungen und deren Effekte
– Unterstützung des Strategie-Transfers anhand der Variation der Aufgabenstel-
   lungen
– Erhöhung der Motivation durch Einbezug der persönlichen Ziele der Lernenden
– Soziale Einbettung der Intervention und Interaktion zwischen den Lernenden
   (vgl. Bannert 2007, S. 109).

Diese Empfehlungen werden häufig in Form von direkten und indirekten Fördermaßnahmen in Trainingssettings aufgegriffen. Schneider und Hasselhorn (1988)
haben auf der Basis des Modells *des guten Strategieanwenders* von Pressley (1986)
ein umfassendes Trainingssetting aus vier Instruktionsprinzipien zur Förderung
metakognitiver Strategien bei der Lösung mathematischer Probleme herausgearbeitet. Dieses Trainingssetting soll im Folgenden beispielhaft als ein mögliches
Trainingssetting vorgestellt werden, da es sich auf den Mathematikunterricht bezieht
und sich somit besonders für den Einsatz beim mathematischen Modellieren eignet.

Demnach sollen Lehrpersonen metakognitive Strategien fördern, indem sie diese
explizit frühzeitig im Unterricht einführen (vgl. Schneider & Hasselhorn 1988,
S. 116). Infolgedessen setzen die Schülerinnen und Schüler die Strategien früher
ein, als wenn sie diese spontan produzieren würden (vgl. ebd., S. 116). Hierbei
ist auch eine Kombination aus einer kognitiven und metakognitiven Strategiever-
mittlung von zentraler Bedeutung (vgl. Charles & Lester 1984, S. 23). Lehrende
sollen spezifisches Strategiewissen im Unterricht vermitteln, was bedeutet, dass die
Schülerinnen und Schüler Wissen aufbauen müssen, wann und wie welche Problem-
lösestrategie einzusetzen ist. Somit müssen sie lernen, zwischen geeigneten und
ungeeigneten Aufgabenstellungen für eine bestimmte Strategie zu unterscheiden

(vgl. Schneider & Hasselhorn 1988, S. 116 f.). Zudem sollen Lehrpersonen allgemeines Strategiewissen unterrichten, welches die Schülerinnen und Schüler darüber aufklären soll, welche Bedeutung ihre Anstrengungen bei dem Einsatz metakognitiver Strategien für den Problemlöseerfolg haben (vgl. ebd., S. 117). Im Rahmen dessen sollen Schülerinnen und Schüler außerdem lernen, dass Fehlschläge meist nichts mit mangelnder mathematischer Begabung, sondern mit dem Resultat eines falschen Strategieeinsatzes zu tun haben. Somit ist es möglich, dass Ängste in Bezug auf Mathematik abgebaut werden können (vgl. ebd., S. 117).

Schließlich sollen sich die Lehrpersonen um einen systematischen Aufbau mathematischer Grundkenntnisse bei ihren Schülerinnen und Schülern bemühen, indem sie sicherstellen, dass alle Lernende über grundlegende mathematische Kenntnisse verfügen (vgl. ebd., S. 117). Die grundlegenden mathematischen Fähigkeiten helfen den Schülerinnen und Schülern dabei, diese Kenntnisse einfach abrufen zu können und somit den Aufwand bei der Bearbeitung komplexer Problemstellungen zu reduzieren (vgl. ebd., S. 117). Aufgrund dessen können sich die Schülerinnen und Schüler intensiver auf den Strategieeinsatz konzentrieren.

Insgesamt gibt dieses Kapitel einen Einblick in die Auslöser metakognitiver Strategien und führt zusätzlich in die Thematik zur Förderung metakognitiver Strategien im Unterricht ein. Nachdem die Auslöser für einen Einsatz der Strategien deutlich wurden, soll im nächsten Kapitel der Einsatz metakognitiver Strategien beleuchtet werden.

2.3.3 Einsatz metakognitiver Strategien beim mathematischen Modellieren

In verschiedenen Studien wurden bereits Modelle entwickelt, die den Einsatz metakognitiver Strategien beschreiben (vgl. Schukajlow 2010, S. 84, Bannert & Mengelkamp 2008, S. 41). Im Folgenden soll eine Einführung in die verschiedenen metakognitiven Strategien beim mathematischen Modellieren erfolgen (für eine konkrete Einführung in eingesetzte metakognitive Strategien bei den verwendeten Modellierungsaufgaben dieser Studie siehe Abschnitt 4.1.2).

Der Begriff der metakognitiven Strategien bezieht sich auf den gezielten Einsatz kognitiver Strategien. Diese setzen sich zusammen aus den Strategien der Planung und Organisation, der Überwachung und Regulation sowie der Evaluation (vgl. Abschnitt 2.1.1).

- *Strategien zur Planung des Lösungsprozesses* bestehen aus dem gezielten Einsatz kognitiver Strategien, um einen Nutzen hieraus zu ziehen, z. B. den Text neu zu lesen, Brainstorming durchzuführen, fehlende Informationen zu identifizieren, relevante von irrelevanten Informationen zu trennen und sich auf ein gemeinsames Verständnis der Aufgabenstellung zu einigen. Dieses ist für das Verständnis der Modellierungsaufgabe aufgrund ihrer möglichen Über- oder Unterbestimmtheit von zentraler Bedeutung. Das Ziel ist es, sich auf einen Lösungsvorgang zu einigen und gemeinsam die Schritte des Modellierungsprozesses zu planen. Dieses geschieht unter Berücksichtigung der Ressourcen, wozu die gestellte Modellierungsaufgabe, die vorgegebene Zeit und die individuellen Fähigkeiten der Gruppenmitglieder zählen.

- *Strategien zur Überwachung und gegebenenfalls Regulierung des Arbeitsprozesses,* umfassen das Erkennen von kognitiven Barrieren sowie die Suche nach Lösung dieser, z. B. durch Hilfe, wie die Befragung von Lehrkräften, Klassenkameradinnen und –kameraden oder Recherchen im Internet. Im Laufe des Modellierungsprozesses müssen die Schülerinnen und Schüler hierbei überwachen, inwiefern sie ihre Planung zur Zielerreichung einhalten oder ob diese gegebenenfalls überarbeitet werden muss. Außerdem müssen sie ihren eigenen Modellierungsprozess in den Blick nehmen und überprüfen, ob sie Fehler gemacht haben, die anschließend korrigiert werden müssen. Dieses kann zum Beispiel durch Verwendung des Modellierungskreislaufs erfolgen. Neben der Überwachung des Modellierungsprozesses muss außerdem das Arbeitsverhalten aller Gruppenmitglieder und die Einhaltung der Zeit überwacht werden.

- *Strategien zur Evaluation der Arbeit* werden meist am Ende der Arbeitsphase eingesetzt und zielen auf die Verbesserung des Modellierungsprozesses. Hierbei soll sowohl der Modellierungsprozess an sich, das Arbeitsverhalten der Gruppenmitglieder wie auch organisatorische Faktoren wie die Zeitorganisation oder Strategieauswahl reflektiert werden (vgl. Krüger et al. 2020, S. 313).

In der Forschung zum mathematischen Modellieren konnte Stillman (2011) einen produktiven von einem fehlerhaften metakognitiven Umgang, der bei einer *red flag* Situation auftritt, rekonstruieren (vgl. Für eine Erläuterung der *red flag* Situationen vgl. 2.3.2). Sie bezieht sich hierbei auf die Vorarbeiten von Goos (1998) (Abbildung 2.9).

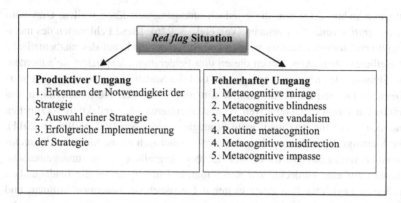

Abbildung 2.9   Produktiver und fehlerhafter metakognitiver Umgang nach Stillman (2011)

Im Rahmen des produktiven metakognitiven Umgangs unterscheidet sie drei verschiedene Ebenen des Einsatzes der Strategien:

- Im Rahmen der ersten Ebene wird die Notwendigkeit des Einsatzes der meta-kognitiven Strategien erkannt. Dieses erfolgt in Bezug auf die persönlichen Ressourcen und die gegebene Aufgabe.
- Bei der zweiten Ebene wird eine Strategie unter der Beachtung von möglichen Alternativen ausgewählt.
- In der letzten Ebene wird die Strategie erfolgreich eingesetzt. Hierzu sind zahl-reiche Unterkompetenzen notwendig, da entstehende Fehler identifiziert und korrigiert werden müssen und effizient gearbeitet werden muss, um schließlich eine Lösung zu erhalten (vgl. Stillman 2011, S. 170).

Zudem identifiziert Stillman (2011) Fehlerarten des metakognitiven Strategie-einsatzes beim mathematischen Modellieren. Sie bezieht sich hierbei auf die Vorarbeiten von Goos (1998), die bereits verschiedene Arten des fehlerhaften metakognitiven Strategieeinsatzes bei Mathematikaufgaben rekonstruieren konnte. Goos (1998) identifizierte zum einen die Situation des *metacognitive mirage*. Diese Situation tritt auf, wenn die Schülerinnen und Schüler eine *red flag* Situation wahrnehmen, obwohl keine Schwierigkeit in ihrem Lösungsprozess besteht (vgl. Goos 1998, S. 226). Andersherum kann es jedoch auch sein, dass eine *red flag* Situation auftritt, die von den Schülerinnen und Schüler jedoch nicht erkannt wird. Eine solche Situation wird *metacognitive blindness* genannt (vgl. ebd.). Eine wei-tere Schwierigkeit besteht, wenn die Schülerinnen und Schüler zwar eine *red flag*

Situation richtig erkennen, diese jedoch unangemessen lösen wollen. Dies wird *metacognitive vandalism* genannt (vgl. ebd., S. 226). Diese Fehlerarten des metakognitiven Strategieeinsatzes werden von Stillman (2011) auf das mathematische Modellieren übertragen. Neben diesen drei Fehlerarten identifiziert sie außerdem die Situation des *routine metacognition* und die Situation des *metacognitive misdirection.* Die *routine metacognition* tritt auf, wenn sich die Schülerinnen und Schüler an ihrem metakognitiven Wissen orientieren ohne reflektiert vorzugehen und sich somit für eine inadäquate Strategie entscheiden (vgl. Stillmann 2011). Die Situation der *metacognitive misdirection* lehnt sich an die Situation des *metacognitive vandalism* an, da es sich hierbei ebenfalls um eine unangemessene Antwort auf eine entdeckte *red flag* Situation handelt, wobei die Inadäquatheit größer ist (vgl. ebd.). In einer weiteren Untersuchung benennen Stillman und Galbraith (2012) eine weitere Fehlerart des metakognitiven Strategieeinsatzes. Es handelt sich um die Situation des *metacognitive impasse,* die auftritt, wenn es einen Stillstand im Bearbeitungsprozess gibt und weder Reflexionen noch strategische Bemühungen die Blockade überwinden können (Stillman & Galbraith 2012, S. 101). Stillman (2011) hebt schließlich hervor, dass sich Lehrpersonen dieser Situationen bewusst sein müssen, um effektiv Metakognition fördern zu können (vgl. Stillman 2011, S. 173).

In unterschiedlichen Studien wurde bereits der Einsatz metakognitiver Strategien beim mathematischen Modellieren erforscht (vgl. z. B. Schukajlow (2010), Schukajlow & Leiss (2011), Stillman (2004), (2011), Stillman & Galbraith (2012), Vorhölter (2018), (2019)).

Vorhölter (2018) entwickelte im Rahmen des Projekts MeMo einen metakognitiven Fragebogen, der den selbstberichteten Einsatz metakognitiver Strategien beim mathematischen Modellieren sowohl auf Individual- als auch auf Gruppenebene erhebt. Hierbei untersuchte sie, inwiefern sich die typische Einteilung in Planungs- und Organisations-, Überwachungs- und Regulations- sowie Evaluationsstrategien rekonstruieren ließ. Sie konnte durch die Analyse der empirischen Ergebnisse folgende Struktur des Einsatzes metakognitiver Strategien sowohl auf Individual- als auch auf Gruppenebene identifizieren:

Proceeding strategies: Strategien zur Orientierung, Organisation, Planung und Überwachung.
  Regulation strategies: Strategien zur Überwindung einer Schwierigkeit.
  Evaluation strategies: Strategien zur Bewertung des Bearbeitungsprozesses (vgl. Vorhölter 2018, S. 351 f.).

Die Studie, die auf einen selbstberichteten Einsatz von metakognitiven Strategien beruhte, machte deutlich, dass die teilnehmenden Schülerinnen und Schüler sowohl auf Individual- als auch auf Gruppenebene vertrauter mit den *proceedings* Strategien waren als mit den anderen beiden Bereichen. Anhand der Analyse der Videos aus der Pilotierungsstudie wurde jedoch deutlich, dass der Einsatz dieser Strategien nicht immer erfolgreich stattfand. Im Gegensatz zu den *proceeding strategies* stellten sich bei den anderen Strategiebereichen Unterschiede auf Individual- und auf Gruppenebene dar. Während *regulation strategies* auf Gruppenebene etwas häufiger stattfanden als auf der Individualebene, ist dies bei den *evaluation strategies* genau andersherum (Vorhölter 2018, S. 352). Zudem wurden die Standardabweichungen der berichteten metakognitiven Strategien in der Gruppe und zwischen verschiedenen Gruppen beleuchtet, was bedeutet, dass untersucht wurde, inwiefern sich der selbstberichtete Einsatz innerhalb einer Gruppe ähnelt. Hierbei bildete sich heraus, dass die Standardabweichung in den Gruppen höher ist, als zwischen verschiedenen Gruppen, was bedeutet, dass die Schülerinnen und Schüler innerhalb einer Gruppe häufiger den Einsatz metakognitiver Strategien unterschiedlich beschreiben als innerhalb verschiedener Gruppen. Dieses Ergebnis zeigt, dass die Schülerwahrnehmung einen großen Einfluss auf die Varianz der Ergebnisse hat (vgl. Vorhölter 2019, S. 9).

Auch Schukajlow und Leiss (2011) untersuchten den selbstberichteten Einsatz metakognitiver Strategien beim mathematischen Modellieren (vgl. Schukajlow & Leiss 2011, S. 56). In Bezug auf die Nutzung von Lernstrategien zeigte sich hierbei ein etwas anderes Bild als bei Vorhölter (2018). Es wurde deutlich, dass die Schülerinnen und Schüler im Vergleich zu den anderen Strategien wesentlich seltener von der Planung des Lösungsprozesses berichteten (vgl. ebd., S. 65). Dieses Ergebnis deckt sich mit der Untersuchung von Schukajlow (2010), bei der die Planung nur bei leistungsstärkeren Schülerinnen und Schülern beobachtet werden konnte (vgl. Schukajlow 2010, S. 197). Eine mögliche Erklärung dieses Ergebnisses kann ein automatisierter Gebrauch der Strategien sein, weshalb die Schülerinnen und Schüler das Planen nicht wahrnehmen und davon berichten (vgl. Schukajlow & Leiss 2011, S. 71). Dieses würde erklären, wieso die Schülerinnen und Schüler bei Vorhölter (2018) trotzdem von den Strategien berichteten, da sie durch den Einsatz des Fragebogens an den Einsatz des Planens erinnert wurden. In der Studie von Leutwyler (2009) traten geschlechtsspezifische Unterschiede in dem Einsatz metakognitiver Strategien auf. Es berichteten hierbei Mädchen häufiger von dem Einsatz metakognitiver Strategien als die Jungen dieser Studie (vgl. Leutwyler 2009, S. 117).

2.3.4   Auswirkungen metakognitiver Strategien

Bereits Flavell (1971) stellte die Hypothese auf, dass adäquate Metakognition zu
intelligenterem Lernverhalten und damit auch zu besseren Lernleistungen führt
(vgl. Flavell 1971, S. 277). Die generelle Bedeutung der Metakognition für Lern-
prozesse wurde in den letzten Jahren mehrfach bestätigt (für einen generellen
Überblick siehe Veenman 2011; für einen Überblick beim mathematischen Modellieren siehe Schneider & Artelt 2010). Eine der Studien, die die Bedeutung für
die Lernleistung zeigt, ist die häufig zitierte Metaanalyse empirischer Metastu-
dien zu den Faktoren von Lehr-Lern-Erfolg von Hattie (2009). Hattie (2009)
konnte für den Bereich der Metakognition insgesamt drei Aspekte ausmachen,
die einen bedeutsamen Einfluss auf die Leistungssteigerung der Schülerinnen und
Schüler haben. Es handelt sich hierbei um die *metacognitive strategies* mit einer
Effektstärke von 0.69 und dem Rang 13 von 138 untersuchten Studien. Außerdem
versteht er unter den *study skills* kognitive, metakognitive und affektive Fertigkeiten und Fähigkeiten, welche mit einer Effektstärke von 0.59 und dem Rang
25 auch einen großen Einfluss auf die Lernleistung haben. Schließlich sind im
Rahmen der Kategorie des *self-verbalization* and *self-questioning* metakognitive
Aspekte enthalten, die mit einer Effektstärke von 0.64 und dem Rang 18 den
Einfluss von Metakognition auf die Lernleistung zusätzlich bestärken (vgl. Hattie
2009, S. 188–194). Damit macht die Metaanalyse von Hattie den bedeutsamen
Einfluss der Metakognition auf die Lernleistung der Schülerinnen und Schüler
deutlich.

Einige Studien im Bereich des mathematischen Modellierens zeigen bereits,
dass metakognitive Strategien ebenso einen positiven Einfluss beim mathematischen Modellieren haben. Eine dieser Studien ist die Untersuchung von Stillman
(2004), die die Arbeitsprozesse von 41 Schülerinnen und Schülern bei Anwendungsaufgaben zu vier verschiedenen Zeitpunkten im Laufe eines halben Jahres
untersucht hat. Hierfür wurde das Verhalten der Schülerinnen und Schüler bei
der Bearbeitung gefilmt und 64 halbstrukturierte Interviews des nachträglichen
lauten Denkens durchgeführt (vgl. ebd., S. 51). Die Ergebnisse dieser Studie
verdeutlichen, dass der Einsatz von metakognitiven Strategien den Umgang mit
Anwendungsaufgaben vereinfachen und insbesondere bei der Überwindung von
Hürden helfen kann. Das metakognitive Wissen kann demnach dazu führen, dass
das Engagement zur Aufgabenbearbeitung ansteigt und die Aufmerksamkeit bei
der Aufgabenbearbeitung durch den Einsatz von Regulationsstrategien gesteuert
wird (vgl. ebd., S. 52 ff.). Außerdem kann fehlerhaftes metakognitives Wissen
den Zugang zu Erinnerungsaktivitäten erschweren und Schwierigkeiten bei den
Planungsfähigkeiten können zu organisatorischen Problemen führen (vgl. ebd.,

S. 54). Die Ergebnisse der Studie belegen, dass ein gut entwickeltes Repertoire von metakognitiven Strategien die Bearbeitung von Anwendungsaufgaben vereinfachen kann (für eine Übersicht über die Strategien, die unterschiedliche Schwierigkeiten im Lösungsprozess überwinden können vgl. Stillman 2004, S. 55–62). Dies erfolgt, indem der Einsatz metakognitiver Strategien sowohl einen positiven Einfluss auf den Bearbeitungsprozess haben, als auch eine emotionale Stärkung der Schülerinnen und Schüler unterstützen kann, da durch den Einsatz Schwierigkeiten überwunden sowie die Aufmerksamkeit und das Engagement erhöht werden können. Die Überwindung von Schwierigkeiten bei Modellierungsprozessen durch den Einsatz metakognitiver Strategien konnte außerdem in der bereits dargestellten Studie von Stillman (2011) nachgewiesen werden.

Zudem konnten weitere Auswirkungen auf den Bearbeitungsprozess in der qualitativen Fallstudie von Schukajlow (2010) herausgestellt werden. In dieser Untersuchung bearbeiteten verschiedene Schülerpaare eine Modellierungsaufgabe. Im Anschluss daran wurde mit Hilfe des nachträglichen lauten Denkens (stimulated recalls) eine der beiden Personen interviewt. Sowohl die Bearbeitung als auch das Interview wurden videographiert und transkribiert. Durch die Auswertung der Daten zeigte sich, dass der Einsatz von metakognitiven Strategien in der Kombination mit Bearbeitungsstrategien (wie Wiederholungsstrategien, z. B. nochmaliges Lesen; Elaborationsstrategien, z. B. durch Aktivierung von Alltagswissen, oder Organisationsstrategien durch z. B. Erfassen der Angaben in eigenen Worten; Zeichnen einer Skizze) Lernfortschritte hervorrufen können (vgl. Schukajlow 2010, S. 163). Es wurde deutlich, dass der alleinige Einsatz von metakognitiven Strategien ohne die Kombination mit Bearbeitungsstrategien nicht unbedingt zu der Überwindung von Schwierigkeiten führt (vgl. ebd., S. 181). Im Rahmen der Planung zeigte sich, dass die Planung der Bearbeitungsschritte den Schülerinnen und Schülern einen Gesamtüberblick über die Lösungsschritte gibt, was ihnen den Arbeitsprozess erleichtern kann, da Verständnishürden leichter überwunden werden können (vgl. Schukajlow 2010, S. 199, 128). Dieses trat bei Aufgaben zur Lösung von arithmetischen und geometrischen Strukturen jedoch nur bei leistungsstärkeren Schülerinnen und Schülern auf (vgl. ebd., S. 197).

In der Studie von Hidayat et al. (2018) konnte belegt werden, dass ein signifikanter Zusammenhang zwischen einem Einsatz von Metakognition in Form einer Zielsetzung in Bezug auf die Aufgabe oder die eigene Person und hohen Modellierungskompetenzen besteht. Demnach zeigten die teilnehmenden Studierenden, die Metakognition in Form der Zielsetzung verwendeten, hohe Modellierungskompetenzen. Infolgedessen leistet das Setzen von Zielen einen Beitrag zu hohen Modellierungskompetenzen (vgl. Hidayat et al. 2018, S. 592). An dieser Studie nahmen 538 Studierende des Mathematiklehramts in Indonesien teil, wobei mit fast 90 Prozent der Großteil der Stichprobe weiblich war. Die Daten dieser Studie wurden mittels eines Fragebogens erhoben, der zum einen Items zur Modellierungskompetenz, zur Metakognition und zur Zielsetzung umfasst. Die eingesetzten Tests aus dem Fragebogen stammten hierbei aus anderen Untersuchungen (Haines & Crouch 2001, Elliot et al. 2011, Yildrim 2010). Zudem stellt die Studie von Yildrim (2010) einen Zusammenhang zwischen erhöhtem *self-checking* und *planning skills* und dem Anstieg von Modellierungsfähigkeit bei Studierenden fest (vgl. Yildrim 2010, S. 162). In dieser Studie wurde die Modellierungsfähigkeit der Studierenden untersucht, indem die Bearbeitung der Modellierungsaufgabe mit Hilfe eines selbstentwickelten Bewertungsbogens beurteilt wurde. Die metakognitiven Fähigkeiten wurden anhand eines Selbsteinschätzungsbogens von O'Neil und Abedi (1996) gemessen.

Die Ergebnisse der dargestellten Studien zeigen somit hauptsächlich positive Auswirkungen metakognitiver Strategien auf die Leistungen und Arbeitsprozesse von Schülerinnen und Schülern beziehungsweise Studierenden beim mathematischen Modellieren. Es ist denkbar, dass dieses wiederum zu einer emotionalen Stärkung der Schülerinnen und Schüler führen kann.

Nichtsdestotrotz zeigen ebenso einige Studien, dass die Beziehungen zwischen Metagedächtnis und Gedächtnisleistung nicht linear sind, da die rekonstruierten Zusammenhänge besonders in früheren Studien sehr moderat beziehungsweise niedrig ausgefallen sind (vgl. Artelt 2000). Dies liegt unter anderem daran, dass metakognitive Strategien bei bestimmten Aufgaben nutzlos oder sogar hinderlich sind. Dieses gilt für Aufgaben, bei denen die Lernenden noch nicht über die notwendigen Lösungsstrategien verfügen oder aber, wenn Lernende effektivere Lösungsstrategien kennen, die sie bereits automatisiert einsetzen können (vgl. Artelt 200, S. 43 f.).

Neben diesen externen Ursachen hat Hasselhorn (1992) drei Klassen möglicher interner Ursachen herausgearbeitet, weshalb Metakognition nicht immer die Lernleistung verbessern kann.

Eine Ursache ist demnach, dass Defizite im Bereich der Metakognition bestehen. Dadurch, dass die Metakognition aus so vielen Facetten besteht (siehe Abschnitt 2.1.1), reicht es nicht aus, dass in einem oder mehreren Bereichen hohe metakognitive Leistungen vorhanden sind, da die verschiedenen Bereiche in Wechselbeziehung zueinanderstehen. Dementsprechend ist eines der Gründe, warum in empirischen Studien häufig kein Einfluss auf die Lern- und Behaltensleistung festgestellt wird, dass nicht alle metakognitiven Bereiche untersucht wurden und es somit denkbar ist, dass Defizite in einem nicht untersuchten Bereich der Metakognition bestehen und aufgrund dessen keine Zusammenhänge zwischen Metakognition und dem Lernverhalten rekonstruiert werden können (vgl. Hasselhorn 1992, S. 51).

Ein weiterer Grund sind Motivationsprobleme, da dadurch konkretes Lernverhalten weniger strategisch ausfällt, als dieses möglich wäre. Bislang fehlen jedoch präzise theoretische Modellvorstellungen, unter welchen motivationalen Bedingungen bei welchen Konstellationen von Motivsystemen eine maximale Ausnutzung strategischer Lernkompetenzen erfolgt (vgl. ebd., S. 51 f.).

Schließlich hat auch das Vorwissen der Schülerinnen und Schüler einen Einfluss auf die Auswirkungen der Metakognition. Demnach führt fehlendes Vorwissen über den Lerninhalt dazu, dass die Schülerinnen und Schüler nicht erkennen können, dass prinzipiell verfügbare Strategien zur Bewältigung des Lerninhaltes hilfreich gewesen wären (vgl. ebd., S. 52).

Insgesamt wird deutlich, dass der Einsatz von Metakognition nur unter bestimmten Bedingungen die Lernleistung positiv beeinflussen kann. Deswegen hat Hasselhorn (1992) drei verschiedene Aspekte zusammengefasst, die den positiven Einfluss der Metakognition unterstützen können. Zum einen ist die Aufgabenschwierigkeit von zentraler Bedeutung. Der Einsatz metakognitiver Strategien ist besonders bei Aufgaben mittlerer subjektiver Schwierigkeit bedeutend, weshalb die Aufgabenauswahl unter Berücksichtigung des Leistungsstandes der Schülerinnen und Schüler erfolgen sollte. Außerdem sind die erfolgs- und handlungsorientierten Motivkonstellationen ausschlaggebend, weil sich besonders bei günstigen erfolgs- und handlungsorientierten Motivkonstellationen die Funktion der Metakognition entfalten kann.

Alles in allem garantieren metakognitive Kompetenzen kein optimales Lernverhalten der Schülerinnen und Schüler, stellen aber dennoch eine zentrale und notwendige Bedingung für die Nutzung von Lernstrategien und dem damit oft verbundenen Lernerfolg dar (vgl. ebd.). Die Studien zur Wirksamkeit der Metakognition beim mathematischen Modellieren konnten hierbei belegen, dass dies nicht nur zu positiven Auswirkungen auf die Lernleistung, sondern auch auf den Bearbeitungsprozess führen kann.

2.4   Auslöser und Auswirkungen metakognitiver Strategien – Theoretische Konzeption

Basierend auf dem dargestellten Stand der Forschung wurde das folgende Modell entwickelt, welches sowohl die Auslöser als auch die Auswirkungen des Einsatzes metakognitiver Strategien beleuchtet. Im Rahmen dieser Arbeit sollen die

Auslöser, der Einsatz und die Auswirkungen des Einsatzes metakognitiver Strategien aus Schülerperspektive untersucht werden. Dementsprechend bietet das crarbeitete Modell einen Überblick über den Forschungsstand und bildet somit die theoretische Grundlage der vorliegenden Arbeit (Abbildung 2.10).

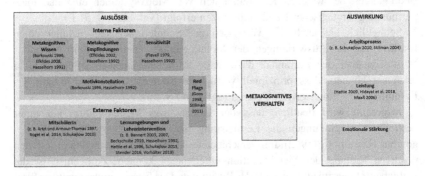

Abbildung 2.10 Eigenes Modell zu Auslösern und Auswirkungen des Einsatzes metakognitiver Strategien

Das Modell differenziert zunächst die internen und externen Faktoren aus, die nach dem aktuellen Stand der Forschung zu einem Einsatz metakognitiver Strategien führen können. Zu den internen Faktoren gehört das metakognitive Wissen, die metakognitiven Empfindungen sowie die Sensitivität für den Einsatz metakognitiver Strategien (vgl. Borkowski 1996, Efklides 2002, 2008, Flavell 1979, Hasselhorn 1992). Zudem haben Motivkonstellationen einen indirekten Einfluss auf den metakognitiven Strategieeinsatz, da diese zunächst die Aufgabenbearbeitung oder das metakognitive Wissen beeinflussen, welches wiederum die Auswahl der Strategien bedingt (vgl. Borkowski 1996, S. 399).

Neben den internen Faktoren werden externe Faktoren erforscht, die den metakognitiven Einfluss anregen. Hierzu gehören zum einen Mitschülerinnen und Mitschüler, die sich im Sinne der Diskussion der sozialen Metakognition gegenseitig zu dem Einsatz anregen können (vgl. Schukajlow 2010, S. 189; Vorhölter 2018 S. 352). Zum anderen nimmt die Lehrperson eine wichtige Rolle bei der Vermittlung metakognitiver Kompetenz ein, indem sie durch direkte und indirekte Fördermaßnahmen den Einsatz der Strategien anregt. Dieses kann durch den Einsatz von *Prompts* erfolgen, die Lernende zu bestimmten Zeitpunkten auffordern, spezifische metakognitive Lernaktivitäten durchzuführen (vgl. Bannert 2003,

S. 15). Außerdem kann die Lernumgebung so gestaltet werden, dass der Einsatz der Strategien angeregt wird. Dies geschieht durch eine geschickte Auswahl der Aufgaben, da der Einsatz metakognitiver Strategien besonders bei komplexen Aufgaben auftritt, da auf Schwierigkeiten häufig mit dem Einsatz der Strategien reagiert wird (Goos 1998, S. 226, Stillman 2011, S. 171). Beim mathematischen Modellieren gilt außerdem der Modellierungskreislauf als Möglichkeit, metakognitive Strategien anzuregen (vgl. Stender 2016, S. 224). Schließlich gelten im Allgemeinen Schwierigkeiten im Bearbeitungsprozess, die *red flag* Situationen, als Auslöser metakognitiver Strategien (vgl. Goos 1998, Stillman 2011). Diese können nicht eindeutig internen oder externen Faktoren zugeordnet werden, da diese sowohl aufgrund von individuellen wie auch externen Faktoren auftreten können.

Neben den Auslösern werden Auswirkungen metakognitiver Strategien diskutiert. Hierzu zählen Auswirkungen, bezogen auf den Arbeitsprozess, den Leistungen und auch der emotional-motivationalen Ebene. Einen positivven Einfluss auf die Lernleistung konnte durch die Metaanalysen von Hattie (2009) rekonstruiert werden. Beim mathematischen Modellieren stellte die Untersuchung von Hidayat et al. (2018) einen positiven Zusammenhang zu der Modellierungskompetenz heraus (vgl. Hidayat et al. 2018, S. 592). Außerdem konnten mehrere Studien nachweisen, dass der Einsatz metakognitiver Strategien den Arbeitsprozess vereinfachen kann, da Schülerinnen und Schüler Fehler erkennen (Schukajlow 2010), Hürden überwinden (Stillman 2011) und ihre Konzentration erhalten bleibt (Stillman 2004). Dieses kann sich wiederum positiv auf ihre Motivkonstellationen auswirken.

Die dargestellten Auslöser und Auswirkungen metakognitiver Strategien wurden nur zum Teil empirisch erforscht, da einige Aspekte bislang lediglich theoretisch abgeleitet wurden. Außerdem sind die verschiedenen Bereiche nicht immer ausreichend ausdifferenziert, was zum Beispiel bedeutet, dass es im Bereich der Auswirkungen der emotionalen Stärkung nur wenige Ergebnisse gibt. Ebenso sind bei weiteren Faktoren der Auslöser und Auswirkungen noch Ausdifferenzierungen denkbar. Diese Lücken sollen mit Vorliegen dieser Arbeit geschlossen werden. Viele der Auslöser und auch Auswirkungen lassen sich jedoch nur ermitteln, indem der Initiator beziehungsweise die Initiatorin selbst befragt wird, da es sich hierbei um die eigenen Beweggründe des Einsatzes oder auch die Auswirkungen auf der emotional-motivationalen Ebene handelt. Deswegen umfasst die vorliegende Studie eine Befragung von Schülerinnen und Schülern, um die folgenden Forschungsfragen zu beantworten:

1. Welche Auslöser des Einsatzes metakognitiver Strategien lassen sich aus Schülersicht rekonstruieren?
2. Welche metakognitiven Strategien lassen sich bei den verwendeten Modellierungsaufgaben aus den Berichten der Schülerinnen und Schüler rekonstruieren?
3. Welche Auswirkungen des Einsatzes metakognitiver Strategien beschreiben Schülerinnen und Schüler?

Die Beantwortung der Forschungsfragen bildet die Grundlage für die Erstellung einer Typologie zu Schülertypen, metakognitiver Strategien unter Berücksichtigung der Merkmale des Auslösers, des Einsatzes und der Auswirkungen metakognitiver Strategien. Die Erstellung von Schülertypen soll die Möglichkeit bieten, den metakognitiven Strategieeinsatz der Schülerinnen und Schüler besser zu verstehen und in Abhängigkeit der Schülertypen Rückschlüsse in Bezug auf die Fördermaßnahmen zu ziehen.

Aufgrund der Komplexität von Modellierungsaufgaben und den daraus resultierenden Schwierigkeiten im Bearbeitungsprozess ist ein metakognitiver Strategieeinsatz, insbesondere beim mathematischen Modellieren, erforderlich. Zudem ist die Bedeutung des mathematischen Modellierens weltweit anerkannt, da das Modellieren die Möglichkeit bietet, sowohl allgemeine als auch inhaltsbezogene mathematische Kompetenzen zu fördern (vgl. Abschnitt 2.2.1). Deshalb besteht die Notwendigkeit, den metakognitiven Strategieeinsatz beim mathematischen Modellieren weiter zu erforschen. Dieser wird von den Schülerinnen und Schülern bei der Bearbeitung von Modellierungsaufgaben insbesondere dadurch gefordert, da sie möglichst selbstständig arbeiten sollen und die Lehrperson sich nach dem Prinzip der minimalen Hilfe zurückhält. Somit sind die Schülerinnen und Schüler Akteure des eigenen Modellierungsprozesses, was somit ebenso die Planung, Überwachung, Regulation und auch Evaluation des Arbeitsprozesses beinhaltet. Die Daten dieser Studie in dem Modellierungsprojekt MeMo erhoben, welches im Rahmen des methodischen Vorgehens im nächsten Kapitel erläutert wird. Im folgenden Kapitel wird nun auf die Methodologie und das methodische Vorgehen dieser Studie eingegangen.

Methodologie und methodisches Vorgehen

3

3.1 Methodologische Grundorientierung

Das zentrale Ziel der vorliegenden Arbeit ist die Untersuchung von Sichtweisen von Schülerinnen und Schülern auf metakognitive Strategien beim mathematischen Modellieren, wobei vorrangig die erkannten Auslöser und Auswirkungen des Einsatzes der Strategien betrachtet werden, da dieser Bereich bislang nur wenig erforscht ist. Deswegen habe ich mich dazu entschlossen, eine qualitative Studie durchzuführen, da das Ziel qualitativer Studien die Erschließung eines wenig erforschten Wirklichkeitsbereiches umfasst (vgl. Flick et al. 2004, S. 25). Qualitative Forschung beschäftigt sich primär mit der *„verstehend-interpretativen Rekonstruktion sozialer Phänomene in ihrem jeweiligen Kontext, wobei es vor allem auf die Sichtweisen und Sinngebungen der Beteiligten ankommt, also darauf, was ihnen wichtig ist, welche Lebenserfahrungen sie mitbringen und welche Ziele sie verfolgen etc."* (vgl. Döring & Bortz 2016, S. 63). Zur Erfassung der Phänomene wird hierbei bewusst meist wenig strukturiert vorgegangen, um neuen Erkenntnisse gegenüber offen zu sein (vgl. ebd., S. 63). Dieses unterscheidet sich stark vom Vorgehen bei der quantitativen Forschung, bei der meist ein linearer, stark strukturierter Forschungsprozess vollzogen wird, der zum Ziel die Überprüfung von Hypothesen in Form einer statistischen Datenanalyse von repräsentativen Stichproben mit standardisierten Erhebungsinstrumenten hat (vgl. ebd., S. 63).

Elektronisches Zusatzmaterial Die elektronische Version dieses Kapitels enthält Zusatzmaterial, das berechtigten Benutzern zur Verfügung steht
https://doi.org/10.1007/978-3-658-33622-6_3.

A. Krüger, *Metakognition beim mathematischen Modellieren*,
Perspektiven der Mathematikdidaktik,
https://doi.org/10.1007/978-3-658-33622-6_3

Bei der quantitativen Forschung ist die Unabhängigkeit des Forschers beziehungsweise der Forscherin eine zentrale Voraussetzung der Forschung, während bei der qualitativen Forschung die subjektive Wahrnehmung einen Einfluss auf den Forschungsprozess hat, wodurch flexibler auf den Verlauf des Einzelfalls eingegangen werden kann (vgl. Flick et al. 2004, S. 25).

In den letzten Jahrzehnten wurden in unterschiedlichen Lehrwerken verschiedene Prinzipien und Charakteristika für die qualitative Forschung herausgestellt, wobei in dieser Studie kurz auf die folgenden Prinzipien nach Lamnek und Krell (2016) eingegangen werden soll:

1. Offenheit
2. Forschung als Kommunikation
3. Prozesscharakter von Forschung und Gegenstand
4. Reflexivität von Gegenstand und Analyse
5. Explikation
6. Flexibilität
(Lamnek & Krell 2016, S. 33).

Das erste zentrale Prinzip qualitativer Studien umfasst die Offenheit des Forschungsprozesses, welche sich sowohl auf die Offenheit gegenüber den Untersuchungspersonen mit ihren individuellen Eigenarten, der Untersuchungssituation, als auch den verwendeten Methoden bezieht. Aufgrund der Offenheit wird gewährleistet, dass unerwartete und neue Erkenntnisse geschaffen werden können (vgl. ebd., S. 34). Ein weiterer zentraler Aspekt der qualitativen Forschung ist die Forschung als Kommunikation, was bedeutet, dass die Kommunikation zwischen dem Forscher beziehungsweise der Forscherin und der zu beforschenden Person ein zentrales Element der Untersuchung darstellt. Hierbei wird der Einfluss der Interaktionsbeziehung auf das Resultat nicht als störend, sondern als wichtiger Bestandteil des Forschungsprozesses angesehen (vgl. Döring & Bortz 2016, S. 69). Weiterhin ist der Prozesscharakter von Forschung und Gegenstand zentral, welcher sich darin äußert, dass der Forschungsakt sowie der Forschungsgegenstand prozesshaft sind. Dies bedeutet, dass beides nicht als unveränderlich angesehen werden darf, sondern als in der Entwicklung befindend (vgl. Lamnek & Krell 2016., S. 35). Neben dem Prozesscharakter des Forschungsaktes und auch des Gegenstandes geht die qualitative Forschung ebenso von der Reflexivität des Forschenden aus. Dementsprechend müssen das Handeln und der sprachliche Ausdruck immer in Bezug auf den symbolischen oder auch sozialen Kontext gesehen werden. Dieses setzt somit eine reflektierte Einstellung des Forschers beziehungsweise der Forscherin und eine Anpassungsfähigkeit des Untersuchungsinstruments voraus (vgl. ebd., S. 36). Das nächste Prinzip ist als Forderung gedacht, die beschreibt, dass der Forscher beziehungsweise die Forscherin die Schritte des Forschungsprozesses sowie die Regeln des Interpretationsaktes offenlegt. Die Darlegung der Regeln ist jedoch zum Teil schwierig, da der Interpretationsakt meist implizit erfolgt, weshalb diese Forderung häufig nicht vollständig erfüllt werden kann (vgl. ebd., S. 36). Das letzte Prinzip nach Lamnek und Krell (2016) umfasst die Flexibilität des Forschungsprozesses, welches bedeutet, dass flexibel auf Situationen und auch Personen eingegangen werden muss, indem der Forscher beziehungsweise die Forscherin bereit ist, neue Blickwinkel einzunehmen und auch Forschungslinien zu verfolgen, die er beziehungsweise sie im Vorwege meist nicht antizipieren konnte (vgl. ebd., S. 39).

Die Einhaltung dieser Prinzipien war ebenso für die vorliegende Studie von zentraler Bedeutung. Zur Beantwortung der Forschungsfrage wurde sich dazu entschieden, die Schülerinnen und Schüler in einer Interviewform zu befragen (vgl. 3.3). Dementsprechend war die Kommunikation zwischen der Forscherin und der zu beforschenden Person grundlegend, da die Daten durch eine solche Kommunikation erhoben worden sind. Entsprechend den Empfehlungen der verwendeten Interviewform wurde bei der Datenerhebung die Flexibilität und Offenheit beachtet, da zunächst sehr offene Impulse gegeben wurden, damit die Schülerinnen und Schüler sich frei äußern konnten. Die Schülerinnen und Schüler hatten somit die Möglichkeit, eigene Schwerpunkt zu setzen, die von der Forschenden berücksichtigt wurden. Der Prozesscharakter der Forschung wurde ebenso beachtet, da zwar im Vorwege ein Leitfaden entwickelt und pilotiert wurde, dieser jedoch flexibel an die individuellen Gegebenheiten der Untersuchungsperson angepasst wurde (vgl. 3.3). Dies bedeutete, dass Fragen zum Teil weggelassen wurden oder im Gesprächsverlauf weitere Fragen hinzukamen. Außerdem wurden den befragten Schülerinnen und Schülern Videoszenen von der eigenen Bearbeitung einer Modellierungsaufgabe vorgespielt, welches eine Anpassung des Instruments der Datenerhebung an die individuellen Gegebenheiten der Person darstellt. Ebenso wurde bei der Datenauswertung darauf geachtet, die Prinzipien nach Lamnek und Krell (2016) einzuhalten. Um die Offenheit, Flexibilität und den Prozesscharakter auch bei der Datenauswertung zu berücksichtigen, habe ich mich dazu entschieden, eine größere Stichprobe zu erheben. Die große Datenmenge führte dazu, dass die Daten zunächst sehr offen kodiert werden konnten und die Auswahl der Fälle anhand der neu getroffenen Erkenntnisse erfolgen konnte (vgl. 3.4). Schließlich wurde darauf geachtet, den Forschungsprozess im Rahmen der Dissertation offenzulegen (für eine Darlegung des Forschungsprozesses vgl. 3.2, 3.3, 3.4, 3.5).

Im Gegensatz zu der quantitativen Forschung besteht die qualitative Forschung aus unterschiedlichen Forschungspositionen und somit aus einer Bandbreite an verschiedenen Methoden, die je nach Fragestellung zunächst passend ausgewählt werden müssen (vgl. Döring & Bortz 2016, S. 63f). Aufgrund dieser Methodenvielfalt und den daraus resultierenden verschiedenen Vorgehensweisen wird der Ansatz der qualitativen Forschung zum Teil kritisiert. Reichertz (2016) plädiert dafür, dass lieber von dem Feld der qualitativen Methoden als von der qualitativen Forschung gesprochen werden sollte (vgl. Reichertz 2016, S. 27). Durch die Methodenvielfalt der qualitativen Forschung entstehen unterschiedliche Aufgaben und auch Anwendungsbereiche der Forschung, die im Folgenden kurz skizziert werden (Tabelle 3.1):

Tabelle 3.1 Anwendungsbereiche qualitativer Forschung (nach Mayring 2010, S. 22–25)

Hypothesenfindung und Theoriebildung	Die Hypothesenfindung und Theoriebildung dient der Aufdeckung relevanter Einzelfaktoren eines Untersuchungsgegenstandes und der Konstruktion möglicher Zusammenhänge. Hierbei können Hypothesen in Bezug auf den Untersuchungsgegenstand gebildet werden, die zu einer Theorie ausgedehnt werden können.
Pilotstudien	Pilotstudien sind offene Untersuchungen eines bislang unerforschten Gegenstandbereiches. Diese dienen der Konstruktion und Überarbeitung von Kategorien und Instrumenten für die Erhebung und Auswertung einer größeren Studie.
Vertiefungen	Vertiefungsstudien werden zur Überprüfung der Plausibilität interpretierter (statistisch gesicherter) Zusammenhänge, zur Ergänzung von zu kurz geratenen Informationen bzw. unklar gebliebenen Themenkreisen oder zur Nachexploration und Erhärtung induktiv gefundener statistischer Zusammenhänge eingesetzt.
Einzelfallstudien	Fallanalysen sind Untersuchungen an kleinen Stichproben, die sich im Besonderen für offenere, deskriptivere und interpretierende Methoden eignen.
Prozessanalysen	Prozessanalysen finden in Form von Längsschnittanalysen statt. Hierbei werden Erklärungen von Veränderungsprozessen durch Prozessrekonstruktionen entwickelt.
Klassifizierungen	Klassifizierungen ermöglichen eine strukturierte Beschreibung des Datenmaterials, die häufig in Form einer Typologie stattfindet. Hierbei findet eine Ordnung des Datenmaterials nach bestimmten, empirisch und theoretisch sinnvoll erscheinenden Ordnungsgesichtspunkten statt.
Theorie- und Hypothesenüberprüfung	Theorie- und Hypothesenüberprüfung dient der Überprüfung bereits fertiger Theorien oder Kausalitätsannahmen. Hierbei kann eine Hypothese durch nur einen Fall falsifiziert werden.

Diese Aufgaben und auch Anwendungsgebiete sind nicht als disjunkt anzusehen, sondern es gibt häufig Überschneidungen. So werden im Rahmen dieser Studie unterschiedliche Anwendungsbereiche untersucht. Zum einen erfolgt eine Klassifizierung, indem eine Typologie zu Schülertypen, bezogen auf den Einsatz metakognitiver Strategien, aus Schülerperspektive rekonstruiert wurde. Diese Typologie soll zur Theoriebildung und Hypothesenprüfung zu dem metakognitiven Strategieeinsatz beim mathematischen Modellieren beitragen. Zum anderen handelt es sich um eine Längsschnittstudie, weshalb ebenso Prozessanalysen durchgeführt wurden.

Zur Gewährleistung der wissenschaftlichen Qualität einer qualitativen Studie herrscht weitestgehend Einigkeit über die Notwendigkeit des Einhaltens bestimmter Gütekriterien, wobei es auch Gegenpositionen gibt (vgl. Döring & Bortz 2016, S. 108). Bislang haben sich zwei unterschiedliche Ansätze für die Definition der Gütekriterien herauskristallisiert. Der erste Ansatz orientiert sich vorrangig an den Gütekriterien der quantitativen Verfahren. Aufgrund der unterschiedlichen wissenschaftlichen Paradigmen der Forschungsansätze wird die Sinnhaftigkeit der einfachen Übertragung dieser Kriterien als kritisch angesehen. Dementsprechend beschäftigt sich der zweite Ansatz mit der Entwicklung eigener Gütekriterien für qualitative Verfahren. Hierbei wurden bislang einige Kriterienkataloge entwickelt, die auch Anerkennung gefunden haben (für eine Übersicht verschiedener Kriterienkataloge siehe Döring & Bortz, S. 114). Flick (2019) weist darauf hin, dass es fraglich sei, ob in absehbarer Zeit Einigkeit über die Kriterien und auch die Standards herrschen wird (vgl. Flick 2019, S. 485).

Im Rahmen dieser Studie finden die Gütekriterien von Kuckartz (2016) Anwendung und werden daher ausführlich vorgestellt werden, da sich diese explizit auf die qualitative Inhaltsanalyse beziehen, die in dieser Arbeit als Auswertungsmethode verwendet wurde.

Kuckartz (2016) unterscheidet hierbei die interne und die externe Studiengüte. Während die interne Studiengüte die *Zuverlässigkeit, Verlässlichkeit, Auditierbarkeit, Regelgeleitetheit, intersubjektive Nachvollziehbarkeit und Glaubwürdigkeit* umfasst, beschreibt die externe Studiengüte die *Übertragbarkeit und Verallgemeinerbarkeit* der Ergebnisse (vgl. Kuckartz 2016, S. 203). Kuckartz (2016) hat Fragen in Form einer Checkliste entwickelt, die zur Einhaltung der internen Studiengüte beitragen, deren Fragen sich auf die Datenerfassung, die Transkription und auch die Durchführung des Verfahrens der qualitativen Inhaltsanalyse beziehen und an denen sich im Rahmen dieser Studie orientiert wurde (vgl. Kuckartz 2016, S. 204f).

Außerdem ist die Kodierung durch mehrere Kodiererinnen beziehungsweise Kodierer von zentraler Bedeutung. Kuckartz spricht hierbei von der Intercoder-Übereinstimmung, die die Übereinstimmung von zwei oder mehreren Kodiererinnen beziehungsweise Kodierern misst, wobei sich dieses auf das Kodieren anhand des erstellten Kodierleitfadens bezieht und nicht auf die Frage, ob derselbe Kodierleitfaden erarbeitet wird (vgl. ebd., S. 206). Hierbei ist es schwierig, die Messwerte aus der quantitativen Forschung auf die qualitative Forschung zu beziehen, da bei der qualitativen Forschung im Gegensatz zu der quantitativen Forschung die Sinneinheiten von den Kodiererinnen beziehungsweise Kodierern selbst gewählt werden (vgl. ebd., S. 211). Deshalb gibt es in der qualitativen Forschung zwei Wege, um die Intercoder-Übereinstimmung zu prüfen. Der erste Weg ist der qualitative Weg, indem das Material von zwei Kodiererinnen beziehungsweise Kodierern unabhängig voneinander gemäß dem Kodierleitfaden kodiert wird und hinterher eine Konsolidierung stattfindet. Hierbei werden die Differenzen diskutiert und gegebenenfalls Überarbeitungen im Kodierleitfaden vorgenommen (vgl. Kuckartz 2016, S. 211f). Wichtig ist hierbei, dass es keine festen Kodiererpaare gibt und sich Zweierteams immer wieder neu zusammenfinden (vgl. ebd., S. 211). Ein solches Vorgehen wird nach Hopf & Schmidt (1993) *konsensuelles Kodieren* genannt (vgl. Hopf & Schmidt 1993, S. 211). Bei dem eher quantitativen Weg werden Berechnungen in Bezug auf die prozentualen Übereinstimmungen vorgenommen. Hierbei empfiehlt Kuckartz das folgende Vorgehen:

„Zuerst erfolgt ein Durchlauf durch die Codierungen von Codierer 1. Jede Codierung wird als eine Codiereinheit betrachtet. Als Übereinstimmung wird es gewertet, wenn Codierer 2 unter Berücksichtigung eines bestimmten Toleranzbereiches diesem Segment denselben Code zugewiesen hat. Nachdem alle Codierungen von Codierer 1 evaluiert sind, erfolgt das gleiche Prozedere für Codierer 2, d. h. ein Durchlauf durch alle von diesem vorgenommenen Codierungen." (Kuckartz 2016, S. 215). Schließlich bilden bei diesem Verfahren alle Codiereinheiten die Summe der beiden Kodierungen von Kodiererin beziehungsweise Kodierer eins und zwei, woraus schließlich eine prozentuale Übereinstimmung berechnet werden kann (vgl. ebd., S. 215). Insgesamt ist häufig das konsensuelle Kodieren zu aufwendig, um es auf das gesamte Datenmaterial anzuwenden, weshalb eine Kombination aus beiden Wegen empfohlen wird (vgl. ebd., S. 216f). Im Rahmen dieser Studie wurde überwiegend das Vorgehen des *konsensuellen Kodierens* angewandt, indem im Laufe des Kodierprozesses mit unterschiedlichen Personen Kodierungen besprochen und der Kodierleitfaden dementsprechend angepasst wurde.

Die Qualität der externen Studiengüte kann durch die Einhaltung bestimmter Strategien positiv beeinflusst werden. Durch die meist geringen Stichprobenzahlen ist die Verallgemeinerbarkeit der Ergebnisse schwierig. Durch eine geschickte Auswahl der Stichprobe kann dies jedoch positiv beeinflusst werden. Deswegen hebt Kuckartz hierbei das *theoretical sampling* der Grounded Theory positiv hervor (vgl. ebd. S. 218). Darüber hinaus weist er auf weitere Strategien hin, die einen positiven Einfluss auf die Verallgemeinerbarkeit der Ergebnisse haben können:

– *Diskussion mit Expertinnen und Experten:* Regelmäßiger Austausch mit Expertinnen und Experten außerhalb des Forschungsprojektes, da diese gegebenenfalls auf Phänomene lenken, die leicht übersehen werden können.
– *Diskussion mit Forschungsteilnehmenden:* Besprechung der Forschungsergebnisse mit den Forschungsteilnehmenden als kommunikative Validierung dessen, um eine qualifizierte Rückmeldung zu erhalten.
– *Ausgedehnter Aufenthalt im Feld:* Längere Aufenthalte im Feld zur Vermeidung voreiliger Diagnosen und Fehlschlüsse
– *Triangulation bzw. Einsatz von Mixed Methods*: Kombination verschiedener Forschungsmethoden, um unterschiedliche Perspektiven zu erhalten.

Zur Verbesserung der externen Studiengüte wurde in dieser Studie das *theoretical sampling* eingesetzt, da durch die gezielte Fallauswahl eine möglichst divergente Stichprobe untersucht werden konnte und somit die Verallgemeinerbarkeit der Ergebnisse positiv beeinflusst wurde. Zudem wurden die Ergebnisse regelmäßig mit Expertinnen und Experten diskutiert und deren Rückmeldungen eingearbeitet. Dieses erfolgte im Rahmen der Arbeitsgruppe Mathematikdidaktik an der Universität Hamburg sowie auf nationalen und internationalen Konferenzen. Die Studie umfasst eine Prozessanalyse, die Daten eines längeren Zeitraums erfasst und kombiniert bei der Datenerhebung sowohl die Analyse von Interviews als auch die Analyse von Videographien (vgl. 3.3). Durch die umfangreiche Datenerhebung war zum einen ein ausgedehnter Aufenthalt im Feld gegeben und zum anderen wurden unterschiedliche Datenquellen bei der Datenauswertung berücksichtigt. Schließlich wird das Forschungsvorgehen transparent dargelegt, damit es durch andere Forscherinnen und Forscher leicht nachvollzogen werden kann (vgl. 3.3, 3.4, 3.5). Zur Unterstützung dessen wurde mit der Software MAXQDA gearbeitet, womit das Vorgehen der Auswertung dokumentiert wird, um die Nachvollziehbarkeit für andere zu unterstützen.

3.2   Das Design der Studie

3.2.1   Das Projekt MeMo

Das Datenmaterial dieser Studie wurde im Rahmen des Projekts MeMo (Förderung metakognitiver Modellierungskompetenzen von Schülerinnen und Schülern), welches von Katrin Vorhölter an der Universität Hamburg geleitet wird, erhoben und ausgewertet. Das zentrale Ziel des Projekts ist die Evaluierung einer Lernumgebung zur Förderung von Modellierungskompetenzen von Schülerinnen und Schülern mit dem Fokus auf deren metakognitive Modellierungskompetenz (für eine Übersicht über die bisherigen Ergebnisse siehe Vorhölter 2018, 2019). Die Projektgruppe teilte die teilnehmenden Klassen in zwei verschiedene Interventionsgruppen ein. Während die erste Gruppe nach der Bearbeitung der Modellierungsaufgabe den Einsatz metakognitiver Strategien thematisiert (i.F. Metakognitionsgruppe), konzentrierte sich die zweite Gruppe auf den mathematischen Gehalt der Aufgaben (i.F. Mathematikgruppe). Die beiden Gruppen bearbeiteten im Laufe des Projektzeitraums dieselben sechs Modellierungsaufgaben, die jeweils für eine Doppelstunde konzipiert wurden. Mit Hilfe eines Modellierungskompetenztests (adaptiert von Brand 2014) wurden die Modellierungskompetenzen der Schülerinnen und Schüler wenige Wochen vor und nach der Bearbeitung der Modellierungsaufgaben erhoben, um die Einflüsse der beiden Lernumgebungen auf die Modellierungskompetenz zu untersuchen. Die Modellierungsaufgaben und die Förderung der metakognitiven Kompetenz in den Gruppen werden im Rahmen der Lernumgebung vorgestellt (vgl. 3.2.2) (Abbildung 3.1).

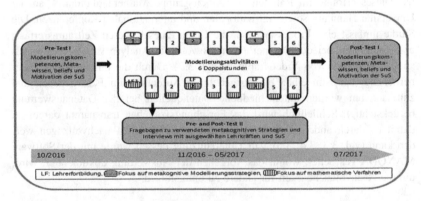

Abbildung 3.1 Ablauf des Projekts MeMo

Die teilnehmenden Lehrkräfte wurden in drei dreistündigen Lehrerfortbildungen geschult, die immer vor der Bearbeitung der folgenden beiden Modellierungsaufgaben im Laufe des Projektzeitraums stattfanden. Hierbei ist zu beachten, dass die Lehrpersonen der beiden Interventionsgruppen an getrennten Schulungen teilnahmen, da sie damit zu ihrem jeweiligen Schwerpunkt eingeführt werden konnten. Ein wichtiger Bestandteil der Lehrerfortbildungen war die Erarbeitung der folgenden zwei Modellierungsaufgaben, indem die Lehrpersonen die verwendeten Modellierungsaufgaben eigenständig bearbeitet haben. Somit konnten sie sich in die Situationen der Schülerinnen und Schüler hineinversetzen. Zudem führte die Fortbildung die Lehrpersonen gleichermaßen in das Thema des mathematischen Modellierens ein, indem sie theoretisch zu den Zielen des mathematischen Modellierens, dem Modellierungsprozess, dem Modellierungskreislauf als metakognitives Hilfsmittel, den Schwierigkeiten beim mathematischen Modellieren und den erforderlichen Modellierungskompetenzen fortgebildet wurden. Neben der theoretischen Einführung war ein Bestandteil der Fortbildung, konkrete Schwierigkeiten der Schülerinnen und Schüler bei der Bearbeitung der verwendeten Modellierungsaufgaben zu antizipieren und einen Einblick in tatsächlich aufgetretene Schwierigkeiten aus der Pilotierungsstudie zu bekommen. Hierfür wurden Videoausschnitte aus der Pilotierungsstudie gezeigt. Somit konnten die Lehrpersonen für potenzielle Schwierigkeiten in ihren Klassen sensibilisiert werden.

Von besonderer Bedeutung war es außerdem, die Lehrpersonen auf das Lehrerhandeln beim mathematischen Modellieren vorzubereiten. Hierfür wurden sie in die theoretischen Grundlagen des Prinzips der minimalen Hilfe von Aebli (1985), der Adaptivität des Lehrerhandelns (vgl. z. B. Leiss 2007) und der Taxonomie der Hilfen von Zech (2002) eingeführt. Außerdem wurde ihnen vorgestellt, dass eine geeignete strategische Intervention darin besteht, die Schülerinnen und Schüler zunächst nach dem Arbeitsstand zu befragen und somit nicht voreilig zu intervenieren (vgl. Stender 2016). Zusammenfassend wurden ihnen die theoretischen Grundlagen in den folgenden fünf Leitlinien mitgegeben, die eine Vergleichbarkeit der Lehrerintervention zur Unterstützung der Schülerinnen und Schüler gewährleisten sollte (Abbildung 3.2).

1. Prinzip der minimalen Hilfe: So wenig wie möglich, so viel wie nötig intervenieren.
2. Es gibt kein Rezept für das Interventionsverhalten. Dieses ist immer aufgabenspezifisch und adaptiv an jeden Schüler und jede Schülerin anzupassen.
3. Die Taxonomie von Zech bietet eine gute Orientierung: Starten Sie mit Motivations- und Rückmeldehilfen, um Ihre Lernenden zu motivieren, sie aber nicht zu stark zu lenken und geben, wenn nötig, dann erst strategische Hilfen, bevor sie inhaltlich intervenieren
4. Zu Beginn einer Intervention sollte sich immer zunächst nach dem Arbeitsstand erkundigt werden. Dies ermöglicht eine gute Diagnose des Bearbeitungsprozesses und hilft den Schülerinnen und Schülern häufig schon ausreichend, um selbständig weiterarbeiten zu können.
5. Bewährte strategische Interventionen beinhalten einen Bezug zum Modellierungskreislauf oder auf die Eigenschaften von Modellierungsaufgaben, die zu spezifischen Anforderungen an die Schülerinnen und Schüler führen.

Abbildung 3.2 Auszug aus dem Lehrerhandbuch des Projektes MeMo

Nach der Vorstellung des Projektes MeMo soll im nächsten Kapitel die Lernumgebung des Projektes genauer beleuchtet werden.

3.2.2 Die Lernumgebung des Projektes MeMo

Im Folgenden soll die Lernumgebung der beiden Gruppen vorgestellt werden. Zunächst folgt ein kurzer Überblick über die verwendeten Modellierungsaufgaben. Die teilnehmenden Schülerinnen und Schüler bearbeiteten im Laufe des Projektzeitraums sechs verschiedene Modellierungsaufgaben, die ungefähr in einem Abstand von einem Monat bearbeitet wurden. Für die Mathematikgruppe war es bedeutend, dass immer zwei Modellierungsaufgaben dieselben mathematischen Grundlagen thematisierten, da die Gruppe somit die Möglichkeit hatte, diese gründlicher zu vertiefen. Bei der Anordnung der Aufgaben wurde darauf geachtet, dass diese Aufgaben nicht direkt hintereinanderlagen, damit zwar ein Erinnerungseffekt bestand, dieser aber die Aufgabe nicht zu stark vereinfachte. Außerdem wurden die Modellierungsaufgaben so angeordnet, dass sie in ihrer Komplexität anstiegen. Daraus ergab sich der folgende Ablauf (Tabelle 3.2):

Tabelle 3.2 Modellierungsaufgaben im Projekt MeMo

	Modellierungsaufgabe	Mathematischer Inhalt	Metakognitiver Bereich	Quelle
1.	Heißluftballon	Körper und Volumina	Evaluation	Herget et al. (2001)
2.	Highflyer	Berechnungen im rechtwinkligen Dreieck	Evaluation	Vorhölter und Kaiser (2019)
3.	Erdöl	Terme und Funktionen	Planung	Maaß (2007) bzw. Busse (2009)
4.	Der Fuß von Uwe Seeler	Körper und Volumina	Planung	Vorhölter (2009)
5.	Windpark	Berechnungen im rechtwinkligen Dreieck	Überwachung/ Regulation	Vorhölter und Kaiser (2019)
6.	Regenwald – Initiative	Terme und Funktionen	Überwachung/ Regulation	Leiss et al. (2006)

Während für die Mathematikgruppe die verschiedenen mathematischen Themengebiete relevant waren, wurden im Rahmen der Metakognitionsgruppe metakognitive Strategien gefördert (für weitere Erläuterungen zur Förderung der metakognitiven Strategien vgl. 3.2.3). Schließlich wurden die Aufgaben so gewählt, dass sie unterschiedliche Ziele beim mathematischen Modellieren vermittelten. Ein wichtiges Ziel von Modellierungsaufgaben ist die Erziehung zu mündigen Bürgerinnen und Bürgern. Durch die Lösung von drei der sechs Modellierungsaufgaben („Der Fuß von Uwe-Seeler", „Windpark", „Regenwald-Initiative") konnten die Schülerinnen und Schüler Aussagen aus unterschiedlichen Medien widerlegen. Somit konnten die Schülerinnen und Schüler für einen kritischen Umgang mit Medien sensibilisiert werden. Außerdem erforderte die Aufgabe „Erdöl", kritisch über das eigene gesellschaftliche Handeln in Bezug auf den Erdölverbrauch zu reflektieren. Schließlich sollten die Schülerinnen und Schüler durch die Bearbeitung der Aufgaben ein realistisches Bild von Mathematik in der Gesellschaft vermittelt bekommen, indem die Aufgaben reale Probleme beschrieben. Durch die Thematisierung einer bekannten Skulptur und ähnlichem konnte dieses insbesondere gefördert werden. Einige Schülerinnen und Schüler berichteten in den Interviews, dass sie dieses aus ihrer Erfahrungswelt tatsächlich kannten. Dieses führte dazu, dass die Lernenden ihre Erfahrungen miteinbeziehen konnten.

Im Folgenden sollen die beiden Aufgaben vorgestellt werden, die für die vorliegende Studie von zentraler Bedeutung sind, da die Bearbeitung dessen die Grundlage der Datenerhebung bildete.

Bei der ersten Aufgabe handelt es sich um ein bekanntes Modellierungsproblem von Herget, Jahnke und Kroll (2001) (Abbildung 3.3).

> **Stunt auf dem Heißluftballon**
> Der 43-jährige Ian Ashpole stand in England auf der Spitze eines Heißluftballons. Die Luft-Nummer in 1.500 Meter Höhe war noch der ungefährlichste Teil der Aktion. Kritischer war der Start: Nur durch ein Seil gesichert, musste sich Ashpole auf dem sich füllenden Ballon halten. Bei der Landung strömte die heiße Luft aus einem Ventil direkt neben seinen Beinen aus. Doch außer leichten Verbrennungen trug der Ballonfahrer zum Glück keine Verletzungen davon.
> **Wie viel Liter Luft befinden sich wohl in diesem Heißluftballon?**

Abbildung 3.3 Modellierungsaufgabe „Stunt auf dem Heißluftballon" von Jahnke und Kroll (2001)

Bei dieser Aufgabe müssen die Schülerinnen und Schüler durch die Volumenberechnung von Standardkörpern das Luftvolumen eines Heißluftballons ermitteln. Sie erhalten ein Bild des Heißluftballons, auf dem ein Mann, Ian Asphole, steht[1]. Die Maße des Ballons sind hierbei nicht angegeben. Zur Ermittlung der Maße können die Lernenden den Mann, Ian Asphole, als Maßstab verwenden. Hierfür müssen sie die Größe von Ian Asphole schätzen und das Verhältnis seiner Länge und der Maße des Ballons ermitteln (Abbildung 3.4).

---

[1] Aus bildrechtlichen Gründen wurde bei dieser Modellierungsaufgabe auf das Abdrucken des Bildes in dieser Schrift verzichtet.

Verstehen und vereinfachen des Problems:
Schätzung der Größe von Ian Asphole: 1,80 m
Bestimmung des Verhältnisses von Mann und Ballon: 1:16
Erstellen des mathematischen Modells und mathematisieren:

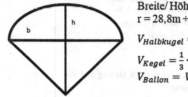

Breite/ Höhe des Ballons: 1,8m · 16 = 28,8 m

r = 28,8m ÷ 2 = 14,4m

$$V_{Halbkugel} = \frac{2}{3} \cdot \pi \cdot r^3 \approx 6250 \; m^3$$

$$V_{Kegel} = \frac{1}{3} \cdot \pi \cdot r^2 \cdot \frac{h_{gesamt}}{2} \approx 1550 \; m^3$$

$$V_{Ballon} = V_{Halbkugel} + V_{Kegel} = 6250 + 1550$$
$$\approx 7800 \; m^3$$

Interpretieren und Validieren:
Mit den getroffenen Annahmen hat der Ballon ein Volumen von ca. 7800 m^3, was
7.800.000l umfasst. Vergleicht man das Ergebnis mit tatsächlichen Luftinhalten von
Heißluftballons, kann man erkennen, dass das Ergebnis realistisch ist.

Abbildung 3.4 Lösungsvorschlag für die Modellierungsaufgabe Heißluftballon

Bei dem abgebildeten Lösungsvorschlag handelt es sich lediglich um einen möglichen Lösungsweg. Es sind noch weitere mathematische Modelle denkbar z. B. durch die Approximation des Heißluftballons mittels anderer Standardkörper (z. B. Kugel) oder das Hinzuziehen anderer Bezugsgrößen auf dem Bild.

Die Modellierungsaufgabe eignet sich besonders für den Einstieg, da sie vergleichsweise wenig komplex ist. Somit hatten die Schülerinnen und Schüler bei dieser Aufgabe die Möglichkeit, das mathematische Modellieren und einen Modellierungsprozess kennenzulernen. Hierfür wurde zu Beginn der Aufgabe der Modellierungskreislauf von Kaiser & Stender (2013) eingeführt (vgl. 2.2.2).

Die letzte Modellierungsaufgabe „Regenwald" beschäftigt sich mit einer Werbeaktion der Bierbrauerei Krombacher. Zu jeweils drei Monaten der Jahre 2002, 2003, 2005, 2006 und 2008 warb die Brauerei damit, dass sie für jeden verkauften Bierkasten einen Quadratmeter Regenwald schützt. Einigen der teilnehmenden Schülerinnen und Schülern war diese Werbeaktion bekannt, da immer noch Videos zu der Aktion im Internet zu finden sind. Die Schülerinnen und Schüler sollten entscheiden, welche Wirkung diese Aktion in Bezug auf die weltweite Regenwald Abholzung hatte (Abbildung 3.5).

> **Regenwald – Initiative**
> Die Bierbrauerei „Krombacher" hat in den Jahren 2002, 2003, 2005, 2006 und 2008 für jeweils 3 Monate in Zusammenarbeit mit dem WWF (World Wildlife Foundation) die folgende Initiative durchgeführt:
> *Für jeden verkauften Kasten Krombacher Bier wird ein Quadratmeter Regenwald in Dzanga Sangha (Zentralafrikanische Republik) nachhaltig geschützt.*
>
> **Untersuche die Wirkung dieser Aktion in Bezug auf die weltweite Regenwald-Abholzung.**
>
> Zur Info: Täglich werden weltweit ca. 365 km² Regenwald abgeholzt oder verbrannt, wovon alleine ca. 93 km² in Afrika liegen. Die Deutschen trinken im Durchschnitt pro Kopf 107 l Bier pro Jahr

Abbildung 3.5 Modellierungsaufgabe Regenwald-Initiative

Zentral sind in dieser Aufgabe unterschiedliche Annahmen zu treffen und außermathematisches Wissen anzuwenden. Hierbei sollten im realen Modell möglichst die folgenden Aspekte berücksichtigt werden:

– Pro-Kopf-Konsum von Bier im Jahr: 107 Liter (im Text)
– Der Marktanteil von Krombacher kann geschätzt werden. (Annahme)
– Die Flaschengrößen in einem Kasten Bier (außermathematisches Wissen)
– Die Einwohnerzahl in Deutschland (außermathematisches Wissen)
– Die Verteilung des Bierkonsums in einem Jahr (Annahme)
– Der Aktionszeitraum (AZ) beträgt 15 Monate (im Text)
– Täglich abgeholzte Fläche des Regenwaldes: 365 km^2 (im Text)

Mit Hilfe der getroffenen Annahmen kann das verkaufte Bier im Aktionszeitraum von Krombacher berechnet werden. Aus dem erhaltenen Bierkonsum der Marke Krombacher kann wiederum ermittelt werden, wie viele Kästen Bier und somit auch wie viele Quadratmeter Regenwald durch die Aktion geschützt werden konnten. Zur Untersuchung der Wirkung der Aktion sollte das erhaltene Ergebnis in Bezug auf die weltweite Abholzung interpretiert werden (Abbildung 3.6).

Verstehen und Vereinfachen des Problems:
Marktanteil von Krombacher: 10 %
Flaschengrößen im Kasten: 20x0.5l oder 24x0.33l Flaschen
Einwohnerzahl Deutschland: 82 Millionen Menschen
Bierkonsum in Deutschland gekaufte Flaschengröße: Gleichverteilt

Erstellen des mathematischen Modells und mathematisieren:
Von Krombacher verkauftes Bier im Aktionszeitraum:
Einwohnerzahl · Pro-Kopf-Verbrauch· Aktionszeitraum· Marktanteil =
$$82.000.000 \cdot 107l \cdot \frac{15\,Monate}{12\,Monate} \cdot \frac{1}{10} = 1{,}09675 \cdot 10^9 l$$
Von Krombacher verkaufte Kästen im Aktionszeitraum:
Kasten 1: 20x0.5l enthält 10 l Bier. **Kasten 2:** 24x0.33l enthält 7,921 l Bier.
Im Mittel ergibt sich ein Wert von 8,96l Bier pro Kasten.
Verkauftes Bier: Mittelwert der Kästengröße =
$$1{,}09675 \cdot 10^9 l : 8{,}96\,l = 122.405.133{,}9\,m^2$$
Verhältnis der täglich abgeholzten Fläche und gerettete Quadratmeter:
$122{,}41km^2 : 365km^2 = 0{,}3353$

Interpretieren und Validieren:
Durch die Krombacher Aktion konnten ca. 122 km^2 Regenwald gerettet werden. Dieses umfasst einen Anteil von ca. 33% der weltweiten täglichen Abholzung. Dies ist verhältnismäßig wenig, da die Aktion über ein Jahr lief. Vergleicht man die abgeholzte Fläche im Rahmen des Aktionszeitraums ist die gerettete Fläche verschwindend gering mit ca. 0,076 %.

Abbildung 3.6 Lösungsvorschlag für die Modellierungsaufgabe Regenwald

Im Folgenden soll es nun um die Förderung spezieller Modellierungskompetenzen, den metakognitiven Kompetenzen, gehen, da diese von zentraler Bedeutung für die gewählte Fragestellung dieser Studie sind. Hierbei sollen die Gemeinsamkeiten aber auch Unterschiede in den beiden Interventionsgruppen betrachtet werden.

3.2.3 Vergleich der beiden Interventionsgruppen

Wie bereits bei der Vorstellung des Projektes dargestellt, wurden beide Interventionsgruppen in die Thematik des Lehrerhandelns beim mathematischen Modellieren eingeführt, damit die beteiligten Lehrkräfte die Schülerinnen und Schüler bei der Aufgabenbearbeitung optimal fördern konnten. Hierbei wurde ihnen das Prinzip der minimalen Hilfe nahegelegt, damit die Schülerinnen und Schüler maximal selbstständig arbeiten konnten (vgl. 2.3.2). Weiterhin wurde ihnen die Intervention des Erfragens des Arbeitsstandes empfohlen, da somit die Lehrperson die Möglichkeit erhält den Arbeitsstand und insbesondere die Schwierigkeiten der Gruppe zu diagnostizieren und somit eine adaptive Unterstützungsform gewährleisten zu können. Häufig führt diese Interventionen dazu,

dass es den Schülerinnen und Schülern von allein gelingt, in ihrem Lösungsprozess weiterzuarbeiten und somit keine weitere Intervention durch die Lehrperson
notwendig ist (vgl. Stender 2016, S. 223). Im Rahmen der Fortbildung der Metakognitionsgruppe wurden die Lehrpersonen dieser Gruppe explizit in das Konzept
und die Förderung metakognitiver Kompetenz der Schülerinnen und Schüler eingeführt, während die Lehrpersonen der Mathematikgruppe in dieser Hinsicht nicht
fortgebildet wurden.

Beide Interventionsgruppen hatten im Rahmen der Studie die Möglichkeit, den
Modellierungskreislauf zu verwenden, der als metakognitives Hilfsmittel angese-
hen wird (vgl. 2.2.2). Der Modellierungskreislauf kann durch die strukturierte
Darstellung des Modellierungsprozesses den Einsatz metakognitiver Strategien
anregen, da die Schülerinnen und Schüler den Modellierungskreislauf zum einen
für ihre Planung des Lösungsprozesses verwenden können. Zum anderen regt der
Modellierungskreislauf metakognitive Überwachungsstrategien in Bezug auf die
Lösung sowie den Lösungsprozess an. Dieses erfolgt, indem die Lernenden ihren
Arbeitsprozess mit den Schritten des Modellierungskreislaufs vergleichen und bei
Abweichungen regulieren können. Zudem können sie auf den Schritt der Vali-
dierung aufmerksam werden. Diese Formen der Anregung der metakognitiven
Strategien zeigten sich in den Interviews der Schülerinnen und Schüler.

Im Rahmen des Projektes wurde der Modellierungskreislauf in beiden Gruppen
eingeführt, indem die Lehrperson die einzelnen Schritte des Modellierungsprozesses erläutert hat. Außerdem bekam jede Schülerin und jeder Schüler einen eigenen
Modellierungskreislauf und ein laminierter Modellierungskreislauf wurde auf den
einzelnen Gruppentischen platziert, damit die Gruppe sowohl gemeinsam als auch
jeder für sich mit dem Modellierungskreislauf arbeiten konnte. Schließlich wurde
auch ein Plakat eines Modellierungskreislaufs in der Klasse aufgehängt. Aufgrund der Präsenz des Modellierungskreislaufs in der Lernumgebung wurden die
Schülerinnen und Schüler dazu angeregt, diesen zu verwenden. Außerdem wurde
den Lehrpersonen nahegelegt, bei Fragen der Schülerinnen und Schüler auf den
Modellierungskreislauf zu verweisen und diese aufzufordern, sich im Kreislauf
zu verorten.

Die Schülerinnen und Schüler bearbeiteten dieselben Modellierungsaufgaben
in den beiden Gruppen. Die Modellierungsaufgaben wurden so ausgewählt, dass
diese den Einsatz metakognitiver Strategien auslösen können. Hierfür war es
notwendig, darauf zu achten, dass die Aufgaben offen sind und eine gewisse
Komplexität haben, da der Einsatz der Strategien häufig bei Schwierigkeiten im
Lösungsprozess erfolgt. Die Modellierungsaufgaben durften jedoch nicht zu komplex sein, weshalb Aufgaben gewählt wurden, die für Schülerinnen und Schüler
der Jahrgangsstufe neun und zehn lösbar waren. Somit wurde antizipiert, dass die

Modellierungsaufgaben im mittleren subjektiven Schwierigkeitsgrad für die Schülerinnen und Schüler liegen und somit optimale Voraussetzungen für den Einsatz metakognitiver Strategien gegeben sind (vgl. 2.3.2).

Zur Erfassung der verwendeten metakognitiven Strategien füllten alle Schülerinnen und Schüler in beiden Gruppen nach der ersten und letzten Modellierungseinheit einen Fragebogen aus, in dem sie ihren Einsatz metakognitiver Strategien einschätzen sollten. Dieser Fragebogen sollte nur der Selbsteinschätzung dienen, es ist jedoch denkbar, dass Schülerinnen und Schüler durch die Beantwortung der Fragen auf die metakognitiven Strategien aufmerksam gemacht wurden.

In beiden Interventionsgruppen wurde derselbe Stundenablauf der Modellierungsstunden verwendet. Es gab immer einen kurzen Einstieg mit der anschließenden Bearbeitungsphase, einer Präsentationsphase und einer Vertiefungsphase am Ende der Stunde.

Trotz der dargelegten Gemeinsamkeiten gab es auch einige Unterschiede, die sich im Besonderen im Rahmen der unterschiedlichen Vertiefungsphasen äußerten. Diese umfasste in beiden Gruppen ungefähr 15 Minuten. Die Mathematikgruppe befasste sich im Rahmen der Vertiefungsphase mit der Wiederholung des mathematischen Gehalts der bearbeiteten Modellierungsaufgaben. Somit wiederholte diese Gruppe die Themen der Volumenberechnung, des Satz des Pythagoras oder auch trigonometrische Funktionen und (Lineare) Funktionen sowie Terme. Die Lehrpersonen konnten hierbei eigene Schwerpunkte setzen, je nachdem, welche mathematischen Inhalte die Schülerinnen und Schüler verwendet haben und wobei Schwierigkeiten aufgetreten sind. Zwei der gestellten Modellierungsaufgaben thematisierten denselben mathematischen Bereich, sodass immer am Ende von zwei Modellierungsaufgaben eines der Themen fokussiert betrachtet wurde und somit Bezüge zwischen den jeweiligen Stunden hergestellt werden konnten. In den Vertiefungsphasen wurde zunächst besprochen, welche mathematischen Themen hinter den Aufgaben steckten, welches von den Schülerinnen und Schülern eingeführt und gegebenenfalls durch die Lehrperson ergänzt wurde. Hierbei sollten Fragen und Lücken in dem jeweiligen mathematischen Bereich besprochen und geklärt werden. Anschließend bestand die Möglichkeit, dieses Wissen anhand von Aufgaben aus den Abschlussprüfungen der zehnten Klassen der vergangenen Jahre zu wiederholen. Im Rahmen der beiden Vertiefungsphasen zu denselben mathematischen Bereich konnten somit neben den Bezügen auch unterschiedliche Schwerpunkte gesetzt werden.

Dahingegen beschäftigte sich die Metakognitionsgruppe intensiv mit dem Einsatz metakognitiver Strategien, was die metakognitive Kompetenz dieser Schülerinnen und Schüler explizit fördern sollte. Hierbei wurde bei zwei Aufgaben ein Bereich der metakognitiven Strategien thematisiert. Bei den ersten beiden

Aufgaben wurden Strategien zur Evaluation genauer betrachtet, anschließend die Strategien der Planung und abschließend die Strategien der Kontrolle und Regulation. Im Rahmen dessen hatte die Lehrperson die Möglichkeit, die Strategien anhand der folgenden Fragen einzuführen:

Bezüglich der Planung:

o *„Habe ich das Problem richtig verstanden?*
o *Habe ich selbst mir überlegt, wie wir vorgehen können?*
o *Habe ich herausgesucht, welche Informationen für die Bearbeitung der Aufgabe wichtig sind?*
o *Haben wir darauf geachtet, dass alle Gruppenmitglieder das Problem verstanden haben?*
o *Haben wir gemeinsam fehlende Werte festgehalten?*
o *Haben wir gemeinsam an einem Problem gearbeitet?*
o *Haben wir abgesprochen, wie wir vorgehen möchten?*
o *Haben wir an unterschiedlichen Aspekten gearbeitet, die wir hinterher gut zusammenführen konnten?*

Bezüglich der Überwachung:

o *Habe ich versucht, die Gedanken der Anderen zu verstehen?*
o *Habe ich regelmäßig überprüft, ob mir Fehler auffallen?*
o *Habe ich meine eigenen Ideen hinterfragt?*
o *Habe ich zwischendurch auf die Zeit geachtet?*
o *Haben wir darauf geachtet, dass jeder mitgearbeitet hat?*
o *Haben wir einander zugehört, wenn jemand eine Idee geäußert hat?*

Bezüglich der Regulation:

o *Ich habe versucht, herauszufinden, wo genau das Problem liegt.*
o *Ich habe überlegt, was ich schon alles weiß.*
o *Ich habe versucht, Hilfe zu holen.*
o *Ich habe die Anderen um Hilfe gebeten, wenn ich etwas nicht verstanden habe.*
o *Wir haben gemeinsam überlegt, wo unser Problem liegt.*
o *Wir haben gemeinsam einen anderen Lösungsweg überlegt.*
o *Wir haben uns gegenseitig aufgefordert weiterzuarbeiten.*

Bezüglich der Evaluation:

o Habe ich mich heute so gut wie möglich eingebracht?
o Haben wir als Gruppe zusammengearbeitet oder eher gegeneinander gearbeitet? Woran hat das gelegen?
o Haben wir die anstehenden Aufgaben so aufeinander aufgeteilt, dass jeder gut mitarbeiten konnte?
o Haben wir zielstrebig gearbeitet oder uns in Details verrannt?
o Haben wir eine möglichst gute Lösung gefunden?
o Hätten wir die Aufgabe auf anderen Wegen bearbeiten können?"
(Auszug aus dem Lehrerhandbuch des Projekts MeMo)

Durch die Einführung der Lehrperson konnten die Lernenden somit Wissen über die verschiedenen metakognitiven Strategien aufbauen. Außerdem reflektierten die Schülerinnen und Schüler über ihren Einsatz der Strategien und überlegten, was hierbei gut und auch schlecht gelaufen ist. Durch den gemeinsamen Austausch in der Gruppe und im Plenum wurden die Lernenden im Rahmen ihres *conditional knowledge* gefördert, welches das Wissen umfasst, wann und wie die einzelnen Strategien eingesetzt werden können (vgl. 2.1.1). Abschließend überlegten sich die Schülerinnen und Schüler nach jeder Stunde in ihrer Gruppe, was in dieser Modellierungsstunde gut und schlecht gelaufen ist und welche Vorsätze sie sich für die nächste Modellierungsstunde setzen. Diese wurden auf grünen und roten Karten schriftlich fixiert. Diese Form der Evaluation wurde anschließend individuell durchgeführt, indem jede Schülerin und jeder Schüler Strategiereflexionsbögen ausfüllte. Hierbei beantworteten sie die folgenden Fragen:

1) Wie fühlst du dich nach dem Arbeiten an der Modellierungsaufgabe heute?
2) Was möchtest du in der nächsten Modellierungsstunde wieder so machen?
3) Was möchtest du in der nächsten Modellierungsstunde anders machen?
4) Was habt ihr euch für die nächste Modellierungsstunde als Gruppe vorgenommen?

Als weitere Maßnahme wurden die Schülerinnen und Schüler in der darauffolgenden Stunde angehalten, sich die Ziele der letzten Stunde noch einmal bewusst zu machen und diese zu Beginn des Bearbeitungsprozesses in der Gruppe zu besprechen.

Somit wurde in dieser Gruppe mit *prompts* gearbeitet, die den Einsatz metakognitiver Strategien direkt fördern (vgl. 2.3.2). Diese Form der Intervention zur Förderung metakognitiver Strategien wurde als bewährt in der Forschung berichtet, weshalb sie einen wichtigen Teil in dieser Interventionsgruppe zur Förderung metakognitiver Kompetenz eingenommen hat.

Schließlich wurden in dieser Interventionsgruppe auch noch Gesprächsregeln eingeführt und für alle sichtbar auf den Gruppentischen platziert, da das kooperative Arbeiten einen großen Einfluss auf die Metakognition in der Gruppe hat (vgl. 2.1.3, 2.3.2). Die Gesprächsregeln sollten für Respekt in der Gruppe, eine gute Zusammenarbeit, gemeinsame Entscheidungen sowie eine gegenseitige Unterstützung sorgen (Abbildung 3.7).

Respekt	• Jeder bekommt die Chance mitzuarbeiten.
	• Jede Idee wird berücksichtigt.
Gute Zusammenarbeit	• Alle relevanten Informationen und Vorschläge werden miteinander diskutiert.
	• Lösungswege und Antworten werden solange erklärt, bis jeder sie verstanden hat.
	• Alle dürfen gegenseitig begründete Kritik äußern.
Gemeinsame Entscheidungen	• Die Gruppe entscheidet gemeinsam, wie weitergearbeitet wird – nicht ein einzelner.
	• Gemeinsame Entscheidungen werden auch gemeinsam umgesetzt.
Gegenseitige Unterstützung	• Wir fragen einander, wenn wir etwas nicht verstanden haben.
	• Wir fragen solange, bis jeder es verstanden hat.
	• Wir geben einander Feedback.

Abbildung 3.7 Gesprächsregeln in der Metakognitionsgruppe (Übersetzung der Ride rules von Saab et al. 2012, S. 13)

Die Einhaltung der Gesprächsregeln sorgte somit für optimale Voraussetzungen für den Einsatz metakognitiver Strategien in der Gruppe. Dementsprechend kann auch diese Intervention den Einsatz metakognitiver Strategien positiv beeinflussen.

Alles in allem wird deutlich, dass beide Gruppen die Möglichkeit bekommen haben, metakognitive Strategien bei der Bearbeitung der Modellierungsaufgaben einzusetzen. Trotz dessen wurden in der Gruppe zur Förderung metakognitiver Strategien auch direkte Instruktionsmaßnahmen eingesetzt, wie sie bereits in anderen Projekten erfolgten (vgl. 2.3.2). Deswegen ist es von besonderem Interesse, die Ergebnisse dieser beiden Gruppen gegenüberzustellen, um Gemeinsamkeiten und auch Unterschiede in der Entwicklung der Gruppen zu beleuchten. Dieses erfolgt in den übergreifenden Auswertungen (vgl. 4.3.).

3.3 Methodik der Datenerhebung

Das Ziel dieser Studie ist die Erfassung der Sichtweisen von Schülerinnen und Schülern auf die Verwendung metakognitiver Strategien beim mathematischen Modellieren, wobei ein besonderes Augenmerk auf den Auslöser und die Auswirkungen metakognitiver Strategien gelegt wurde. Zur Rekonstruktion einer subjektiven Perspektive wird im Rahmen der qualitativen Forschung häufig auf qualitative Interviews zurückgegriffen (Hopf 2005, S. 350), weshalb diese auch im Rahmen dieser Studie verwendet wurden. Es handelt sich bei dieser Studie um eine Prozessanalyse, die sowohl eine Datenerhebung zu Beginn sowie am Ende des Projektes umfasste, damit die Entwicklung der Sichtweisen untersucht werden konnte. Somit erfolgte die Datenerhebung nach der Bearbeitung der ersten und der letzten Modellierungsaufgabe, welches im folgenden Modell dargestellt wird (Abbildung 3.8).

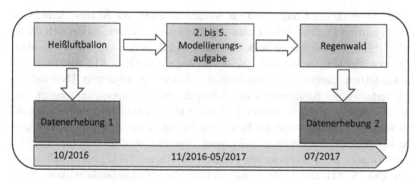

Abbildung 3.8 Design der Studie

Die Datenerhebung erfolgte hierbei nach dem von Busse und Borromeo Ferri (2003) entwickelten Drei-Stufen-Design. Das Design besteht aus einer Prozessbeobachtung, nachträglichem lauten Denken (i.F. NLD) und Interview, um das Zusammenspiel interner und externer Prozesse beim Lösen von Mathematikaufgaben erfassen zu können (vgl. Busse & Borromeo Ferri 2003, S. 257). Deswegen wurden im Rahmen dieser Studie sowohl Videographien analysiert als auch Interviews in Form des NLDs und fokussierten Interviews mit den teilnehmenden Schülerinnen und Schüler durchgeführt. Die ineinandergreifenden, sich ergänzenden Methoden werden im folgenden Modell dargestellt (Abbildung 3.9).

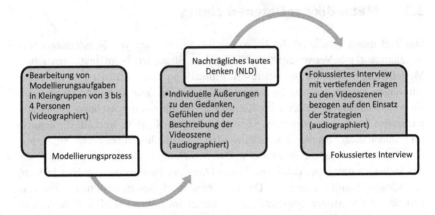

Abbildung 3.9   Abbild zur Datenerhebung im Drei-Stufen-Design von Busse & Borromeo-Ferri (2003)

Die Methode des Lauten Denkens wurde entwickelt, um zu analysieren, welche kognitiven Prozesse beim Lösen von Problemen ablaufen, indem sich die zu beforschende Person laut zu ihren Gedanken und Gefühlen während der Bearbeitung des Problems äußert (vgl. Weidle & Wagner 1982, S. 81). Auf Basis der in den letzten Jahren wieder zunehmenden Bedeutung subjektiver Theorien, die das Verhalten der Schülerinnen und Schülern sowie Lehrpersonen steuern, etablierte sich in den letzten Jahren die Methode in der Unterrichtsforschung erneut, nachdem sie anfänglich von den Behavioristen stark kritisiert wurde. Beim lauten Denken wird der Unterricht jedoch erheblich gestört, weshalb das *Nachträgliche Laute Denken* unter anderem von Weidle und Wagner (1982) entwickelt wurde (vgl. ebd., S. 81). Die Methode des nachträglichen lauten Denkens (kurz NLD, engl. stimulated recall) bietet sich an, da der Lernprozess nicht gestört wird, gleichzeitig aber Informationen über die Gedanken des Lernenden ermittelt werden können (Borromeo Ferri & Busse 2003, S. 257). Bei dieser Methode wird zunächst eine Unterrichtssequenz oder eine Aufgabenbearbeitung videographiert und anschließend den Lernenden mit der Aufforderung vorgespielt, die Gedanken zu äußern, die sie während der jeweils gezeigten Szene hatten. Die Videoaufnahmen können dabei sowohl von der Versuchsleitung als auch von den Schülerinnen und Schülern gestoppt werden (vgl. ebd., S. 257f). Dementsprechend hatten die Schülerinnen und Schüler auch in dieser Studie jederzeit die Möglichkeit, die Videoszenen zu stoppen und ihre Gedanken hierzu zu äußern. Falls dies nicht von selbst geschah, wurden die Schülerinnen und Schüler nach dem Anschauen jeder Szene dazu aufgefordert, die Szene zu beschreiben und ihre Gedanken sowie

Gefühle dazu zu äußern. Das NLD zielt nicht nur darauf ab, dass die Gedanken laut ausgesprochen werden, sondern auch, dass die Schülerinnen und Schüler über ihre Wahrnehmung, ihre Gefühle und ihre Empfindungen berichten: *„Die Methode des Nachträglichen Lauten Denkens öffnet den Zugang zu einer Fülle von inneren kognitiven Prozessen, die uns oft faszinieren, weil wir dabei erfahren, ‚was anderen durch den Kopf geht'.“* (Weidle & Wagner, 1982, S. 82).

Dementsprechend eignet sich diese Methode besonders gut für die zugrunde gelegte Fragestellung, da die Sichtweisen, also die Wahrnehmungen und Bewertungen der Schülerinnen und Schüler, bezogen auf die angewendeten metakognitiven Strategien, in der Gruppenarbeit erhoben werden sollten.

Für das NLD wurden die Schülerinnen und Schüler bei der Bearbeitung der ersten und der letzten Modellierungsaufgabe in Kleingruppen videographiert, falls sie dem zugestimmt haben. Hierfür zielte eine Kamera auf jeden einzelnen Gruppentisch, sodass die Bearbeitung der Gruppe gut einzusehen war. Außerdem wurde das Gespräch der Gruppe zusätzlich durch ein Diktiergerät aufgenommen, damit sichergestellt war, dass das Gespräch auf den Aufnahmen gut zu hören war und nicht durch die umliegenden Gespräche überdeckt wurde. Hierfür wurde die Tonspur des Aufnahmegeräts mit der Tonspur des Videos synchronisiert. Auf Grundlage dieser Aufnahmen entstanden nicht nur die Ergebnisse dieser Studie, sondern auch die Ergebnisse der Studie von Lisa Wendt (in Arbeit), in der die Reflexionsweisen der Lehrpersonen in Bezug auf den Einsatz metakognitiver Strategien beim mathematischen Modellieren analysiert wurden. Die Videos wurden anschließend in Hinblick auf interessante Szenen analysiert. Einerseits wurden Szenen ausgewählt, in denen die Schülerinnen und Schüler kognitive und insbesondere metakognitive Strategien eingesetzt haben. Andererseits wurden Szenen ausgesucht, in denen die Schülerinnen und Schüler Schwierigkeiten hatten, die durch den Einsatz metakognitiver Strategien hätten gelöst werden können. Hierbei handelte es sich um Schwierigkeiten auf unterschiedlichen Ebenen. Es wurden Motivationsprobleme, Schwierigkeiten im Bearbeitungsprozess oder beim kooperativen Arbeiten sowie organisatorische Schwierigkeiten vorgespielt. Schließlich wurden auch Szenen gezeigt, in denen Lehrpersonen die Schülerinnen und Schüler angeregt haben, metakognitive Strategien einzusetzen oder die Schülerinnen und Schüler mit dem Modellierungskreislauf gearbeitet haben. Die ausgewählten Szenen bildeten die Grundlage für das nachträgliche laute Denken, weshalb die Videographien einen großen Einfluss auf die erhaltenen Daten haben. Das NLD wurde möglichst am folgenden Tag mit den Schülerinnen und Schülern durchgeführt, da Einigkeit herrscht, dass das NLD möglichst dicht – maximal 48 Stunden nach der Erhebung – durchgeführt werden soll (vgl. Gass & Mackey 2000, S. 17).

Somit kann gewährleistet werden, dass die Gedanken der Schülerinnen und Schüler im Unterricht noch weitestgehend erfasst werden können (vgl. Leutner-Ramme 2000, S. 43, 2005, S. 222). Die Schülerinnen und Schüler wurden einzeln interviewt, wobei darauf geachtet wurde, dass alle Schülerinnen und Schüler einer Gruppe interviewt wurden und die gleichen Szenen gezeigt bekommen haben. Zur Erfassung der individuellen Sichtweise der Schülerinnen und Schüler war es von besonderer Bedeutung, die Interviews einzeln durchzuführen.

Zudem wurde ein fokussiertes Interview mit den Schülerinnen und Schülern durchgeführt, da somit noch tiefer auf ihre Beweggründe und auch Einstellungen eingegangen werden konnte (vgl. Fromm 1987, S. 232). Das fokussierte Interview hat sich in den 1940er Jahren in den USA im Rahmen der Propaganda-Wirkungsforschung entwickelt und wurde später von Merton und Kendall zu einer eigenständigen wissenschaftlichen Forschungsmethode ausgearbeitet (vgl. Lamnek 2010, S. 337). Diese Interviewform eignete sich im Besonderen für diese Studie. Denn Ausgangspunkt eines fokussierten Interviews ist, dass die interviewten Personen eine ganz konkrete Situation erlebt haben, zum Beispiel einen Film gesehen, ein Buch gelesen oder an einer sozialen Situation teilgenommen haben (vgl. Merton & Kendall 1979, S. 171). Im Rahmen dieses Forschungsprojektes ist der Fokus durch die vorher erlebte Unterrichtsstunde gegeben, wobei durch die Videographien auch einzelne Unterrichtssequenzen in den Blick genommen wurden. Beim fokussierten Interview muss die soziale Situation von dem Forscher bzw. der Forscherin im Vorfeld in Hinblick auf hypothetisch bedeutsame Elemente, bestimmte Muster und die Gesamtstruktur analysiert werden (vgl. ebd., S. 171). Dieses erleichtert dem Interviewer bzw. der Interviewerin die Interviewsituation, da er bzw. sie durch die Analyse in der Lage ist, die Äußerungen der Befragten zu deuten, indem Pausen oder auch unausgesprochene wie auch ausgesprochene Dinge besser interpretiert werden können (vgl. ebd. S. 172). Das Interview soll im Rahmen des Drei-Stufen-Designs eng mit dem nachträglichen lauten Denken verbunden werden (vgl. Busse & Borromeo-Ferri 2003, S. 258). Deswegen wurde sich dazu entschieden, dass fokussierte Interview zum Teil im Rahmen des NLDs zu integrieren, wenn die Fragen zu den gezeigten Situationen passten. Es wurde jedoch darauf geachtet, dass sich die Schülerinnen und Schüler zunächst zu der Beschreibung, den Gedanken und Gefühlen in der Szene äußerten, damit sie nicht durch die fokussierten Nachfragen beeinflusst wurden.

Bevor das fokussierte Interview durchgeführt werden kann, muss ein Interviewleitfaden entwickelt werden, der die Hauptkategorien der Untersuchung umreißt und die Hypothesen enthält, damit die relevanten Daten erhoben werden können (Merton & Kendall 1979, S. 171). Der entwickelte Interviewleitfaden sah zu Beginn und zum Ende des Interviews eine offene Frage vor, damit die

Schülerinnen und Schüler einen ersten Impuls hatten, um sich frei äußern zu können. Zu Beginn wurden die Schülerinnen und Schüler hierbei aufgefordert, eine Situation zu beschreiben, in der sie Schwierigkeiten bei der Bearbeitung der Modellierungsaufgabe hatten. Dieses war in Hinblick auf die Fragestellung vom besonderen Interesse, da Schwierigkeiten durch den Einsatz von Regulationsstrategien gelöst werden können. Deswegen wurde hierbei nachgefragt, wie die Schülerinnen und Schüler diese Schwierigkeiten schließlich lösen konnten. Zum Abschluss des Interviews bekamen die Lernenden durch die Frage, ob sie noch etwas berichten möchten, die Möglichkeit, sich noch einmal frei zu der Aufgabenbearbeitung zu äußern. Die Hauptkategorien des Leitfadens bezogen sich auf den Einsatz metakognitiver Strategien, wobei Fragen zum Einsatz, zum Auslöser aber auch zu den Auswirkungen gestellt wurden. Diese Fragen eigneten sich insbesondere, um sie den speziellen Videoszenen zuzuordnen, in denen die Schülerinnen und Schüler metakognitive Strategien eingesetzt haben. Somit wurden die Fragen nur gestellt, wenn die Schülerinnen und Schüler nicht schon von selbst auf die Aspekte im Rahmen des NLDs eingegangen sind. Dieses erforderte somit während der Vorbereitung neben der Analyse der Videoszenen auch die Auswahl der passenden Fragen zu den Videoszenen und die Analyse der Äußerungen der Schülerinnen und Schüler in der Interviewsituation. Aufgrund des Vorgehens entstand für jede Schülergruppe ein eigener Interviewleitfaden. Es wurde darauf geachtet, die Fragen nicht abzuarbeiten, sondern im Erzählfluss des Gesprächs anzupassen und, wenn nötig, auch wegzulassen. Dies entspricht den Empfehlungen, die Merton und Kendall an das fokussierte Interview gestellt haben (vgl. Merton & Kendall 1979, S. 178). Ergänzend beschreiben sie die folgenden vier Kriterien an das Interviewmaterial:

1) *Nicht-Beeinflussung:* Die Führung und Lenkung des Gesprächs durch den Interviewer beziehungsweise die Interviewerin sollte auf ein Minimum beschränkt sein.
2) *Spezifität:* Die von den Versuchspersonen gegebene Definition der Situation soll vollständig und spezifisch genug zum Ausdruck kommen.
3) *Erfassung eines breiten Spektrums:* Im Interview sollte das ganze Spektrum der auslösenden Stimuli sowie der darauffolgenden Reaktionen der Befragten ausgelotet werden.
4) *Tiefgründigkeit und personaler Bezugsrahmen:* Das Interview sollte die affektiven und wertbezogenen Implikationen der Reaktionen der Befragten ans Licht bringen, um herauszufinden, ob die gemachte Erfahrung für sie eine zentrale oder nur marginale Bedeutung hat. Der relevante personale Bezugsrahmen,

die idiosynkratischen Assoziationen, Anschauungen und Vorstellungen sollten
aufgedeckt werden.
(vgl. Merton & Kendall 1979, S. 178)

Um diese Kriterien erfüllen zu können, weisen die Autoren auf unterschiedliche Frageformen hin, wobei sie zwischen unstrukturierten (offenen) Fragen,
halbstrukturierten und strukturierten Fragen unterscheiden. Sie empfehlen, mit
offeneren Fragen zu beginnen und nach und nach strukturierter zu werden,
was dem bereits beschriebenen Vorgehen in dieser Studie entspricht (vgl. ebd.,
S. 180ff).

Der Interviewleitfaden dient jedoch nicht nur der Erhebung der relevanten
Daten, sondern auch der Strukturierung und Standardisierung der Befragung,
damit die Ergebnisse der verschiedenen Einzelinterviews besser verglichen werden können (vgl. Friebertshäuser & Langer 2010, S. 439f). Deswegen wurde
darauf geachtet, dass sich alle Schülerinnen und Schüler zu bestimmten Themen
äußern, auch wenn die Interviewerin dieses konkret erfragen musste. Beispielsweise zielte die Auswahl der Szenen darauf ab, dass die Schülerinnen und Schüler
sich zu dem Einsatz metakognitiver Strategien äußern, um eine Vergleichbarkeit
der Fälle, bezogen auf die Fragestellung, gewährleisten zu können.

Schließlich habe ich mich dazu entschieden, die Schülerinnen und Schüler zu
dem Einsatz des Modellierungskreislaufs zu befragen, da dieser als metakognitives Hilfsmittel angesehen wird und somit den Einsatz der Strategien anregen und
auch erleichtern kann (vgl. 2.3.2). Hierbei wurde zum einen erfragt, inwiefern
die Schülerinnen und Schüler den Modellierungskreislauf verwendet haben. Zum
anderen wurde die Einstellung der Schülerinnen und Schüler zu dem Kreislauf
erfragt.

Im Rahmen des zweiten Interviews wurden schließlich Fragen ergänzt, die
insbesondere die Entwicklung im Laufe des Projektes in den Blick genommen
haben:

- Was nimmst du insgesamt aus dem Projekt mit?
- Wie hat sich euer Vorgehen bei der Bearbeitung der Modellierungsaufgaben
  im Laufe des Projektes verändert?
- Welche Aufgabe hat dir am besten gefallen und welche hat dir am wenigsten
  gefallen aus dem Projekt?

Dieses war von zentraler Bedeutung, um Prozessanalysen in der Auswertung zu
berücksichtigen.

Das Vorgehen der Datenerhebung wurde Mitte 2016 in drei neunten Klassen in Hamburg pilotiert. Hierbei wurden zehn Interviews mit Schülerinnen und Schülern aus vier verschiedenen Gruppen geführt, um das Vorgehen und den Leitfaden evaluieren zu können. Die Ergebnisse der Pilotierung wurden mehrmals mit Expertinnen und Experten diskutiert und Rückschlusse auf die Form der Datenerhebung gezogen. Im Rahmen dessen zeigte sich, dass eine genaue Beobachtung der Kleingruppen im Unterricht für die Auswahl der Videoszenen nicht ausreichend ist, weshalb ich mich auch im Rahmen der Hauptstudie dazu entschieden habe, die Interviews am darauffolgenden Tag durchzuführen. Außerdem mussten einige Fragen des Interviewleitfadens angepasst und auch ergänzt werden, damit ein breiteres Bild im Sinne der *Erfassung des breiten Spektrums* von Merton & Kendall (1979) erhalten blieb. Die Pilotierung erfolgte ebenfalls zur Evaluierung der Lernumgebung.

3.4 Die Stichprobe und die Fallauswahl

Der idealtypische Forschungsprozess einer qualitativen Studie ist zirkulär, was bedeutet, dass die Phasen der Datenerhebung inklusive Stichprobenziehung, Datenaufbereitung und -analyse sowie Theoriebildung eng ineinandergreifen und in einer Wechselbeziehung zueinanderstehen (vgl. Döring & Bortz 2016, S. 27). Hierbei ist kein Stadium abgeschlossen, sondern stets in der Entwicklung. Auch die entwickelte Theorie ist vorläufig und kann in weiteren Forschungsprojekten weitergeführt werden (Flick 2004, S. 72f). Die Wechselbeziehung dieser Phasen des Forschungsprozesses spiegelt sich auch in der Auswahl der zu analysierenden Fälle wider. Deswegen habe ich mich hierbei an das Verfahren des *theoretical sampling* gehalten, das eine theoretische Sättigung der Daten ermöglicht, welches kennzeichnet, dass durch Hinzuziehen neuer Daten keine weiteren Erkenntnisse erfolgen (Glaser & Strauss 2005, S. 69). Das theoretische Sampling meint, *„den auf die Generierung von Theorie zielenden Prozess der Datenerhebung, währenddessen der Forscher seine Daten parallel erhebt, kodiert und analysiert sowie darüber entscheidet, welche Daten als Nächstes erhoben werden sollen und wo sie zu finden sind"* (vgl. Glaser & Strauss 2005, S. 53). Die zeitliche Parallelität ist jedoch häufig schwierig, weshalb es auch möglich ist, eine große Stichprobe zu erheben, wobei sich die Auswahl der Stichprobe für die Datenauswertung an dem *theoretischen sampling* orientiert, wie es in dieser Studie auch erfolgte (Strübing 2014, S. 464f). Hierfür konnte aus der Stichprobe des Gesamtprojektes, welche ca. 450 Schülerinnen und Schüler umfasst, eine geeignete Auswahl für die Datenerhebung dieser Stichprobe getroffen werden. Die Kriterien zur Auswahl waren hierbei zunächst allgemein und spezifizierten sich immer weiter im Laufe des Analyseprozesses. Zunächst war Voraussetzung für die Interviews, dass die Schülerinnen und Schüler bei der Bearbeitung der Modellierungsaufgaben sowohl gefilmt als auch im Nachhinein interviewt werden durften. Dieses setzte das Einverständnis der Schülerinnen und Schüler und der Eltern voraus. Damit nahmen die Schülerinnen und Schüler freiwillig an dieser Studie teil, weshalb ein Interesse seitens der Schülerinnen und Schüler am gemeinsamen Austausch bestand. Bei der Auswahl der letztendlich interviewten Schülerinnen und Schüler wurden einige Kriterien beachtet. Aufgrund der Diskussion zu der sozialen Metakognition wurden zunächst immer alle Schülerinnen und Schüler aus einer Gruppe interviewt. Dieses hatte auch einen praktischen Vorteil, da die Vorbereitung auf das Interview umfangreich war, weshalb es schwierig gewesen wäre, sich auf unterschiedliche Gruppen vorzubereiten und gleichzeitig die Interviews am Folgetag durchzuführen. Bei der Auswahl der Gruppen wurde darauf geachtet, dass unterschiedliche Gruppenkonstellationen und auch Gruppengrößen in der Stichprobe berücksichtigt wurden. Demnach war es nicht nur bedeutend, Dreier- und Vierergruppen zu beleuchten, sondern auch gemischtgeschlechtliche Gruppen und gleichgeschlechtliche Gruppen sowie Gruppen mit unterschiedlicher und gleicher Leistungsstärke. Dieses schien aufgrund der Diskussion der sozialen Metakognition von Bedeutung zu sein, da unterschiedliche Voraussetzungen in der Gruppe den Einsatz der Metakognition beeinflussen (vgl. 2.3.2). Ein weiteres wichtiges Kriterium war eine Gleichverteilung der Schülerinnen und Schüler aus beiden Interventionsgruppen, da ein Vergleich der Sichtweisen der beiden Gruppen anvisiert wurde. Schließlich wurde auch berücksichtigt, dass Schülerinnen und Schüler ausgewählt wurden, die von unterschiedlichen Lehrpersonen und an verschiedenen Schulen unterrichtet wurden. Ausschlaggebend für die Auswahl der Stichprobe war letztendlich jedoch die Analyse der Videoszenen. Bei der Sichtung des zur Verfügung stehenden Videomaterials wurde ausgewählt, welche der Gruppen hinsichtlich der Forschungsfrage vom besonderen Interesse waren, wobei darauf geachtet wurde, inwiefern für die Forschungsfrage relevante Situationen in den Videos vorhanden waren (vgl. 3.3). Schließlich wurden 59 Schülerinnen und Schüler zum ersten Messzeitpunkt und 49 Schülerinnen und Schüler zum zweiten Messzeitpunkt mit den folgenden Charakteristika interviewt, wobei es sich fast ausnahmslos um dieselben Schülerinnen und Schüler zu beiden Messzeitpunkten handelte (Abbildung 3.10).

1. Messzeitpunkt	2. Messzeitpunkt
• 8 Gruppen der Metakognitionsgruppe, 9 Gruppen der Mathematikgruppe	• 6 Gruppen der Metakognitionsgruppe, 8 Gruppen der Mathematikgruppe
• 8 Dreiergruppen, 9 Vierergruppen	• 6 Dreiergruppen, 8 Vierergruppen
• Gemischt- und gleichgeschlechtliche Gruppen	• Gemischt- und gleichgeschlechtliche Gruppen
• Unterrichtet von 13 unterschiedlichen Lehrpersonen an 9 unterschiedlichen Schulen in Hamburg	• Unterrichtet von 9 unterschiedlichen Lehrpersonen an 7 unterschiedlichen Schulen in Hamburg

Abbildung 3.10   Übersicht über die Stichprobe

Nachdem die Datenerhebung abgeschlossen war, mussten nun die Daten geeigneter Schülerinnen und Schüler für die Datenauswertung ausgewählt werden. Hierbei wurde erneut darauf geachtet, unterschiedliche Gruppenkonstellationen abzubilden, aber auch die Verteilung auf die Interventionsgruppen zu beachten. Deswegen wurden zunächst zwei Schülergruppen aus beiden Interventionsgruppen ausgewählt, um eine Gleichverteilung der Stichprobe zu ermöglichen. Dieses war von besonderer Bedeutung, da die Daten mittels der qualitativen Inhaltsanalyse ausgewertet wurden und diese Auswertungsmethode auch übergreifende Auswertungen mit quantitativen Anteilen vorsieht (vgl. 3.5). Bei der Auswahl der Schülergruppen wurde erneut darauf geachtet, dass Gruppen ausgewählt wurden, die besonders interessant hinsichtlich der Fragestellung waren. Hierfür wurden alle Interviews der Schülerinnen und Schüler des ersten Messzeitpunktes transkribiert. Diese Transkriptionen wurden anschließend grob kodiert und eine Fallzusammenfassung zu den Schülerinnen und Schülern erstellt. Hierbei stachen einzelne Schülerinnen und Schüler hinsichtlich ihrer Sichtweise zu metakognitiven Strategien heraus, weshalb ich mich dazu entschieden habe, diese weiter zu beleuchten. Ich habe daraufhin zwei Gruppen der Interventionsgruppe der Metakognition, als auch Mathematik untersucht, die auch unterschiedliche Gruppenkonstellationen umfassten. Durch die Auswahl dieser Interviews konnte bereits eine große Bandbreite der Forschungsfragen abgedeckt und die Typologie dieser Studie entwickelt werden. Es zeigte sich jedoch, dass bislang kaum Erkenntnisse zu dem Einsatz von Evaluationsstrategien abgebildet werden konnten. Deswegen habe ich mich im Sinne des *theoretical sampling* dazu entschieden, noch eine Gruppe aus der Vertiefungsgruppe der Metakognition zu betrachten, da hierbei in dem vorherigen Auswertungsdurchlauf zumindest Ansätze zu erkennen waren, während bei der Gruppe der mathematischen Vertiefung keinerlei Erkenntnisse gezogen werden konnten. Außerdem zeigten sich nur wenige Fälle, die negative Auswirkungen in Bezug auf die metakognitiven Strategien nannten. Deswegen wurde auch noch einmal die Stichprobe gezielt nach diesem Aspekt durchsucht, bis schließlich eine theoretische Sättigung in den Erkenntnissen festgestellt werden konnte.

3.5   Methodik der Datenauswertung

Die vorliegende Studie untersucht den Einsatz metakognitiver Strategien beim mathematischen Modellieren aus der Perspektive von Schülerinnen und Schülern. Dieser Bereich ist bislang noch nicht erforscht wurden, weshalb kaum empirisch gesichertes Wissen dazu existiert. Deswegen war es von besonderer Bedeutung, ein Auswertungsverfahren zu wählen, welches sich bei Fragestellungen eignet, bei denen die Exploration im Vordergrund steht und kein umfangreiches theoretisches Vorwissen nötig ist. Daraus ergab sich zunächst die Möglichkeit, die Daten mittels der qualitativen Inhaltsanalyse nach Mayring (2010) oder Kuckartz (2016) oder mittels der Grounded Theory nach Glaser und Strauss (1998) auszuwerten. Während die Grounded Theory charakterisiert ist durch ihr offenes Vorgehen, geht die qualitative Inhaltsanalyse systematischer und regelgeleiteter vor (vgl. Mayring & Frenzl 2014, S. 545). Das regelgeleitete Vorgehen hat den Vorteil, dass es somit von anderen Forscherinnen und Forschern besser nachvollzogen werden kann (vgl. Mayring 2010, S. 12f). Dieses war für diese Studie von besonderem Interesse, da die Studie in einem größeren Forschungsprojekt durchgeführt wurde (vgl. 3.2) und somit die Diskussion über die erhaltenen Daten erleichtert werden konnte. Außerdem ist die Triangulation der Daten mit den anderen Forschungsprojekten des Projektes MeMo vorgesehen, was durch eine gute Nachvollziehbarkeit der erhaltenen Daten erleichtert werden kann. Durch das groß angelegte Projekt war es möglich, eine größere Stichprobe für diese Studie zu erheben, weshalb die Entscheidung zur Methode der Datenauswertung mittels der qualitativen Inhaltsanalyse schließlich getroffen wurde. Aufgrund des regelgeleiteten Vorgehens und den konkreten Auswertungsregeln dieser Auswertungsmethode ist es möglich, auch große Textmengen analysieren zu können (vgl. Mayring & Frenzl 2014, S. 545). Somit sind auch quantifizierende Analysen möglich, wozu ich mich aufgrund der Möglichkeit der Erhebung einer großen Stichprobe entschieden habe (vgl. 4.3). Nachdem die Auswahl der qualitativen Inhaltsanalyse als Analysemethode getroffen worden war, wurde entschieden, welche Auswertungsform der qualitativen Inhaltsanalyse verwendet werden sollte.

Besonders bekannt in Deutschland ist das Vorgehen nach Mayring. Für die Fragestellung der vorliegenden Studie eignete sich jedoch das Vorgehen nach Kuckartz (2016) im Besonderen, da bei dieser Auswertungsform stärker fallorientiert vorgegangen wird, während die Fallorientierung bei der Auswertungsmethode von Mayring eine untergeordnete Rolle spielt (vgl. Steigleder 2008, S. 174 unter Berufung auf die gleichlautenden Bewertungen von Lamnek 2010, S. 480, Steinke 1999, S. 42 und Krüger 2012, S. 216). Im Rahmen dieser Studie sollte eine Typologie erarbeitet werden, welches jedoch sowohl nach Mayring (2010) als auch nach Kuckartz (2016) möglich gewesen wäre. Bei Kuckartz stellt die typenbildende qualitative Inhaltsanalyse eine von drei Auswertungsformen dar, bei Mayring ist die Typenbildung eine von acht Formen der qualitativen Inhaltsanalyse (Mayring 2010, S. 66). Insgesamt beschreibt Kuckartz in seinem Werk das Auswertungsvorgehen der Typenbildung konkreter und ausführlicher, was auch in der Diskussion zur Typenbildung deutlich wird (vgl. Kluge 1999, S. 178, Kelle & Kluge 2010, S. 95). Basierend auf diesen Überlegungen habe ich mich schließlich für die Beantwortung der Forschungsfragen und der Erarbeitung einer Typologie für die qualitative Inhaltsanalyse nach Kuckartz (2016) entschieden.

Bei der qualitativen Inhaltsanalyse handelt es sich um eine primär kommunikationswissenschaftliche Technik, die in den ersten Jahrzenten des 20. Jahrhunderts in den USA zur Analyse der sich entfalteten Massenmedien (Zeitungen, Radio) entwickelt wurde (vgl. Mayring 2002, S. 114). Die Auswertung der Massenmedien erfolgte mit der Inhaltsanalyse systematisch und meist quantitativ, um Erfahrungen über den gesellschaftlichen Einfluss der Massenmedien zu ermitteln (vgl. ebd., S. 114). Nachdem die quantitativen Verfahren mehrheitlich kritisiert wurden, wurde die Inhaltsanalyse zur qualitativen Inhaltsanalyse weiterentwickelt und ist mittlerweile zu einer der Standardmethoden der Textanalyse geworden (vgl. Mayring & Brunner 2010, S. 324). Mit Hilfe der qualitativen Inhaltsanalyse werden Texte systematisch analysiert, indem das Material schrittweise durch ein theoriegeleitetes am Material entwickeltes Kategoriensystem, bearbeitet wird (vgl. Mayring 2002, S. 14). Das Kategoriensystem entsteht, indem ein vorgegebenes Ablaufmodell abgearbeitet wird, welches an das jeweilige Material angepasst werden muss (vgl. Mayring 2010, S. 59).

Bevor jedoch die Datenanalyse mit der qualitativen Inhaltsanalyse beginnen konnte, mussten die Daten aufbereitet werden. Hierzu gehörte die Transkription und Pseudonymisierung der Daten. Bei der Transkription der Daten wurde zunächst eine kommentierte Transkription durchgeführt, weshalb bei der Transkription neben dem Gesprochenen auch Pausen und ähnliches markiert wurden (vgl. Gläser-Zikuda 2011, S. 111). Hierbei wurden folgende Regeln verwendet (für eine Übersicht über die Transkriptionsregeln siehe Anhang):

- Alle mündlichen Äußerungen, auch Füllwörter wie äh, ähm etc., wurden transkribiert
- Pausen unter Angabe der (ungefähren) Länge mit (.),(1),(2),…wurden berücksichtigt
- Besondere Betonungen bzw. eine auffällige Sprechweise wurden unterstrichen, z. B. schön
- Begleitende Handlungen, wenn diese besonders auffällig waren, z. B. (lachen), wurde transkribiert
- Wortteile oder Wörter wurden aufgeschrieben, wie sie gesprochen wurden, d. h. Endungen wurden nicht mitgeschrieben, wenn diese vom Sprechenden verschluckt wurden o.ä.
- Wortabbrüche wurden durch einen Bindestrich markiert: Schul-
- Bei unklaren Äußerungen wurde der vermutete Ausdruck aufgeschrieben: (Lehrer?)
- Parallele Äußerungen wurden markiert: #…#

Nach der Analyse der ersten Daten wurde entschieden, bei der Auswertung die inhaltlichen Äußerungen der Schülerinnen und Schüler zu fokussieren. Aufgrund der großen Datenmenge und des hohen Zeitaufwandes für die Transkription habe ich mich schließlich dafür entschieden, einen Teil der Daten aus dem zweiten Messzeitpunkt über eine Transkriptionsfirma erstellen zu lassen. Diese hat sich bei der Transkription der Daten auf die inhaltlichen Äußerungen konzentriert, wodurch ein Teil des Datenmaterials des zweiten Messzeitpunktes nicht mit einer kommentierten Transkription und den dargelegten Transkriptionsregeln transkribiert wurde.

Als Vorarbeit für die typenbildende qualitative Inhaltsanalyse nach Kuckartz (2016) dient im Allgemeinen entweder eine inhaltlich strukturierende oder eine evaluative Inhaltsanalyse, um einen Überblick über das Datenmaterial zu erhalten und daraus die für die Daten charakteristischen Merkmale ableiten zu können (vgl. Kuckartz 2016, S. 143). Die inhaltlich strukturierende qualitative Inhaltsanalyse *identifiziert Themen und Subthemen und beschäftigt sich mit deren Systematisierung und Analyse*, während sich die evaluative qualitative Inhaltsanalyse *mit der Einschätzung, Klassifizierung und Bewertung von Inhalten durch den Forschenden* befasst (Kuckartz 2016, S. 123). Aufgrund dieser Unterschiede habe ich mich im Rahmen meiner Fragestellung dazu entschieden, eine inhaltlich strukturierende qualitative Inhaltsanalyse durchzuführen, da die Sichtweisen der Schülerinnen und Schüler erhalten bleiben sollten und keine Wertung vorgenommen werden sollte. Die inhaltlich strukturierende qualitative Inhaltsanalyse sollte dazu führen, dass relevante Themen aus Sicht der Schülerinnen und Schüler für den Merkmalsraum der Typenbildung identifiziert werden konnten. Zunächst musste entschieden werden, in welcher Weise die Kategorien aus dem Datenmaterial gebildet werden können. Während bei einem deduktiven Vorgehen Kategorien auf Grundlage von Theorien, Hypothesen oder dem erstellten Interviewleitfaden ohne Sichtung des Datenmaterials gebildet werden, entstehen die Kategorien bei einem induktiven Vorgehen aus der Auswertung des Datenmaterials (vgl. Kuckartz 2016, S. 64). Es wurde eine Mischform von einem deduktiven und induktiven Vorgehen gewählt. Hierbei leiteten sich bereits aus der Fragestellung und dem erstellten Interviewleitfaden Oberkategorien für die Auswertung ab, wie zum Beispiel die Begriffe der metakognitiven Strategien, nämlich Planungs-, Überwachungs- und Regulations-, Evaluationsstrategien, aber auch die Kategorien wie Auslöser oder auch Auswirkungen. Schließlich wurden die Unterkategorien induktiv aus den Äußerungen der Schülerinnen und Schüler erstellt, damit die Sichtweisen so gut wie möglich erhalten bleiben konnten. Die inhaltlich strukturierende Inhaltsanalyse folgt hierbei im Allgemeinen dem folgenden Ablaufschema, welches in dieser Studie umgesetzt wurde (Abbildung 3.11):

Im Folgenden beschreibe ich allgemein das Vorgehen der inhaltlich-strukturierenden Inhaltsanalyse, nach der ich vorgegangen bin. Der erste Schritt der inhaltlich strukturierenden Inhaltsanalyse umfasst eine initiierende Textarbeit durch das Markieren wichtiger Textstellen, dem Schreiben von Memos oder auch dem Erstellen von Fallzusammenfassungen. Im nächsten Schritt werden thematische Hauptkategorien entwickelt, wobei diese, wie bereits erwähnt, in dieser Studie deduktiv aus dem Interviewleitfaden und theoretischen Vorwissen entwickelt wurden. Um die Anwendbarkeit dieser Hauptkategorien zu überprüfen, müssen diese an einem Teil des Datenmaterials zunächst überprüft werden (vgl. ebd., S. 102). Anschließend wird das gesamte Material anhand dieser Hauptkategorien kodiert, um Textstellen mit den gleich kodierten Hauptkategorien zusammenzustellen. Anhand dessen können dann die Subkategorien induktiv gebildet werden, wobei zu beachten ist, dass die Menge der Kategorien überschaubar bleiben sollte und nach dem Motto *„So einfach wie möglich, so differenziert wie nötig"* vorgegangen werden muss (vgl. ebd., S. 108). Schließlich wird das gesamte Datenmaterial anhand des ausgearbeiteten Kategoriensystems[2] kodiert. Nach diesem Schritt kann noch ein Zwischenschritt erfolgen, indem themenbezogene und fallbezogene Zusammenfassungen entwickelt werden. Hierbei wurden zu jedem Fall eine *coding cloud* erstellt, um daraus Merkmale für die Typenbildung zu

---

[2]Auszüge aus dem Kategoriensystem befinden sich in der Darstellung der Ergebnisse, da diese für eine übersichtliche Darstellung der Ergebnisse verwendet wurden. (vgl. 4.1.1, 4.1.2, 4.1.3)

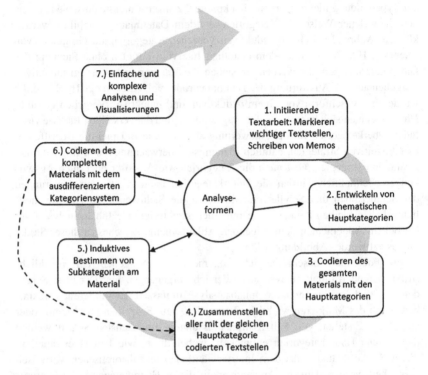

Abbildung 3.11 Ablaufschema einer inhaltlich strukturierenden Inhaltsanalyse (erstellt nach Kuckartz 2016, S. 100)

generieren. Die *coding clouds* dienten der Visualisierung aller wichtigen Merkmale eines Falls zu der zugrunde gelegten Fragestellung. Zu guter Letzt erfolgen bei der inhaltlich strukturierenden qualitativen Inhaltsanalyse abschließende Analysen und auch Visualisierungen. Als Hilfsmittel für die Datenauswertung wurde die Computersoftware MAXQDA verwendet.

Bei der anschließenden Typenbildung habe ich mich an dem allgemeinen Ablauf der Typenbildung orientiert, da dieser dem Ablauf der typenbildenden qualitativen Inhaltanalyse entspricht (vgl. ebd., S. 153) (Abbildung 3.12).

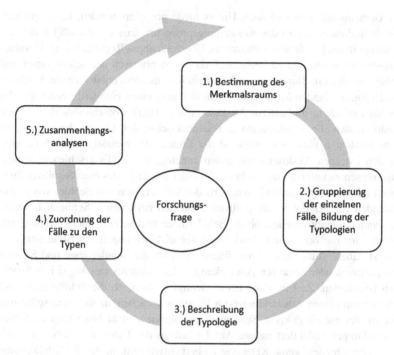

Abbildung 3.12   Ablauf der Typenbildung (erstellt nach Kuckartz 2016, S. 148)

Das Ende der inhaltlich strukturierenden Inhaltsanalyse bildete den Anfang der Typenbildung. Im Rahmen der Typenbildung dieser Studie wurden polythetische Typen gebildet, was bedeutet, dass diese induktiv aus den empirischen Daten gebildet wurden (vgl. Kuckartz 2016, S. 151). Deswegen bildeten die *coding clouds* auch den Ausgangspunkt zur Bestimmung des Merkmalsraums der Typenbildung. Die Analyse der *coding clouds* ergab, dass sich die Merkmale Auslöser und auch Auswirkungen des Einsatzes metakognitiver Strategien aus den Forschungsfragen besonders für die Erstellung der Typologie eigneten. In Hinblick auf die beiden Merkmale wurden die einzelnen Fälle gruppiert, um die Merkmale für die Erstellung der Typologie weiterauszudifferenzieren. Bei diesem Vorgehen habe ich mich an dem Ablaufschema „*Von den Fallzusammenfassungen zur Typologie*" von Kuckartz (2016) orientiert (vgl. ebd., S. 151). Hierfür wurden kleine tabellarische Fallübersichten erstellt, die nur die Informationen des Falls zu den gewählten Merkmalen beinhalteten. Diese konnten anschließend in Hinblick auf Gemeinsamkeiten und auch Unterschiede gruppiert werden. Es zeigte sich bereits in diesem Schritt des Auswertungsprozesses, dass es sinnvoll ist, die drei metakognitiven Bereiche der Planungs-, Überwachungs-/Regulations- und Evaluationsstrategien getrennt zu betrachten, da die Sichtweisen der Schülerinnen und Schüler zu den drei Bereichen stark variierten. Außerdem ergab sich die Ausdifferenzierung der beiden Merkmale, indem sich zum einen eine Differenzierung der Auslöser in interne und externe Auslöser eignete. Hierbei beschreiben die internen Auslöser, dass die Schülerinnen und Schüler selbst den Einsatz der metakognitiven Strategien initiierten, während der Einsatz der metakognitiven Strategien bei den externen Auslösern von außen angeregt wurde. Es erschien außerdem angemessen zu untersuchen, ob keine Auslöser des Einsatzes metakognitiver Strategien rekonstruiert werden konnten, da die Schülerinnen und Schüler von einem fehlenden Einsatz der metakognitiven Strategien berichteten. Schließlich wurde zum anderen unterschieden, ob die Schülerinnen und Schüler überwiegend durch externe, interne oder durch beide Auslöser die metakognitiven Strategien eingesetzt haben. Außerdem wurde differenziert, ob die Schülerinnen und Schüler von positiven oder negativen Auswirkungen des Einsatzes metakognitiver Strategien berichteten. Zudem sollte berücksichtigt werden, ob die Schülerinnen und Schüler von keinen Auswirkungen im Interview sprachen, da sie somit selbst den Einsatz der metakognitiven Strategien im Interview nicht hinterfragt und über Auswirkungen reflektiert haben. Auf Grundlage der Datenbasis habe ich mich jedoch entschieden, keine Kategorie zu berücksichtigen, in der die Schülerinnen und Schüler sowohl von positiven als auch von negativen Auswirkungen berichtet haben. Dies ist darin begründet, dass die Schülerinnen und Schüler nur sehr selten negative Auswirkungen des Einsatzes der metakognitiven Strategien nannten und es infolgedessen kaum Fälle gab, in denen sowohl positive als auch negative Auswirkungen beschrieben wurden. In der Studie wurden daher die einzelnen Fälle genauer betrachtet und untersucht, ob die positiven oder auch negativen Auswirkungen die Sichtweise der Schülerinnen und Schüler besser widerspiegelten. Somit beziehen sich die Kategorien auf entweder überwiegend positive oder negative Auswirkungen des Einsatzes metakognitiver Strategien aus Sicht der Schülerinnen und Schüler. Auf Grundlage dieser Einteilung ergaben sich somit die folgenden Kombinationsmöglichkeiten (Tabelle 3.3).

Tabelle 3.3 Kombination der Merkmale Auslöser und Auswirkung des Einsatzes metakognitiver Strategien

	Negative Auswirkungen	Keine Auswirkungen	Positive Auswirkungen
Keine Auslöser			
Externe Auslöser			
Interne Auslöser			
Externe und interne Auslöser			

Anschließend wurden die Fälle der Studie in die obige Tabelle eingeordnet und Prototypen ausgewählt, sodass die Beschreibungen der Idealtypen unter Berücksichtigung der eingeordneten Prototypen erneut in einer Expert(inn)engruppe diskutiert wurden. Im Anschluss daran begann eine intensive Arbeitsphase, da die zugeordneten Fälle

„miteinander verglichen werden müssen, um die interne Homogenität der gebildeten Gruppen (die die Grundlage für die späteren Typen bilden) zu überprüfen, denn auf der „Ebene des Typus" müssen sich die Fälle weitgehend ähneln. Des Weiteren müssen die Gruppen untereinander verglichen werden, um zu überprüfen, ob auf der „Ebene der Typologie" eine genügend hohe externe Heterogenität herrscht, d. h. ob die entstehende Typologie genügend Varianz (also Unterschiede) im Datenmaterial abbildet." (vgl. Kelle & Kluge 2010, S. 91).

Dementsprechend wurden zum einen alle zugeordneten Fälle eines Typus verglichen und untersucht, ob diese sich möglichst ähnlich waren. Zum anderen wurde analysiert, ob sich die verschiedenen Typen der Typologie genügend unterschieden, um verschiedene Typen abbilden zu können. Schließlich ergaben sich aus diesen Analysen einige Anpassungen in der Beschreibung der Typologie. Aus jeder Anpassung der Typenbeschreibung folgte, dass die Einordnungen der Fälle überprüft werden musste und zum Teil eine Überarbeitung stattfand. Im Rahmen dieses Arbeitsschrittes wurde deutlich, dass neben den Merkmalen des Auslösers und der Auswirkungen auch der Einsatz beziehungsweise fehlende Einsatz metakognitiver Strategien einen Einfluss auf die Typeneinordnung hatte, weshalb dieser Aspekt in den Beschreibungen mitaufgenommen wurde. Der wahrgenommene fehlende Einsatz metakognitiver Strategien führte dazu, dass bei diesen Fällen kein Auslöser für den Einsatz metakognitiver Strategien rekonstruiert werden konnte. Daraus ergaben sich die folgenden Beschreibungen der einzelnen Idealtypen der Typologie (Tabelle 3.4).

Tabelle 3.4   Kombination der Merkmale des Auslösers und der Auswirkungen des Einsatzes metakognitiver Strategien

	Negative Auswirkungen	Keine Auswirkungen	Positive Auswirkungen
Keine Auslöser, Fehlender Einsatz	Ein Fall, der einen fehlenden Einsatz metakognitiver Strategien beschreibt und zudem negative Auswirkungen für den Einsatz der Strategien benennt.	Ein Fall, der einen fehlenden Einsatz metakognitiver Strategien verdeutlicht und nicht über Auswirkungen des Einsatzes metakognitiver Strategien reflektiert.	Ein Fall der einen fehlenden Einsatz metakognitiver Strategien wahrnimmt, aber dennoch positive Auswirkungen des Einsatzes benennt.
Externe Auslöser	Ein Fall, der angeregt wird, die metakognitiven Strategien einzusetzen und negative Auswirkungen darin erkennt.	Ein Fall, der angeregt wird, die metakognitiven Strategien einzusetzen, aber von keinen Auswirkungen des Einsatzes berichtet.	Ein Fall, der angeregt wird, die metakognitiven Strategien einzusetzen und positive Auswirkungen des Einsatzes benennt.
Interne Auslöser	Ein Fall, der selbstinitiiert die metakognitiven Strategien einsetzt und von negativen Auswirkungen des Einsatzes berichtet.	Ein Fall, der selbstinitiiert die metakognitiven Strategien einsetzt, aber im Interview nicht über Auswirkungen reflektiert.	Ein Fall, der selbstinitiiert die metakognitiven Strategien einsetzt und im Interview von positiven Auswirkungen des Einsatzes berichtet.
Externe und interne Auslöser	Ein Fall, der sowohl angeregt wird als auch selbstinitiiert die metakognitiven Strategien einsetzt und im Interview von negativen Auswirkungen berichtet.	Ein Fall, der sowohl angeregt wird als auch selbstinitiiert die metakognitiven Strategien einsetzt, aber im Interview über keine Auswirkungen des Einsatzes reflektiert.	Ein Fall, der sowohl angeregt wird als auch selbstinitiiert die metakognitiven Strategien einsetzt und im Interview von positiven Auswirkungen berichtet.

Auf Basis des Datenmaterials konnten nicht alle theoretisch denkbaren Idealtypen im Rahmen der Studie rekonstruiert werden, zumal einige Typen auch eher

nur theoretisch möglich zu sein scheinen (vgl. Tabelle 3.5). Es ist schwer vorstellbar, dass eine Schülerin oder ein Schüler selbstinitiiert Strategien einsetzt, obwohl sie negative Auswirkungen darin erkennt. Trotz dessen gibt es einige Szenarien, die denkbar wären. Es ist möglich, dass eine Schülerin oder ein Schüler aufgrund starker Unsicherheiten verstärkt metakognitive Überwachungs- und auch Regulationsstrategien einsetzt, welches von der Bearbeitung der Modellierungsaufgabe ablenken könnte. Zudem könnte es sein, dass eine Schülerin oder ein Schüler die metakognitiven Strategien ausprobieren möchte, aber diese aufgrund fehlender Strategiereife zu keinem zufriedenstellenden Ergebnis führen. Trotzdem fällt auf, dass gerade diese Fälle nicht rekonstruiert werden konnten. Eine mögliche Ursache hierfür könnten die Eigenschaften der ausgewählten Modellierungsaufgaben sein. Die Bearbeitung von Modellierungsaufgaben erfordert einen Einsatz metakognitiver Strategien und enthält positive Auswirkungen des Einsatzes (vgl. 2.3.2 und 2.3.4). Zudem wurden die Modellierungsaufgaben im Vorwege so gewählt, dass sie die notwendige Komplexität besitzen, damit der Einsatz metakognitiver Strategien für die Schülerinnen und Schüler sinnvoll ist (vgl. 3.2.2). Als weitere Ursache für das Nichtauftreten der oben genannten Fälle ist denkbar, dass das kooperative Arbeiten einen positiven Einfluss auf die Einstellungen der Schülerinnen und Schüler in Bezug auf den Einsatz metakognitiver Strategien hatte, da sie sich im Sinne der sozialen Metakognition ergänzen konnten. So ist es möglich, dass den besonders unsicheren Schülerinnen und Schülern die notwendige Sicherheit durch die anderen Gruppenmitglieder vermittelt wurde. Zudem konnten sich die Schülerinnen und Schüler, gegenseitig dazu anregen, über den Einsatz metakognitiver Strategien zu reflektieren und somit die Notwendigkeit des Einsatzes metakognitiver Strategien zu erkennen, auch wenn dieses im Vorwege nicht ihren eigenen Präferenzen entsprach. Schließlich ist es ebenso wahrscheinlich, dass das Ansehen der Videoszenen die Schülerinnen und Schüler so beeinflusst hat, dass sie über ihre metakognitive Strategienutzung reflektiert haben. Die Schülerinnen und Schüler konnten so eine Außenperspektive einnehmen und hatten die Möglichkeit zu erkennen, dass der Einsatz metakognitiver Strategien notwendig war. Schließlich wurden die Szenen bei der Datenerhebung so ausgewählt, dass die Schülerinnen und Schüler angeregt wurden, über den Einsatz der metakognitiven Strategien zu reflektieren und im Rahmen dessen Auswirkungen des Einsatzes metakognitiver Strategien zu benennen. Zudem wurden im Teil des fokussierten Interviews Fragen zu dem Einsatz metakognitiver Strategien gestellt, weshalb sie ebenso durch die Form der Datenerhebung angeregt wurden, über den Einsatz metakognitiver Strategien zu reflektieren.

Durch die Analyse des Datenmaterials konnten die folgenden Typen empirisch rekonstruiert werden (Tabelle 3.5):

Tabelle 3.5   Übersicht über die rekonstruierten Idealtypen

	Negative Auswirkungen	Keine Auswirkungen	Positive Auswirkungen
Keine Auslöser	Der distanzierte metakognitive Typus (1), (2)	Der passive metakognitive Typus	Der intendierende metakognitive Typus
Externe Auslöser		Der aktivierte metakognitive Typus (1)	Der aktivierte metakognitive Typus (2) Der aktivierte metakognitive (3)
Interne Auslöser			Der selbstgesteuerte metakognitive Typus
Externe und interne Auslöser			Der überzeugte metakognitive Typus

Bei dem distanzierten metakognitiven Typus und bei dem aktivierten meta-kognitiven Typus ergaben sich mehrere Ausprägungen der Idealtypen. Bei dem distanzierten metakognitiven Typus können zwei Ausprägungen unterschieden werden: Beide Ausprägungen beschreiben einen fehlenden Einsatz der metakogni-tiven Strategien. Sie unterscheiden sich jedoch in den reflektierten Auswirkungen. In der ersten Ausprägung werden negative Auswirkungen des Einsatzes meta-kognitiver Strategien explizit benannt, während bei der zweiten Ausprägung Begründungen für den fehlenden Einsatz der metakognitiven Strategien angege-ben werden, die eine fehlende Passung zu den eigenen Präferenzen, Eigenschaften oder auch motivationalen Gegebenheiten beschreiben.

Bei dem aktivierten metakognitiven Typus können drei Ausprägungen unter-schieden werden. Alle drei Ausprägungen verdeutlichen einen Einsatz metako-gnitiver Strategien, der von außen angeregt wurde. Sie unterscheiden sich in den erkannten Auswirkungen und der zugrundeliegenden Intention. Bei der ersten Ausprägung werden keine Auswirkungen des Einsatzes metakognitiver Strategien benannt, während bei den anderen beiden Ausprägungen über positive Auswir-kungen reflektiert wird. Die zweite und dritte Ausprägung unterscheiden sich hingegen in der Intention, da bei der dritten Ausprägung neben den positiven Auswirkungen des Einsatzes metakognitiver Strategien über Defizite im Einsatz derselben reflektiert wird und der Wunsch geäußert wird, an diesem Zukunft gezielter zu arbeiten (für eine Übersicht in die Typologie siehe 4.2).

Nach erfolgreicher Einordnung der Fälle in die Typologie ergaben sich die folgenden Anzahlen zu dem ersten und zweiten Messzeitpunkt. Bei der Auflistung ist zu beachten, dass nicht immer jeder Fall für jeden der drei metakognitiven Bereiche der Planungs-, Überwachungs-/Regulations- und Evaluationsstrategien eingeordnet werden konnte. Zum einen war dies der Fall, wenn die Schülerinnen und Schüler in dem Interview nicht über den Einsatz der metakognitiven Strategien des betrachteten Bereichs berichtet haben. Zum anderen war es nicht immer möglich, die Auslöser oder Auswirkungen des Einsatzes metakognitiver Strategien aus den Äußerungen der Schülerinnen und Schüler zu rekonstruieren, obwohl diese über den Einsatz gesprochen haben. Diese Fälle konnten somit bei den Anzahlen nicht berücksichtigt werden (Tabelle 3.6 und 3.7).

Tabelle 3.6   Eingeordnete Fälle zum ersten Messzeitpunkt in die Typologie

Typen	Planung	Überwachung	Evaluation	Gesamt
Der distanzierte metakognitive Typus (1), (2)	(1) 1 (2) 0	(1) 0 (2) 1	(1) 0 (2) 0	2
Der passive metakognitive Typus	4	1	0	5
Der intendierende metakognitive Typus	3	0	0	3
Der aktivierte metakognitive Typus (1), (2), (3)	(1) 0 (2) 3 (3) 3	(1) 0 (2) 4 (3) 1	(1) 1 (2) 0 (3) 0	12
Der Selbstgesteuerte	1	1	1	3
Der Überzeugte	2	11	0	13
Eingeordnete Fälle	**17**	**19**	**2**	**38**

Tabelle 3.7 Eingeordnete Fälle zum zweiten Messzeitpunkt in die Typologie

Typen	Planung	Überwachung	Evaluation	Gesamt
Der distanzierte metakognitive Typus (1), (2)	(1) 1 (2) 0	(1) 0 (2) 1	(1) 0 (2) 0	2
Der passive metakognitive Typus	1	0	1	2
Der intendierende metakognitive Typus	3	1	1	5
Der aktivierte metakognitive Typus (1), (2), (3)	(1) 0 (2) 2 (3) 1	(1) 0 (2) 1 (3) 0	(1) 0 (2) 3 (3) 0	7
Der Selbstgesteuerte	1	0	0	1
Der Überzeugte	9	17	3	29
Eingeordnete Fälle	**18**	**20**	**8**	**46**

Basierend auf diesen absoluten Häufigkeiten erfolgten schließlich übergeordnete Zusammenhangsanalysen. Dabei wurde die Entwicklung in den Vordergrund gestellt, da es sich im Rahmen dieser Studie um eine Prozessanalyse handelt. Diese wurde zum einen in Hinblick auf die unterschiedlichen metakognitiven Bereiche und zum anderen in Hinblick auf die verschiedenen Interventionsgruppen beleuchtet. Außerdem wurden Fallanalysen durchgeführt (für die Darstellung der Ergebnisse der übergreifenden Auswertung siehe 4.3).

Nach der Darstellung der Methodologie und des methodischen Vorgehens in dieser Studie folgen im nächsten Kapitel die Ergebnisse der Studie.

Darstellung der Ergebnisse

4

Im Folgenden soll zunächst ein Einblick in die rekonstruierten Auslöser und Auswirkungen des Einsatzes metakognitiver Strategien aus Schülerperspektive gegeben werden. Zudem wird in die berichteten Facetten der verschiedenen metakognitiven Bereiche in Form der metakognitiven Planungs-, Überwachungs-/ Regulations- und Evaluationsstrategien eingeführt. Anschließend wird ein Überblick über die rekonstruierte Typologie gegeben. Zur Illustration der empirisch rekonstruierten Typen werden diese einzeln anhand von Prototypen präsentiert. Abschließend werden übergreifende Auswertungen vorgenommen, die Zusammenhänge zwischen verschiedenen Kategorien, wie zum Beispiel der Zugehörigkeit zur Interventionsgruppe und den eingeordneten Fällen, untersucht.

4.1 Auswertungsergebnisse der inhaltlich strukturierenden qualitativen Inhaltsanalyse

4.1.1 Rekonstruierte Auslöser des Einsatzes metakognitiver Strategien aus Schülerperspektive

Unter dem Auslöser des Einsatzes metakognitiver Strategien wird in dieser Studie verstanden, welche Umstände oder auch Interventionen den Einsatz der metakognitiven Strategien bei den Schülerinnen und Schülern initiiert haben. Es ist daher möglich, dass die Schülerinnen und Schüler einen potenziellen Auslöser wahrgenommen haben, der jedoch nicht zu dem Einsatz der metakognitiven Strategien geführt hat. In dieser Studie wurden vorrangig Auslöser betrachtet, die erfolgreich

© Der/die Autor(en), exklusiv lizenziert durch Springer Fachmedien
Wiesbaden GmbH, ein Teil von Springer Nature 2021
A. Krüger, *Metakognition beim mathematischen Modellieren*,
Perspektiven der Mathematikdidaktik,
https://doi.org/10.1007/978-3-658-33622-6_4

waren, das heißt einen Einsatz der metakognitiven Strategien bei den Schülerinnen und Schülern anregen konnten, da diese überwiegend aus den Interviews
rekonstruiert werden konnten. Außerdem ist es von besonderem Interesse Auslöser zu betrachten, die einen tatsächlichen Einsatz der metakognitiven Strategien
auslösten, da diese für die Förderung des Einsatzes metakognitiver Strategien von
besonderem Interesse sind. Dementsprechend hängen die Auslöser eng zusammen mit dem von den Schülerinnen und Schülern selbst berichteten Einsatz der
metakognitiven Strategien, da die Rekonstruktion des Auslösers immer einen
berichteten Einsatz der metakognitiven Strategien voraussetzt. Bei einem von
den Lernenden berichteten fehlenden Einsatz der metakognitiven Strategien konnten infolgedessen keine Auslöser für den Einsatz der metakognitiven Strategien
rekonstruiert werden.

Nach Auswertung der Interviewdaten konnten hierbei zehn verschiedene Auslöser für den Einsatz metakognitiver Strategien identifiziert werden, die in der
folgenden Tabelle dargestellt werden (Tabelle 4.1):

Tabelle 4.1 Rekonstruierte Auslöser des Einsatzes metakognitiver Strategien aus Schülerperspektive

Bezeichnung des Auslösers	Charakterisierung Der Einsatz metakognitiver Strategien erfolgt, wenn...
Bewusstsein über Sinnhaftigkeit	... die Schülerinnen und Schüler den Nutzen des Einsatzes dieser Strategien erkennen und ihnen somit die Bedeutung der Strategien für das mathematische Modellieren bewusst ist.
Metakognitive Empfindungen	... die Schülerinnen und Schüler Empfindungen haben, basierend auf kognitiven Prozessen, welches sich häufig in Unsicherheit mit den Lösungsprozess oder der Lösung äußert.
Selbstkonzept	... die Schülerinnen und Schüler ein schwaches Selbstkonzept haben.
Persönlichkeit	... die Schülerinnen und Schüler über bestimmte individuelle Eigenschaften, Präferenzen oder auch Fähigkeiten verfügen.
Vorerfahrung	... die Schülerinnen und Schüler bestimmte Vorerfahrungen mit dem Einsatz der Strategien gesammelt haben.
Gruppenmitglieder	... die Schülerinnen und Schüler durch andere Gruppenmitglieder dazu angeregt werden.
Lehrperson	... die Schülerinnen und Schüler durch Interventionen der Lehrperson dazu angeregt werden.

(Fortsetzung)

Tabelle 4.1 (Fortsetzung)

Bezeichnung des Auslösers	Charakterisierung Der Einsatz metakognitiver Strategien erfolgt, wenn...
Modellierungskreislauf	... die Schülerinnen und Schüler durch den Einsatz des Modellierungskreislaufs auf die metakognitiven Strategien aufmerksam werden.
Charakteristika der Modellierungsaufgaben	... die Schülerinnen und Schüler durch die Offenheit und Komplexität der Modellierungsaufgaben dazu angeregt werden.
Materialien zur Evaluation (prompts)	... die Schülerinnen und Schüler durch die zur Verfügung gestellten Materialien des Projekts wie dem Reflexionsbogen oder die roten und grünen Karten dazu angeregt werden, die Strategien einzusetzen.

Im Folgenden sollen die rekonstruierten Auslöser aus Schülerperspektive kurz anhand von Schülerzitaten illustriert werden.

Der erste rekonstruierte Auslöser *Bewusstsein über Sinnhaftigkeit* tritt immer dann auf, wenn die Schülerinnen und Schüler einen Nutzen im Einsatz der metakognitiven Strategien erkannt haben und infolgedessen metakognitive Strategien eingesetzt haben, das heißt sie haben neben metakognitivem Wissen in Form von Strategiewissen eine Sensitivität für den Einsatz der metakognitiven Strategien aufgebaut. Beide Aspekte werden im Rahmen der aktuellen Forschung als Auslöser des Einsatzes metakognitiver Strategien beschrieben (vgl. Borkowski 1996, Efklides 2008, Hasselhorn 1992, Hasselhorn & Gold 2006), das heißt das hier erzielte Ergebnis ist in Einklang mit der aktuellen Forschungsdiskussion. Des Weiteren haben einige Schülerinnen und Schüler positive Erfahrungen mit dem Einsatz metakognitiver Strategien machen können, die sich zu einem Bewusstsein über die Sinnhaftigkeit metakognitiver Strategien entwickeln konnten. Dieser Auslöser zeigte sich meist dadurch, dass die Schülerinnen und Schüler auf die Nachfrage, wieso sie die metakognitiven Strategien eingesetzt haben, mit positiven Auswirkungen des Einsatzes oder ihren positiven Erfahrungen davon berichteten: „*Es bringt halt eigentlich immer voran. Ähm alle können mitmachen, keiner hat mehr Fragen und man kann sich dann wie schon gesagt auch gegenseitig kontrollieren (D. zu Planungsstrategien).*"

Ein weiterer rekonstruierter Auslöser sind *metakognitive Empfindungen*, die ebenso wie das metakognitive Wissen nach dem Stand der aktuellen einschlägigen Diskussionen als Auslöser des Einsatzes metakognitiver Strategien angesehen werden (vgl. Efklides 2002, Hasselhorn 1992). Dementsprechend steht auch dieser rekonstruierte Auslöser im Einklang mit der aktuellen Forschungsdiskussion. Die metakognitiven Empfindungen beziehen sich hierbei immer auf kognitive Prozesse im Lösungsprozess und äußern sich in Gefühlen wie Unsicherheit, Ratlosigkeit oder Verwunderung. In den Interviews zeigte sich, dass diese meist metakognitive Überwachungs- und auch Regulationsstrategien auslösten: *„Weil ich mich gewundert habe. Also ich habe so überlegt, wenn man jetzt irgendwie so sich Hamburg anguckt, da gibt es zwar viele Unternehmen, also Geschäfte oder Läden. Und wenn man sich überlegt, dass Krombacher dann drei Millionen Kästen am Tag verkauft, das sind dann ja irgendwie, ich weiß nicht wie viel, 16 Euro oder so kostet ein Kasten ungefähr, weiß ich nicht, drei Millionen mal 16 ist auch noch mal viel Geld deswegen. Also habe ich mich dann gefragt, aber das ist in ganz Deutschland, deswegen ist das realistisch.“*

Zudem stellte sich ein *schwaches Selbstkonzept* als Auslöser des Einsatzes metakognitiver Strategien dar. Dieses grenzte sich von einer Unsicherheit im Rahmen einer metakognitiven Empfindung insofern davon ab, als dass die Schülerinnen und Schüler konkret verdeutlichten, dass der Einsatz erfolgte, da sie sich eine Anforderung nicht zugetraut haben. Im Rahmen dieser Studie konnte dieser Auslöser lediglich bei zwei Schülerinnen sowie für den Einsatz von metakognitiven Überwachungs- und Regulationsstrategien rekonstruiert werden. Die Schülerinnen verdeutlichten hierbei, dass sie die Überwachungs- und Regulationsstrategien eingesetzt haben, weil sie sich die Bearbeitung nicht zutrauten: *„Weil ich immer allgemein (.) bei sowas mir nicht zutraue. [I: Ah ok.] Und so Unsicherheit da ist und auch weil's so 'ne hohe Zahl ist.“* Das Ergebnis ist überraschend, da es auch möglich wäre, dass ein starkes Selbstkonzept als Auslöser für metakognitive Strategien fungiert. Da das erzielte Ergebnis nur auf zwei Schülerinnen beruht, sind weitere Studien nötig, um die Rolle des Selbstkonzepts beim Einsatz metakognitiver Strategien zu untersuchen.

Neben einem schwachen Selbstkonzept führten bestimmte individuelle Eigenschaften, Präferenzen oder auch Fähigkeiten zu einem Einsatz metakognitiver Strategien, die mit dem Code *Persönlichkeit* benannt wurden: *„Also bei uns war das Problem (.) bei mir ist so wenn ich so Sachen mache auch zum Beispiel mich mit meiner Familie streite, gehe ich im Nachhinein bleibt das verdränge das nicht, sondern gehe das alles durch, was ich persönlich besser machen kann und das auch wenns manchmal nervt, [...]“*

Bei der Verwendung des Codes wird deutlich, dass die Schülerin oder der Schüler eine Vorliebe für den Einsatz der metakognitiven Strategien hatte, welches an einer individuellen Eigenschaft beziehungsweise Präferenz zu liegen scheint. Außerdem zeigte sich bei diesen Schülerinnen und Schülern häufig ein

Bewusstsein über die Sinnhaftigkeit des Einsatzes metakognitiver Strategien im Interview.

Der Auslöser *Vorerfahrung* wurde rekonstruiert, wenn die Schülerin oder der Schüler verdeutlichte, dass er oder sie die metakognitive Strategie aufgrund von seinen Vorerfahrungen eingesetzt hat: „*Also ich glaub, dass ist in allen Gruppenarbeiten so also ich war immer nur in den, wo ich drinne war, aber ähm das dann irgendwann gesagt wird, ihr macht das wir machen das ich also das irgendwie das richtig unorganisiert ist, so dass jeder irgendwas macht und dann am Ende niemand irgendwas hat, das habe ich noch nie erlebt richtig.*"

Meistens wurde bei diesem Code an weiterer Stelle des Interviews deutlich, ob die Schülerin oder der Schüler aufgrund der Vorerfahrung ein Bewusstsein für den Einsatz der metakognitiven Strategien aufgebaut hat und sie aufgrund dessen eingesetzt hat. Weiterhin war es jedoch auch möglich, dass dieser automatisierte Einsatz metakognitiver Strategien aufgrund der Förderung im Unterricht stattgefunden hat.

Zudem wurde in den Interviews deutlich, dass der soziale Austausch in der Gruppe einen Einfluss auf den Einsatz der metakognitiven Strategien hatte. Hierbei zeigte sich, dass sich die *Gruppenmitglieder* gegenseitig zu dem Einsatz der metakognitiven Strategien angeregt haben: „*Also Robin wollte dann eben nochmal, dass ich seine Rechnung und so nochmal mir angucke, ob das noch alles richtig war, was er da gerechnet hatte. Ja, das hatte ich dann auch gemacht.*" Dieses Resultat deckt sich mit den Ergebnissen der Studie von Schukajlow (2010).

Neben den Gruppenmitgliedern haben auch die Lehrperson sowie die Lernumgebung einen Einfluss auf den Einsatz der metakognitiven Strategien, was dem empirischen Stand der Forschung entspricht (vgl. 2.3.2). Hierbei konnte die Intervention der *Lehrperson* zu einem Einsatz der metakognitiven Strategien bei den Schülerinnen und Schülern führen: „*Und sie hat uns eben nochmal den Kreislauf nahegelegt, dass wir uns den einmal noch angucken und auch sagen, wo wir sind. Ob das nun das Ergebnis ist. Und das war dann auch schon das Ergebnis, sind wir dann hinterher darauf gekommen. Nur es war einfach nochmal gut, diesen Kreislauf zu sehen, damit wir das auch wirklich sagen können "Okay, wir haben jetzt das gemacht. Wir haben das gemacht. Wir haben das gemacht." Und dann wissen wir jetzt "Okay, das ist jetzt wirklich das Ergebnis, und das kann auch wirklich sein."* Dieses Zitat zeigt, dass der Modellierungskreislauf ein wichtiges Hilfsmittel bei metakognitiven Überwachungsstrategien darstellte. Insgesamt konnte der Modellierungskreislauf bei einigen Schülergruppen den Einsatz von metakognitiven Strategien anregen. Besonders häufig löste der *Modellierungskreislauf* den Einsatz von metakognitiven Strategien der Überprüfung der Lösung aus: „...

aber wenn man dann drüber nachgedacht hat durch den Kreislauf, ob das (.) über-
haupt realistisch ist, dann hat man halt gemerkt, das stimmt nicht. Also kann nicht
stimmen. "

Weiterhin nahmen einige Schülerinnen und Schüler auch die *Modellierungs-*
aufgaben als Anregung metakognitiver Strategien wahr. Dieses führte meist zu
dem Einsatz von metakognitiven Überwachungs- und Regulationsstrategien sowie
Organisationsstrategien bei den Schülerinnen und Schülern: *„Ja wir haben ja meis-*
tens im Unterricht dann ne klare, also ein Text mit klaren Informationen, die auf jeden
Fall bei der Aufgabe helfen (stockt) sollen und hier war es halt anders. Da musste
man halt erst- da hatten wir natürlich auch ne Textaufgabe, aber die Informationen
dadrin waren eigentlich (.) da warn nicht so viele Informationen, wie zum Beispiel
ab-abmessung des Luftballons oder so was dabei [I: Mhm.]. Deswegen musste man
natürlich schon einmal erstmal n bisschen überlegen. " Dieses steht im Einklang mit
der aktuellen Forschungsdiskussion, da der Einsatz metakognitiver Strategien insbesondere durch komplexe Aufgaben, bei denen viele Schwierigkeiten auftreten
können, angeregt wird (vgl. Goos 1998, Stillman 2011).

Schließlich konnte auch der Einsatz von *prompts* in der Metakognitionsgruppe,
in Form der angeregten Zielsetzung und Bewertung des Vorgehens, den Einsatz
metakognitiver Strategien aus Sicht der Schülerinnen und Schüler anregen. Häufig
überwachten die Schülerinnen und Schüler in der darauffolgenden Modellierungsstunde die Einhaltung der Zielsetzung: *„Also bei der letzten oder vorletzten Arbeit*
(.) hatten wir uns gegenseitig nicht so richtig ausreden lassen und deswegen haben
wir dann auch auf dem Zettel aufgeschrieben, dass wir uns mehr ausreden lassen
wollten und alles. Und ja. Deswegen wollte ich dann auch, dass und das (irgendso?)
durchsetzen." Diese Ergebnisse bestätigen die Resultate zur Wirkung des Einsatzes von *prompts* in anderen Studien (vgl. Rosenshine et al 1996, Lin & Lehman
1999).

Darüber hinaus ergaben sich Hinweise, dass ebenso die *red-flag* Situationen
von Stillman (2011) metakognitive Regulationsstrategien auslösten. Dieses müsste
jedoch noch weiter untersucht werden.

Bei genauerer Sichtung der rekonstruierten Auslöser wurde deutlich, dass sich
einige Auslöser auf die Schülerinnen und Schüler selbst bezogen und andere
den Einsatz von außen angeregt haben. Deswegen erfolgte eine Differenzierung
zwischen internen und externen Auslösern, wobei intern bedeutet, dass die Schülerinnen und Schüler selbst den Einsatz initiiert haben, während dieser bei den
externen Auslösern von außen – das heißt der Lehrkraft, der Lernumgebung oder
andere Gruppenmitglieder – angeregt wurde.

Auf Grundlage dieser Differenzierung ergab sich folgende Einteilung der
Auslöser (Tabelle 4.2):

Tabelle 4.2 Interne und externe Auslöser des Einsatzes metakognitiver Strategien aus Schülerperspektive

Interne Auslöser	Externe Auslöser
• Bewusstsein über Sinnhaftigkeit	• Gruppenmitglieder
• Metakognitive Empfindungen	• Lehrperson
• Selbstkonzept	• Materialien zur Evaluation (*prompts*)
• Persönlichkeit	• Modellierungskreislauf
	• Charakteristika der Modellierungsaufgaben

Bei dieser Differenzierung konnten lediglich die *Vorerfahrung* nicht eindeutig zugeordnet werden, da sich diese, wie bereits dargestellt, sowohl auf einen selbstinitiierten Einsatz als auch auf einen extern angeregten Einsatz beziehen konnten. Deswegen wurde die Kategorie *Vorerfahrung* individuell geprüft und analysiert, ob es sich hierbei um einen internen oder externen Auslöser handelte.

Nachdem die rekonstruierten Auslöser des Einsatzes der metakognitiven Strategien vorgestellt wurden, soll im nächsten Kapitel ein Einblick in die von den Schülerinnen und Schülern berichteten Facetten der verschiedenen metakognitiven Strategien gegeben werden.

4.1.2 Berichteter Einsatz metakognitiver Strategien bei den verwendeten Modellierungsaufgaben

In den Interviews berichteten die Schülerinnen und Schüler über ihren Einsatz von metakognitiven Strategien bei den verwendeten Modellierungsaufgaben. Im Folgenden sollen die eingesetzten metakognitiven Strategien in den verwendeten Modellierungsaufgaben genauer ausdifferenziert werden. Die rekonstruierten metakognitiven Strategien dieser Studie finden sich zum Teil als Items in den Skalen von Fragebögen anderer Untersuchungen wieder, die sich nicht speziell auf das mathematische Modellieren beziehen. Deswegen sind einige der metakognitiven Strategien als domänenübergreifende metakognitive Strategien anzusehen. Insbesondere finden sich viele der rekonstruierten metakognitiven Strategien in der Dokumentation der Erhebungs- und Auswertungsinstrumente zur schweizerisch-deutschen Videostudie *„Unterrichtsqualität, Lernverhalten und mathematisches Verständnis"* von Rakoczy, Buff und Lipowski (2005) wieder, die auf den Lösungsprozess von Mathematikaufgaben abzielt. Diese Studie verwendete im Bereich der Metakognition wiederum Skalen, die aus anderen Studien stammen (vgl. Grob & Maag-Merki 2001; Pekrun, Götz & Zirngibl 2002; Stebler

& Reusser 1995; Waldis, Buff, Pauli & Reusser 2002). Dahingegen können die Skalen aus den Pisa Studien zur Metakognition nicht mit den Ergebnissen dieser Studie verglichen werden, da sich diese auf das Lernen im Allgemeinen beziehen (vgl. Ramm et al. 2006).

Im Folgenden wird ein Überblick in die berichteten Facetten der metakognitiven Strategien der Planung, Überwachung und Regulation sowie Evaluation gegeben. Zunächst wird auf die metakognitiven Strategien der Planung eingegangen.

Wie bereits im theoretischen Rahmen dargestellt, unterscheiden einige Forscherinnen und Forscher eine Orientierungsphase von der eigentlichen Planungsphase (Stillman & Galbraith 1998, Efklides 2009, Bannert & Mengelkamp 2008, Garfalo & Lester 1985). Die Orientierungsphase zielt demnach primär auf das Verstehen der Aufgabe und beinhaltet somit auch das Finden eigener Repräsentationen (vgl. Stillman & Galbraith 1998, S. 179). Die Planung hingegen zielt stärker auf das Erstellen eines Handlungsplans ab, welches die Zielbestimmung und die Bestimmung des Weges zur Zielerreichung umfasst (Hasselhorn & Gold 2006, S. 93f). Im Folgenden soll ein Einblick in den berichteten Einsatz der beiden Phasen gegeben werden. Auf den ersten Blick handelt es sich bei einigen Strategien um kognitive oder auch heuristische Strategien, die jedoch durch den gezielten metakognitiven Einsatz den metakognitiven Strategien zugeordnet werden konnten. Auf Grundlage der Analyse der Interviews konnten die beiden Phasen folgendermaßen ausdifferenziert werden (Tabelle 4.3).

In den Interviews berichteten die Schülerinnen und Schüler, dass sie zum Verstehen der Modellierungsaufgabe diese durchgelesen haben: *„ Wir ham ihn gelesen. Jeder hat ihn gelesen und dann hatten wir geguckt, was, was da alles drinsteht. [I: Mhm] Und ja.“* Zum Teil stellten die Schülerinnen und Schüler dar, dass es zum Verstehen der Aufgabe notwendig war, diese mehrfach zu lesen: *„Mh, ich denk, erstmal alle _durchgelesen_? (.) Auch mehrmals durchgelesen, damit man das überhaupt _versteht_ und wa- was auch gesucht ist.“* Anschließend war es wichtig, sich das Ziel der Aufgabe bewusst zu machen. Das Ziel war jedoch nicht für alle Schülerinnen und Schüler eindeutig, weshalb sie dieses zum Teil erst erfassen mussten: *„Ähm, (2) aber auch erstmal nochmal geguckt, was die jetzt wirklich von uns wollen, weil es steht ja _nicht_ immer genau da [I: Mhm.]“.* Deswegen verdeutlichten mehrere Schülerinnen und Schüler in den Interviews, dass sie zunächst über das Ziel der Aufgabe nachgedacht oder sich in der Gruppe darüber ausgetauscht haben.

Zudem berichteten einige Schülerinnen und Schüler, dass sie eine Skizze zu dem realen Problem erstellt haben, um die Fragestellung zunächst zu verstehen: *„hab erstmal auch ne Zeichnung gemacht zu dem Ballon...“.*

Tabelle 4.3 Berichtete metakognitive Strategien der Planung

Phasen der Orientierung und Planung des Lösungsprozesses	
Verstehen der Aufgabe	Die Schülerinnen und Schüler beschreiben, dass sie versucht haben, die Aufgabe zu verstehen.
Differenzierung relevanter/irrelevanter Informationen	Die Schülerinnen und Schüler erläutern, dass sie zwischen wichtigen und unwichtigen Informationen differenziert haben.
Bestimmung fehlender Informationen	Die Schülerinnen und Schüler heben hervor, dass sie fehlende Informationen der Aufgabe bestimmt haben.
Festlegung des Ziels	Die Schülerinnen und Schüler beschreiben, dass sie im Rahmen ihrer Planung zunächst das Ziel ihres Lösungsweges festgelegt haben.
Suchen des Lösungsansatzes	Die Schülerinnen und Schüler erläutern, dass sie versucht haben, einen Lösungsansatz zu finden.
Diskussion verschiedener Lösungsmöglichkeiten	Die Schülerinnen und Schüler stellen dar, dass sie über unterschiedliche Lösungsmöglichkeiten diskutiert haben.
Besprechung des Lösungsweges/ der Lösungsschritte	Die Schülerinnen und Schüler berichten, dass sie die Lösungsschritte in ihrer Gruppe im Vorwege besprochen haben.
Metakognitive Planungs- und Organisationsstrategien	
Lesen	Die Schülerinnen und Schüler erzählen, dass sie die Modellierungsaufgabe erneut gelesen haben, um die Aufgabe zu verstehen.
Visualisierungen	Die Schülerinnen und Schüler erklären, dass sie Visualisierungen, wie zum Beispiel eine Skizze, genutzt haben, um das Problem zu verstehen oder den Lösungsprozess zu planen.
Brainstorming	Die Schülerinnen und Schüler erklären, dass sie im Rahmen der Suche des Lösungsweges ihre Ideen und Gedanken geäußert haben.
Heuristische Strategien: Analogiebildung	Die Schülerinnen und Schüler stellen dar, dass sie sich zur Findung eines Lösungsweges an eine andere Aufgabe erinnert haben.
Modellierungskreislauf als Planungsinstrument	Die Schülerinnen und Schüler verdeutlichen, dass sie den Modellierungskreislauf als Orientierungshilfe verwendet haben.
Aufgabenteilung	Die Schülerinnen und Schüler berichten, dass sie Aufgaben in ihrer Gruppe aufgeteilt haben.

Aufgrund der Unter- und Überbestimmtheit der Modellierungsaufgaben war
es besonders bedeutend, die relevanten Informationen der Aufgaben zur Lösung
des Problems zu identifizieren. Daher äußerten Schülerinnen und Schüler in den
Interviews, dass sie allein oder gemeinsam in der Gruppe die relevanten und
irrelevanten Informationen differenziert haben. Hierbei benutzten sie zum Teil
zielgerichtet Organisationsstrategien, indem sie wichtige Informationen unterstrichen oder herausgeschrieben haben: *„Wir haben ja (langgezogen) den Anfangstext
bekommen und da waren halt sehr wenige Informationen drin [I: Mhm.] und dann
hab ich- bin ich halt zuerst da rangegangen, hab mir den Text durchgelesen, das
Wichtige unterstrichen (.)..."*

Schließlich wurde in den Interviews deutlich, dass die Schülerinnen und Schü-
ler die fehlenden Informationen identifizierten und hierfür Annahmen trafen: *„Ja
ok, wenn, wir müssen ja die Größe des Mannes wissen, also können wir mal, einfach mal ausschreiben, so als Fakt, die Durchschnittsgröße eines 35 jä-, ähm 35
Jährigen oder 43, ich weiß jetzt nicht, ähm ist irgendwie 1,80/1,85 irgendwie [I:
Mhm] ham wir da mal geguckt, weil es sollte ja ein ungefähres Ergebnis werden,
[I: Mhm] glaub ich, und dann ham wir gedacht: Ok, dann können wir ja auch von
Vermutungen ausgehen. [I: Mhm] und ham wir dann einfach mal aufgeschrieben
dann."*

In den geführten Interviews zeigten die Schülerinnen und Schüler, dass sie
über den Lösungsansatz der Aufgabe intensiv nachgedacht haben. Hierbei konnten bei verschiedenen Schülerinnen und Schülern unterschiedliche Strategien zur
Findung des Lösungsweges rekonstruiert werden. In einigen Interviews wurde
deutlich, dass die Schülerinnen und Schüler das Brainstorming einsetzten, um
einen passenden Lösungsansatz zu finden: *„Äh pf äh es waren so ein Brainstormen stand also s- naja Herangehensweise wie beim Brainstormen, das man seine
Ideen reinwirft und dann kriegt man die anderen Ideen äh ran..."* Weiterhin wurde
deutlich, dass sich einige Schülerinnen und Schüler an bereits bekannte Aufgaben
erinnerten und somit die heuristische Strategie der Analogiebildung einsetzten:
*„Da haben wir halt (Tonaufnahme wird ausgestellt). Da kam die Idee mit den For-
men, weil wir hatten mal in der Arbeit ein Zelt [I: Mhm.] und das sollten wir teil-
und das sollten wir einmal teilen, um den Flächeninhalt rauszukommen, aber
wir dachten, dass wir das Volumen berechnen sollten und dann kam langsam die
Idee mit [I: Mhm.] mit dem Halbkreis und der und dem Kegel."* Bei der Entwicklung des Lösungsansatzes verdeutlichten einige Schülerinnen und Schüler, dass
sie unterschiedliche Lösungsmöglichkeiten diskutiert haben, um einen passenden
Lösungsansatz zu finden: *„Ähm mit den verschiedenen Ideen [I: Mhm], dass jeder
also, dass wir geguckt haben, ob es überhaupt richtig ist und ob es ähm schlau ist,*

diesen Weg zu gehen [I: Mhm] und dann ham wir halt gemeinsam überlegt: Ja oder solln wir doch vielleicht eine andere Lösung nehmen. "

Nachdem sich die Schülerinnen und Schüler auf einen Lösungsansatz einigen konnten, erklärten einige Schülerinnen und Schüler, dass sie das Vorgehen des Lösungsansatzes besprachen, bevor sie mit der Umsetzung des Ansatzes starteten. Hierbei unterschieden sich die Aussagen der Schülerinnen und Schüler in der Intensität. Während einige Schülerinnen und Schüler verdeutlichten, dass sie sich grob Gedanken zum Vorgehen machten, besprachen andere wiederum konkret einzelne Lösungsschritte der Aufgabenbearbeitung: *„Einfach den Lösung- äh vorab uns hingesetzt nicht gerechnet nichts einzeln gemacht und so, sondern einfach nur besprochen ja wir machen jetzt das und das und das.* " Die Besprechung der nächsten Lösungsschritte führte in einigen Gruppen dazu, dass sie die Aufgaben in der Gruppe verteilten: *„… wir haben es aufgeteilt, also Dennis und Max haben die äh Kugel die Halbkugel ausgerechnet und wir den Trichter…* "

Zudem zeigte sich in einigen Interviews, dass sie nach der vorgegebenen Beschreibung des Modellierungskreislaufes vorgingen und somit diesen als Lösungsplan verwendeten: *„Ja, da war es halt so, Elena und ich haben dann sozusagen alleine gearbeitet und haben dann hier erst mal versucht, die Aufgabe so zu verstehen, halt mit diesem Modellierungskreislauf.* "

Nachdem die metakognitiven Strategien der Planung aus den Berichten der Schülerinnen und Schüler betrachtet wurden, soll es im Folgenden um die berichteten metakognitiven Überwachungsstrategien bei der Bearbeitung der Modellierungsaufgaben gehen. Nach dem Stand der Diskussionen beinhaltet der Einsatz von metakognitiven Überwachungsstrategien das kritische Beleuchten des Bearbeitungsprozesses durch Feststellen von Ist-Soll-Diskrepanzen (vgl. Hasselhorn & Gold 2006, S. 94). Im Rahmen dieser Studie wurden von metakognitiven Überwachungsstrategien, bezogen auf das Arbeitsverhalten, den Lösungsprozess, des eigenen Verständnisses und der Zeit, berichtet. Schließlich wurden auch Überprüfungsstrategien der Lösung beschrieben. Ein Überblick über die Ergebnisse wird in der folgenden Tabelle dargestellt (Tabelle 4.4).

Im Rahmen der **Überwachung des Arbeitsverhaltens** zeigten sich unterschiedliche Bereiche, die von den Schülerinnen und Schülern überwacht wurden. Einige Schülerinnen und Schüler erklärten, dass in ihrer Gruppe das fokussierte Arbeiten überwacht wurde, indem sie hinterfragt haben, ob sie gerade konzentriert arbeiten oder abgelenkt waren: *„Und ich wusste noch, dass wir beim ersten Mal eine lange Zeit hatten, wo wir sehr viel abgelenkt waren, und ich wollte dann einfach, dass wir es dieses Mal besser machen, und dass wir mit der Idee einfach weiter nach vorne kommen, weil wir dann danach ja immer noch Zeit haben.* "

Tabelle 4.4   Berichtete metakognitive Strategien der Überwachung

Überwachung des Arbeitsverhalten

Fokussiertes Arbeiten	Die Schülerinnen und Schüler erklären, dass sie hinterfragt haben, ob sie konzentriert arbeiten oder gerade abgelenkt sind.
Zielsetzung	Die Schülerinnen und Schüler berichten, dass sie hinterfragt haben, ob sie die gesetzten Ziele einhalten.
Einhaltung der Gesprächsregeln	Die Schülerinnen und Schüler erläutern, dass sie das Einhalten der Gesprächsregeln überwacht haben.
Zusammenarbeit der Gruppe	Die Schülerinnen und Schüler äußern, dass sie überwacht haben, ob alle Gruppenmitglieder mitarbeiten.

Überwachung des Lösungsprozesses

Kriterien

Ziel	Die Schülerinnen und Schüler hinterfragen den Lösungsweg nach dem Ziel des Weges.
Komplexität/ Aufwand	Die Schülerinnen und Schüler erklären, dass sie sich im Vorwege Gedanken über den Aufwand und somit über ihre Möglichkeiten machen und in Hinblick darauf für einen Lösungsweg entscheiden.
Exaktheit	Die Schülerinnen und Schüler erklären, dass sie sich Gedanken über die Exaktheit ihres Lösungsweges bzw. der getroffenen Annahmen gemacht haben.
Realitätsbezug	Die Schülerinnen und Schüler berichten, dass sie ihren Lösungsprozess in Hinblick auf die Realität überwacht haben.
Vollständigkeit des Modellierungsprozesses	Die Schülerinnen und Schüler erläutern, dass sie ihren Lösungsweg auf Vollständigkeit überprüfen, indem sie nachgucken, ob sie alle Phasen des Modellierungskreislaufs durchlaufen haben.

Überwachung des eigenen Verständnisses

Überwachung des eigenen Verständnisses	Die Schülerinnen und Schüler äußern, dass sie ihr eigenes Verständnis hinterfragt haben.

Überwachung der Zeit

Überwachung der Zeit	Die Schülerinnen und Schüler berichten, dass sie die Zeit überwacht haben.

Überprüfung der Lösung

Realitätsbezug	Die Schülerinnen und Schüler stellen dar, dass sie ihre Lösung in Bezug auf die Realität überprüft haben.

(Fortsetzung)

Tabelle 4.4 (Fortsetzung)

Überwachung des Arbeitsverhalten	
Initiator/in	
Lehrperson	Die Schülerinnen und Schüler berichten, dass die Lehrperson den Lösungsprozess, das Verständnis der Lernenden, die Zeit oder das Arbeiten überwacht hat.
Individuell	Die Schülerinnen und Schüler erklären, dass sie selbst die Überwachungsstrategien eingesetzt haben.
Gegenseitig	Die Schülerinnen und Schüler legen dar, dass sie sich gegenseitig überwacht haben.

Weiterhin überwachten einige Schülerinnen und Schüler der Metakognitionsgruppe die Ziele, die sie sich bei der Bearbeitung der Modellierungsaufgaben
gesetzt haben. Häufig haben sie sich vorgenommen, besser in der Gruppe zusammen zu arbeiten. Zum einen berichteten einige Schülerinnen und Schüler, dass in
ihrer Gruppe die Einhaltung der Gesprächsregeln überwacht wurde: *„Also bei der
letzten oder vorletzten Arbeit (.) hatten wir uns gegenseitig nicht so richtig ausreden lassen und deswegen haben wir dann auch auf dem Zettel aufgeschrieben,
dass wir uns mehr ausreden lassen wollten und alles. Und ja. Deswegen wollte ich
dann auch, dass und das (irgendso?) durchsetzen."* Zum anderen wurde in anderen
Gruppen die Zusammenarbeit überwacht, indem sie hinterfragten, ob sie gemeinsam an ihrem Lösungsansatz arbeiteten: *„Ähm, also (1) Lana hatte anscheinend
schon irgendwie was aufgeschrieben? (1) Ähm, (.) ohne dass ich halt da- ich das
halt mitbekommen habe und Felix wahrscheinlich auch. (1) Weil er hat dann erstmal
nach 'nem Zettel gefragt und (.) wir haben halt noch nichts aufgeschrieben, deswegen – (.) dann hab ich halt nochmal so gesagt, dass wir uns das ja vorgenommen
haben, dass wir so (.) gemeinsam arbeiten. Ähm und ab da ging das dann eigentlich
auch. Also wir haben dann jedes Mal besprochen, was denn (1) aufgeschrieben
wird."*

In Hinblick auf die **Überwachung des Lösungsprozesses** berichteten die
Schülerinnen und Schüler von unterschiedlichen Kriterien, mit denen sie ihren
Lösungsprozess kontrolliert haben. Für die Auswahl des Lösungsweges erklärten die Schülerinnen und Schüler, dass sie den Lösungsweg hinsichtlich seiner
Komplexität hinterfragt haben. Hierbei wägten sie ab, inwiefern der Lösungsweg
für sie umsetzbar war: *„Also ähm ich dachte halt, dass es irgendwie komplizierter
wäre, wenn wir, weil wir ja nicht wissen, wie hoch der Ballon eigentlich ist, und
dass wir dann erstmal herausfinden müssen, wie hoch er eigentlich ist und dann
noch die Geschwindigkeit. Also ich fand, dass das komplizierter war, als ein andern*

Weg vielleicht. " Als weiteres Kriterium berichteten die Schülerinnen und Schüler, dass sie die Auswahl des Lösungsweges, bezogen auf die Zielerreichung, hinterfragt haben: *„also wir haben überlegt, ähm, ob die Lösung, die wir dann am Ende herausfinden, ob es überhaupt die richtige Lösung ist und ob danach überhaupt gefragt werden würde. [I: Mhm.] Und dann haben wir überlegt, also, ja was würde denn (.) gefragt werden und dann haben wir so eine Frage gestellt.*"

Weiterhin beschrieben einige Schülerinnen und Schüler, dass sie ihren Lösungsprozess, die getroffenen Annahmen oder auch die Zwischenergebnisse in Hinblick auf die Exaktheit beurteilten: *„Dass wir es wirklich genauer machen sollten. Obwohl das mit dem Durchschnittswert schneller gegangen wäre. [I: Mhm.]*"

Zudem berichteten die Schülerinnen und Schüler, dass sie das reale Modell oder die getroffenen Annahmen in Hinblick auf die Realität hinterfragt haben: *„Mhh wir haben halt besprochen, dass (.) man keine 8,9 Kästen haben kann und dass das ja in der Rela-Realität nicht geht (.) und darum man besser neun nehmen sollte. (1) Joa.*" Schließlich äußerten einige der Schülerinnen und Schüler, dass sie ihren Lösungsprozess hinsichtlich der Phasen des Modellierungskreislaufs überwacht haben. Hierbei haben sie kontrolliert, ob sie sich in der richtigen Phase befanden oder auch, ob sie alle Phasen des Modellierungsprozesses durchlaufen haben: *„Ähm deswegen haben wir auch eher selten draufgeguckt, aber so am Ende haben wir dann nochmal- oder Dustin hat dann nochmal draufgeguckt, um durchzugehen, ob wir denn auch alles beachtet haben.*"

Neben der Überwachung des Lösungsprozesses und des Arbeitsverhaltens äußerten einige Schülerinnen und Schüler außerdem, dass sie ihr eigenes **Verständnis** der Aufgabe oder der letzten Lösungsschritte überwacht haben: *„Ähm (langgezogen), (4) ich weiß nicht. Ich musste halt einfach nochmal drüber nachdenken, äh was die gesagt haben und wie das zusammenhängt. [I: Mhm.] Ja.*"

Schließlich berichteten einige Schülerinnen und Schüler, dass sie die **Zeit** überwacht haben: *„Also ich habe immer mal, also ich habe allgemein einfach so gesagt "Ja, lass mal jetzt weitermachen." Und habe aber ein paar Mal auch auf die Uhr geguckt, um das so ungefähr einzuschätzen, wie viel Zeit wir jetzt noch haben.*"

In den geführten Interviews zeigte sich, dass nicht nur die Schülerinnen und Schüler selbst die metakognitiven Überwachungsstrategien eingesetzt haben, sondern sie sich auch gegenseitig überwacht haben: *„Und Robin hat uns dann so versucht dann wieder so, können wir weitermachen mit der Aufgabe und so was jetzt von hieraus auch ganz gut war.*" Dieses Resultat deckt sich mit den Ergebnissen zum Stand der Diskussion zur sozialen Metakognition (vgl. 2.1.3). Außerdem berichteten einige Schülerinnen und Schüler, dass die Lehrperson die Überwachung für die Schülerinnen und Schüler ausgeführt hat: *„Weil auch unser Lehrer*

hat ja auch gesagt, ja es stimmt schon, der Rechenweg wäre so gut, nur halt dass ein Wert nicht stimmte und zwar das mit diesen 0,33 Litern? [I: Mhm.]"
Diese unterschiedlichen Einsatzweisen zeigten sich ebenso in den Äußerungen der Schülerinnen und Schüler beim Validieren, welches die **Überprüfung der Lösung** umfasst (vgl. Kaiser & Stender 2013). Dieses erfolgte ebenso wie die metakognitiven Überwachungsstrategien sowohl auf individueller Ebene, auf Gruppenebene als auch durch die Lehrperson. Ein Großteil der Schülerinnen und Schüler verdeutlichte im Interview, dass sie das Ergebnis in Hinblick auf die Realität überprüft haben: *„Weil das Ergebnis nicht realistisch war (lachend). Das war (.) ja viel zu lang diese Strecke."*. Hierbei überprüften viele Schülerinnen und Schüler das Ergebnis mit ihrem eigenen Erfahrungswissen. Einige Schülerinnen und Schüler konnten jedoch auf kein passendes Stützpunktwissen zurückgreifen, weshalb sie metakognitive Regulationsstrategien eingesetzt haben. Hierbei zeigte sich der enge Zusammenhang zwischen metakognitiven Überwachungs- und Regulationsstrategien, der bereits im Theorierahmen betont wurde (vgl. Schreblowski & Hasselhorn 2006, S. 155).
Die rekonstruierten metakognitiven Regulationsstrategien bei aufgetretenen Schwierigkeiten werden in der folgenden Tabelle dargestellt (Tabelle 4.5):

Tabelle 4.5 Berichtete metakognitive Strategien der Regulation

Regulationsstrategien	
Erneutes Lesen beim Erstellen des realen und mathematischen Modells	Die Schülerinnen und Schüler beschreiben, dass sie eine auftretende Schwierigkeit durch erneutes Lesen der Modellierungsaufgabe regulieren konnten.
Überarbeitung des Lösungsweges/ Wahl eines neuen Lösungsweges	Die Schülerinnen und Schüler berichten, dass sie bei einer auftretenden Schwierigkeit das Problem durch eine Überarbeitung des Lösungsweges lösen konnten.
Einsatz von Hilfsmitteln	Die Schülerinnen und Schüler stellen dar, dass sie bei einer Schwierigkeit das Problem durch Hinzuziehen eines Hilfsmittels, wie ein Merkheft oder eine Formelsammlung, regulieren konnten.
Einsatz des Modellierungskreislaufs	Die Schülerinnen und Schüler beschreiben, dass sie den Modellierungskreislauf zur Regulation einer Schwierigkeit verwendet haben.
Diskussion in der Gruppe/ Fragen von Mitschülern(-innen)	Die Schülerinnen und Schüler verdeutlichen, dass sie durch das Hinzuziehen von anderen Mitschülerinnen oder Mitschülern eine auftretende Schwierigkeit lösen konnten.
Durchführung einer Internetrecherche	Die Schülerinnen und Schüler erläutern, dass sie eine Schwierigkeit durch eine Internetrecherche regulieren konnten.

(Fortsetzung)

Tabelle 4.5 (Fortsetzung)

Regulationsstrategien	
Einsatz der Lehrperson	Die Schülerinnen und Schüler berichten, dass sie eine Schwierigkeit durch die Hilfe der Lehrperson regulieren konnten.

Die rekonstruierten metakognitiven Regulationsstrategien, die die Schülerinnen und Schüler selbst angewendet haben, lassen sich in Regulationsstrategien, bezogen auf den Modellierungsprozess, oder in das Einholen externer Hilfe differenzieren. Im Rahmen der metakognitiven Regulationsstrategien, bezogen auf den Modellierungsprozess, berichteten einige Schülerinnen und Schüler, dass sie beim Erstellen des realen Modells die Modellierungsaufgabe oder die selbst getroffenen Annahmen erneut gelesen haben: *„Also da ham wir halt versucht, herauszufinden, also wie hoch eigentlich der Luftballon ist und ähm wie schnell er überhaupt in die Luft steigen kann und dadurch ham wir halt versucht, herauszufinden, wie viel Luft in dem Ballon ist, um halt zu gucken, wie lange er braucht von oben nach unten oder von unten nach oben [I: Mhm] (.) und ich hab nochmal die, den ganzen Text nochmal durchgelesen, vielleicht hab ich irgendwas übersehen, [I: Mhm] ha-, hatten wir irgendwas übersehen, aber dann hab ich gemerkt, also es war alles richtig.“*

Als weitere Regulationsstrategie bezogen auf den Modellierungsprozess zeigte sich häufig, dass die Schülerinnen und Schüler ihren Lösungsweg oder die verwendeten Modelle überprüft und zum Teil überarbeitet haben: *„Also bei uns ist das ja eigentlich so gelaufen, dass wir (.) das ungefähr drei Mal gemacht haben. Also drei Mal von vorne, weil wir uns jedes Mal am Ende aufgefallen ist, dass ähm wir irgendwas nicht berücks- berücksichtigt haben oder so. Und deswegen haben wir eigentlich so das t- drei Mal durchgemacht einfach, [I: Mh.] ja.“*

Das Einholen externer Hilfe erfolgte zum einen durch Fragen der Lehrperson: *„Wir hatten Herrn Schäfer gefragt, wie man das umrechnet und er hat uns das dann erklärt und dann hatten wir am Ende auch doch noch das richtige Ergebnis.“.* Zum anderen haben die Schülerinnen und Schüler sich gegenseitig geholfen: *„Oder haben uns halt selber noch untereinander besprochen, wenn jemand alleine ein Problem hat oder zu zweit hat man die andern noch gefragt, (.) wie die das denken oder was die davon halten.“*

Die Schülerinnen und Schüler haben jedoch auch versucht, die Probleme durch Hinzuziehen bestimmter Hilfsmittel zu lösen. Sie berichteten, dass sie das Internet zur Lösung von Problemen verwendet haben: *„Ähm da waren wir glaub ich gerade dabei den Halbkreis zu berechnen und da haben ich und Jannis halt im Internet geguckt, ob wir irgendne Formel finden, weil wir das ja noch nicht im*

Unterricht hatten [I: Mhm.]." Außerdem äußerten einige Schülerinnen und Schüler, dass sie in ihrem Merkheft oder der Formelsammlung nachgeschlagen haben, um bestimmte Probleme beim Mathematisieren zu lösen: *„Und wir schreiben auch ein Merkheft, ob [I: Okay.] also im Matheunterricht und wenn wir denn vielleicht irgendwie ne Formel vergessen haben oder nicht ganz genau wissen, wie wir damit umgehen sollten dann schauen wir auch gerne mal ins Merkheft."*

Schließlich hoben einige Schülerinnen und Schüler hervor, dass sie mit Hilfe des Modellierungskreislaufs einen Stillstand im Lösungsprozess überwinden konnten: *„Ähm, weil da ja die ganzen Schritte aufgezählt waren, [I: Mhm] ähm konnte man dann immer draufgucken, wenn man nicht weiterwusste, was man jetzt als Nächstes macht und (1) in dem Sinne hat der weitergeholfen."*

Zu guter Letzt konnten aus den Äußerungen der Schülerinnen und Schüler metakognitive Evaluationsstrategien rekonstruiert werden. Nach dem aktuellen Stand der Forschung findet die Evaluation nach der Bearbeitung statt und umfasst die Bewertung der Strategieanwendung *nach Effizienz- und Effektivitätskriterien* und das Setzen von Zielen für die kommenden Bearbeitungen (vgl. Brown 1984, S. 63). Die rekonstruierten metakognitiven Evaluationsstrategien werden in der folgenden Tabelle dargestellt (Tabelle 4.6).

Tabelle 4.6 Berichtete metakognitive Strategien der Evaluation

Evaluation	
Bewertung der Vorgehensweise	Die Schülerinnen und Schüler beschreiben, dass sie ihre Vorgehensweise am Ende der Bearbeitungsphase evaluiert haben.
Zielsetzung am Ende der Bearbeitung	Die Schülerinnen und Schüler äußern, dass sie sich nach der Bearbeitungsphase Ziele für die Bearbeitung der nächsten Modellierungsaufgabe gesetzt haben.
Klärung des Vorhabens zu Beginn der Stunde	Die Schülerinnen und Schüler berichten, dass sie sich zu Beginn der Arbeitsphase über die gesetzten Ziele ausgetauscht haben.
Eigenständige Evaluation zu Hause	Die Schülerinnen und Schüler verdeutlichen, dass sie eigenständig das Vorgehen bei der Modellierungsaufgabe evaluiert haben.

Einige der Schülerinnen und Schüler äußerten, dass sie am Ende des Bearbeitungsprozesses diesen bewertet haben, indem sie überlegt haben, was gut oder auch schlecht gelaufen ist: *„Ja, also Robin und Linda haben quasi so leicht das – äh von dieser Form besprochen, während Verena und ich da so saßen und so, hä (langgezogen) und überhaupt keine Idee hatten, [I: Mhm.] was wir da jetzt tun sollen. Und (langgezogen) (.) ja also das ist mir halt auch aufgefallen, dass die* *halt viel zusammen gemacht haben und wir dann- Verena und ich dann da saßen und, hm? Was sollen wir jetzt machen? [I: Mhm.] Und ich hab auch auf diese roten Karten geschrieben, dass ich sehr gerne das nächste Mal hätte quasi, dass die Gruppen bisschen besser miteinander- also [I: Mhm.] dass wir ein bisschen besser miteinander (.) interagieren. "*

Zudem stellten einige der Schülerinnen und Schüler dar, dass sie das Vorgehen nicht nur bewertet haben, sondern sich Ziele für die zukünftige Bearbeitung der Modellierungsaufgaben gesetzt haben: *„Also das was wir ähm das w- die Kriterien die äh die schlechten Dinge in Anführungsstrichen, die wir am Anfang gemacht haben, haben wir dann halt ähm immer und immer weiter äh wie äh wieder reingenommen und umgesetzt. Also beispie- äh beim Beispiel dieses Lösungsweg besprechen und so. Ähm (.) haben wir dann halt jedes Mal von da an den Lösungsweg besprochen und (.) ja. "*

Eine Schülerin dieser Studie erzählte, dass sie die Evaluation erst zu Hause allein durchgeführt hat und nicht wie die anderen Schülerinnen und Schüler nach der Bearbeitung der Modellierungsaufgabe in der Gruppe: *„Also bei uns war das Problem (.) bei mir ist so, wenn ich so Sachen mache auch zum Beispiel mich mit meiner Familie streite, gehe ich im Nachhinein bleibt das verdränge das nicht, sondern gehe das alles durch, was ich persönlich besser machen kann und das auch wenns manchmal nervt, mache ich das auch zum Beispiel gestern nach der Schule habe ich das auch mit diesen Modellierungsding gemacht,... "*

Schließlich berichteten einige Schülerinnen und Schüler, dass sie sich nicht nur nach der Bearbeitung einer Modellierungsaufgabe Ziele gesetzt haben, sondern diese Ziele auch zu Beginn der nächsten Modellierungsaufgabe angesprochen haben, damit alle Gruppenmitglieder wussten, worauf sie heute achten mussten: *„Ja, also ganz am Anfang, (.) aber das war so, (1) dass wir als Gruppe ein Problem hatten. Nämlich, dass wir erstmal klären mussten, dass Verena und ich dieses Mal den Vortritt hatten, weil sonst haben die beiden immer die Aufgaben [I: Mhm.] alleine berechne- (.) berechnet. Und (langgezogen) jetzt meinten die aber, (.) ja, dass wir die jetzt mal den Vortritt haben"*

Zusammenfassend kann festgestellt werden, dass am wenigsten metakognitive Evaluationsstrategien rekonstruiert werden konnten, da die Schülerinnen und Schüler selten in den Interviews davon berichteten. Trotzdem konnte ein Einblick in die verschiedenen Facetten der metakognitiven Strategien bezüglich der Evaluation aus den Berichten der Schülerinnen und Schüler gegeben werden.

Im nächsten Kapitel werden die rekonstruierten Auswirkungen des Einsatzes der metakognitiven Strategien im Detail dargestellt.

4.1.3 Rekonstruierte Auswirkungen des Einsatzes metakognitiver Strategien aus Schülerperspektive

Als weiteres relevantes Merkmal der Typenbildung konnten die Auswirkungen des Einsatzes metakognitiver Strategien aus Schülerperspektive identifiziert werden. Hierbei wird unter den Auswirkungen aus Schülerperspektive verstanden, welche Folgen und Wirkungen die Schülerinnen und Schüler aus dem Einsatz metakognitiver Strategien beschrieben haben. Durch die Auswertung der Interviews mittels der inhaltlich strukturierenden qualitativen Inhaltsanalyse konnten zwölf Kategorien rekonstruiert werden (Tabelle 4.7).

Tabelle 4.7 Rekonstruierte Auswirkungen des Einsatzes metakognitiver Strategien aus Schülerperspektive

Bezeichnung der Auswirkung	Charakterisierung Der Einsatz metakognitiver Strategien hat Auswirkungen, wenn der Einsatz der Strategien...
Einblick in unterschiedliche Sichtweisen	... den Einblick in unterschiedliche Sichtweisen der Gruppenmitglieder ermöglicht.
Gegenseitige Überprüfung	... die gegenseitige Überprüfung in der Gruppe erleichtert.
Verbesserung der Zusammenarbeit	... die Zusammenarbeit in der Gruppe beeinflusst.
Sicherung des Verständnisses aller	... das Verstehen aller fördert.
Fehlererkennen/ Vorbeugung von Fehlern/ Fehlerkorrektur	... das Erkennen der Fehler und Schwierigkeiten fördert und diesem vorbeugt.
Transparenz	... den Lösungsprozess für die Schülerinnen und Schüler transparent macht und somit eine Orientierung bietet.
Fokussierung	... den Fokus der Schülerinnen und Schülern beeinflusst.
Effizienz	... die Effizienz des Arbeitsprozesses beeinflusst.
Fortschritt	... einen/keinen Fortschritt im Lösungsprozess verursacht.
Endergebnis	... einen Einfluss auf die Lösung am Ende des Bearbeitungsprozesses hat.

(Fortsetzung)

Tabelle 4.7 (Fortsetzung)

Bezeichnung der Auswirkung	Charakterisierung Der Einsatz metakognitiver Strategien hat Auswirkungen, wenn der Einsatz der Strategien...
Kompetenzerleben	... ein Kompetenzerleben bei den Schülerinnen und Schülern hervorruft.
Sicherheit	... den Schülerinnen und Schülern Sicherheit vermittelt.

Bei der Untersuchung der Auswirkungen zeigte sich, dass die Auswirkungen auf drei unterschiedlichen Ebenen stattfanden: Die erste Ebene umfasst hierbei Auswirkungen auf den **Arbeitsprozess** der Schülerinnen und Schüler. Dieses umfasste das Fehlerfinden und die Vorbeugung von Fehlern im Lösungsprozess, die Transparenz des Lösungsweges, die Fokussierung der Aufmerksamkeit, die Effizienz, den Fortschritt sowie Auswirkungen auf das Endergebnis. Als zweite Ebene konnten Auswirkungen auf das **kooperative Arbeiten** identifiziert werden. Hierzu zählt der Einblick in unterschiedliche Sichtweisen, die gegenseitige Überprüfung, die Zusammenarbeit in der Gruppe und auch die Sicherung des Verständnisses von allen Gruppenmitgliedern. Als weitere Ebene konnten Auswirkungen auf die **Selbstwirksamkeit** der Schülerinnen und Schüler rekonstruiert werden, welches sich zum einen im Kompetenzerleben und zum anderen in einem Gefühl der Sicherheit äußerte (Tabelle 4.8).

Tabelle 4.8 Ebenen der rekonstruierten Auswirkungen des Einsatzes metakognitiver Strategien aus Schülerperspektive

Bezeichnung des Auslösers	Charakterisierung Der Einsatz metakognitiver Strategien hat Auswirkungen, wenn...	Auswertungskategorien
Arbeitsprozess	... die Schülerinnen und Schüler von einem Einfluss auf ihren Arbeitsprozess berichten.	Fehlererkennen/ Vorbeugung von Fehlern/ Fehlerkorrektur, Transparenz, Fokussierung, Effizienz, Fortschritt und Endergebnis

(Fortsetzung)

Tabelle 4.8 (Fortsetzung)

Bezeichnung des Auslösers	Charakterisierung Der Einsatz metakognitiver Strategien hat Auswirkungen, wenn...	Auswertungskategorien
Kooperatives Arbeiten	... die Schülerinnen und Schüler Auswirkungen auf ihr kooperatives Arbeiten beschreiben.	Einblick in unterschiedliche Sichtweisen, gegenseitige Überprüfung, Zusammenarbeit in der Gruppe, Sicherung des Verständnisses aller
Selbstwirksamkeit	... die Schülerinnen und Schüler einen Einfluss auf ihre Selbstwirksamkeit beschreiben.	Kompetenzerleben, Sicherheit

Im Folgenden sollen die rekonstruierten Auswirkungen unter Berücksichtigung der drei verschiedenen Ebenen kurz präsentiert werden, indem diese anhand von wörtlichen Schüleräußerungen erläutert werden.

Einige der rekonstruierten Auswirkungen wirkten sich auf den Arbeitsprozess der Schülerinnen und Schüler aus. Im Rahmen der metakognitiven Planungsstrategien berichteten die Schülerinnen und Schüler von der Besprechung des Lösungsweges. Aufgrund dessen war der Lösungsweg transparent für sie, was ihnen eine Orientierungshilfe sowie eine Struktur für das Vorgehen bot. Diese Auswirkung trat häufig auf, wenn die Schülerinnen und Schüler mit Hilfe des Modellierungskreislaufs gearbeitet haben: *„Weil man halt immer genau weiß also man hat halt-. Bei manchen Aufgaben ist es vielleicht so, dass man da rangeht, denkt okay die Zahlen schreibe ich jetzt auf dann versuche ich damit irgendwas zu rechnen, aber mit dem Kreislauf weiß man ganz genau, bei welchem Schritt man jetzt ist und was man dann machen muss, damit man zum Ergebnis kommen könnte.“* Somit zeigte sich aufgrund der Planung mit dem Modellierungskreislauf eine *Transparenz* des Lösungsweges. Aufgrund der Orientierung an dem vorher überlegten Lösungsweg entstand bei einigen Schülerinnen und Schülern eine weitere Auswirkung der Anwendung der Planungsstrategien auf den Bearbeitungsprozess, da die Schülerinnen und Schüler durch den Einsatz der Planungsstrategien fokussiert die Modellierungsaufgabe bearbeiteten: *„Ich fand das eigentlich echt gut, also wie wir da herangegangen sind und die Struktur, das habe ich ja eigentlich hauptsächlich selber gemacht. Also, dass ich gesagt habe: „Okay, ihr müsst jetzt das machen, das und das, wir brauchen das hier, rechnet das mal aus, und so weiter.“. Und dadurch,* *dass es meine eigene Struktur war praktisch, war es für mich einfach organisierter und dass ich da einfach immer den Überblick behalten habe.*"

Es zeigte sich in den Interviews, dass ebenso das Setzen der Ziele den Fokus einiger Schülerinnen und Schüler verändern konnte, da sie hierdurch auf die Einhaltung der Ziele achteten: *„Weil (langgezogen) wir ja uns, glaube ich, sogar vorgenommen hatten, so ein bisschen mehr darauf einzugehen? Weil's vielleicht uns ja auch helfen könnte.*

Außerdem berichteten einige Schülerinnen und Schüler bei den metakognitiven Planungs-, Überwachungs- beziehungsweise Regulationsstrategien, dass sie durch deren Einsatz effizienter arbeiten konnten: *„Ä- (.) damit es produktiver ist, weil das wär- wir hätten auch das so machen können, dass Hendrik und ich recherchieren und die Zahlen aufschreiben, aber dann hätten Moritz und Max nichts gemacht und so wär schneller gegangen, weil wir die Zahlen nur sagen müssen und sozusagen mehr uns darauf konzentrieren könne, die richtigen Zahlen zu finden.*" Häufig wurde im Rahmen dessen auch von einer Zeitersparnis aus Sicht der Schülerinnen und Schüler gesprochen.

Zudem konnte insbesondere das Setzen von Zielen und der Einsatz von metakognitiven Regulationsstrategien aus Sicht der Schülerinnen und Schüler zu einem Fortschritt im Lösungsprozess führen: *„Ja, also Frau Glaser hat uns da natürlich die Hilfestellung gegeben. (1) Und ähm, ich glaub, das war so der Knackpunkt, wo wir quasi gemerkt haben, ah so geht's.*"

Neben dem Fortschritt konnte der Einsatz von metakognitiven Strategien aus Sicht der Schülerinnen und Schüler auch dazu führen, dass sie Fehler vorgebeugt haben und die Fehler erkannt sowie korrigiert haben: *„... und irgendwie glaube ich auch, dass das Fehler minimiert, wenn man gleich weiß, was man rechnen muss und nicht erstmal sich das noch überlegt und dann vielleicht 'n Flüchtigkeitsfehler einbaut.*" Infolgedessen entsteht auch eine weitere Auswirkung metakognitiver Strategien, die von den Schülerinnen und Schülern auch als solche erkannt wurde. Sie berichteten häufig bei metakognitiven Überwachungs- und auch Regulationsstrategien, dass der Einsatz der Strategie einen Einfluss auf das Endergebnis hatte: *„Ich dachte, dass wir sozusagen nochmal unser Ergebnis prüfen müssen, ob – dass wir – sodass wir kein falsches Ergebnis kriegen, weil's mir eigentlich die ganze Zeit sehr wichtig war, dass wir ein richtiges Ergebnis haben und nicht einfach äh irgendeins aufschreiben.*"

Neben den Auswirkungen in Bezug auf den Arbeitsprozess können sich metakognitive Strategien aus Schülerperspektive außerdem auf die Selbstwirksamkeit der Schülerinnen und Schüler auswirken. Dieses zeigte sich, indem die Schülerinnen und Schüler Kompetenzerleben beschrieben in Form des Gefühls, die

Bearbeitung gut gemacht zu haben und somit den Anforderungen gerecht geworden zu sein: *„Ja man war halt glücklich, dass man ein Ergebnis endlich hat und das klang realistisch und dann (.) ja war das eigentlich ganz gut."* Dieses Gefühl zeigte sich meist bei den Schülerinnen und Schülern, wenn sie bei der Überprüfung des Ergebnisses festgestellt hatten, dass ihr Ergebnis realistisch war. Außerdem konnte der Einsatz von metakognitiven Überprüfungs- und Überwachungsstrategien bei der Lösung beziehungsweise des Lösungsprozesses ebenso bei einigen Schülerinnen und Schülern ein Gefühl der Sicherheit vermitteln, da sie sich somit sicher mit ihrem Lösungsprozess beziehungsweise dem Ergebnis fühlten: *„Ähm wir haben das gemacht, um uns nochmal abzusichern, dass das auch so sein kann oder wir haben das auch gemacht damit man halt sich sicher ist."*

Schließlich konnten Auswirkungen in Bezug auf das kooperative Arbeiten rekonstruiert werden. Es wurde in den Interviews deutlich, dass sich die Schülerinnen und Schüler im Rahmen der Zielsetzung häufig vornahmen, an der Zusammenarbeit in ihrer Gruppe zu arbeiten. Daraus resultierte in einigen Fällen eine Überwachung der Zielsetzung, die sich wiederum auf die Zusammenarbeit in der Gruppe auswirken konnte: *„Ähm, also (1) Lana hatte anscheinend schon irgendwie was aufgeschrieben? (1) Ähm, (.) ohne dass ich halt da- ich das halt mitbekommen habe und Felix wahrscheinlich auch. (1) Weil er hat dann erstmal nach 'nem Zettel gefragt und (.) wir haben halt noch nichts aufgeschrieben, deswegen – (.) dann hab ich halt nochmal so gesagt, dass wir uns das ja vorgenommen haben, dass wir so (.) gemeinsam arbeiten. Ähm und ab da ging das dann eigentlich auch. Also wir haben dann jedes Mal besprochen, was denn (1) aufgeschrieben wird. (1)"* An dieser Verkettung der metakognitiven Strategien der Evaluation und der Überwachung zeigt sich eine Wechselbeziehung zwischen den verschiedenen metakognitiven Bereichen, die auch in den Interviews rekonstruiert werden konnte. Die Kodierung *Verbesserung der Zusammenarbeit* zielte häufig auf den Austausch in der Gruppe ab und beinhaltete unter anderem die Einhaltung der Gesprächsregeln.

Bezogen auf die metakognitiven Planungsstrategien wurde geäußert, dass der Einsatz durch den gemeinsamen Austausch über den Lösungsansatz einerseits einen Einblick in unterschiedliche Sichtweisen gewährte: *„(.) Ähmmmm, weil man dann auch noch von den andern, glaub ich, ein Einblick bekommt, was die denken, weil ich kann ja auch nicht in deren Köpfe gucken und das war jetzt auch nur meine Idee, vielleicht [I:Mhm]. Weiß auch nicht, ob das jetzt richtig oder falsch war. (lachend) Und so hätte man dann einfach (.) die Sichtweise der andern und ich glaub, das würde helfen."* Andererseits beschrieben einige Schülerinnen und Schüler den Vorteil, dass alle Verständnisfragen geklärt werden konnten und infolgedessen das Verständnis aller Gruppenmitglieder gewährleistet war: *„Finde ich ganz gut, dass* *erstmal alle das verstehen, was genau man eigentlich rechnen möchte, damit man niemanden auf der Strecke lässt, weil uns ist das ja echt oft passiert in den Aufgaben davor."* Schließlich berichtete ein Schüler, dass die gemeinsame Lösungsplanung dazu führte, dass sich die Schülerinnen und Schüler gegenseitig überprüfen und überwachen konnten: *„#Naja.# Und dann sin- äh wollten wir halt erstmal gucken und den Lösungsweg besprechen, weil uns das immer geholfen hat und es dann auch alle mitarbeiten können. Und das man es somit auch gegenseitig überprüfen können."* Dieses zeigt, dass dieser Schüler bereits einen Wechselbezug zwischen dem Einsatz von metakognitiven Planungs- und Überwachungsstrategien erkannt hat.

Im Rahmen der verschiedenen Auswirkungen wurde deutlich, dass hierbei sowohl positive als auch negative Auswirkungen des Einsatzes benannt wurden. Für die Untersuchung der Sichtweisen von Schülerinnen und Schülern ist es von zentraler Bedeutung zu berücksichtigen, ob die Schülerinnen und Schüler positive oder negative Auswirkungen des Einsatzes metakognitiver Strategien beschreiben. Es stellte sich hierbei heraus, dass negative Auswirkungen nicht auf allen Ebenen wiederzufinden waren, während von positiven Auswirkungen auf allen Ebenen berichtet wurde. Es konnten lediglich negative Auswirkungen auf den Arbeitsprozess rekonstruiert werden. Außerdem verdeutlichte ein Schüler, dass der Einsatz der metakognitiven Strategien nicht zu seinen persönlichen Eigenschaften, Einstellungen, Fähigkeiten oder auch Präferenzen passte, weshalb er diese nicht eingesetzt hat (Tabelle 4.9).

Tabelle 4.9 Ebenen von positiven und negativen Auswirkungen des Einsatzes metakognitiver Strategien aus Schülerperspektive

Positive Auswirkung	Negative Auswirkung
• Arbeitsprozess • Kooperatives Arbeiten • Selbstwirksamkeit	• Arbeitsprozess

Insgesamt wurde deutlich, dass die Schülerinnen und Schüler nur von wenigen negativen Auswirkungen des Einsatzes metakognitiver Strategien berichteten, was zeigte, dass der Großteil der Schülerinnen und Schüler die positiven Auswirkungen erkannten (vgl. 2.3.4). Dieses Ergebnis ist auf Grundlage der theoretischen Annahmen nicht überraschend, da die metakognitiven Strategien für den Modellierungsprozess bedeutend sind. Zudem ist es möglich, dass die Schülerinnen und Schüler im Sinne der sozialen Erwünschtheit agierten und aufgrund dessen überwiegend von positiven Auswirkungen berichteten.

Nachdem ein Einblick in die Ergebnisse der inhaltlich strukturierenden qualitativen Inhaltsanalyse gegeben wurde, soll im Folgenden die entwickelte Typologie vorgestellt werden.

4.2   Schülertypen metakognitiver Strategien

Im Folgenden wird eine Übersicht über die rekonstruierte Typologie gegeben, indem die rekonstruierten Idealtypen mit ihren Charakteristika kurz vorgestellt werden. Dieses Kapitel gibt einen Überblick über die rekonstruierte Typologie, wobei in den folgenden Kapiteln genauer auf die einzelnen Idealtypen eingegangen wird (Abbildung 4.1).

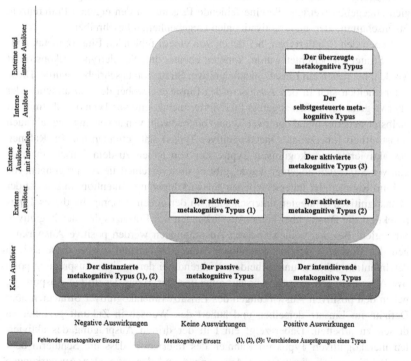

Abbildung 4.1 Typologie der Schülertypen über metakognitive Strategien

Insgesamt konnten drei Schülertypen rekonstruiert werden, bei denen aus einer empirischen Sichtweise metakognitive Strategien nicht eingesetzt wurden. Es handelt sich hierbei um den distanzierten, den passiven und den intendierenden metakognitiven Typus. Bei allen drei Idealtypen konnten aufgrund des wahrgenommenen fehlenden Einsatzes von metakognitiven Strategien keine Auslöser für den Einsatz metakognitiver Strategien rekonstruiert werden. Die Schülertypen unterscheiden sich hingegen in den rekonstruierten Auswirkungen, indem sie entweder von negativen (distanzierter metakognitiver Typus), keinen (passiver metakognitiver Typus) oder auch positiven Auswirkungen (intendierender metakognitiver Typus) des Einsatzes metakognitiver Strategien berichteten. Bei dem distanzierten metakognitiven Typus konnten zwei verschiedene Ausprägungen rekonstruiert werden. In der ersten Ausprägung werden negative Auswirkungen des Einsatzes metakognitiver Strategien explizit benannt, während bei der zweiten Ausprägung Begründungen für den fehlenden Einsatz der metakognitiven Strategien angegeben werden, die eine fehlende Passung zu den eigenen Präferenzen, Eigenschaften oder auch motivationalen Gegebenheiten beschreiben.

Neben den Schülertypen, bei denen von einem fehlenden Einsatz metakognitiver Strategien berichtet wurde, konnten ebenso drei Schülertypen rekonstruiert werden, bei denen ein Einsatz metakognitiver Strategien beschrieben wurde. Diese unterscheiden sich in den Auslösern des Einsatzes, wobei der Einsatz entweder überwiegend von außen angeregt (aktivierter metakognitiver Typus), selbstinitiiert (selbstgesteuerter metakognitiver Typus) oder sowohl von außen angeregt als auch selbstinitiiert (überzeugter metakognitiver Typus) stattgefunden hat. Im Rahmen des aktivierten metakognitiven Typus, der von außen zu dem Einsatz metakognitiver Strategien angeregt wurde, gibt es drei verschiedene Ausprägungen, die sich im Rahmen der unterschiedlichen Auswirkungen und Intention im Einsatz der metakognitiven Strategien unterscheiden. In der ersten Ausprägung dieses Typus reflektiert die Person über keine Auswirkungen des Einsatzes der metakognitiven Strategien. Bei den beiden anderen Ausprägungen werden positive Auswirkungen des Einsatzes der metakognitiven Strategien benannt, wobei diese sich in der Intention dahinter unterscheiden. Während bei der zweiten Ausprägung positive Auswirkungen genannt werden, reflektiert der Typus der dritten Ausprägung neben den positiven Auswirkungen des Einsatzes metakognitiver Strategien über Defizite im Einsatz derselben und äußert den Wunsch in Zukunft gezielter an diesen zu arbeiten. Dabei zeigt ein Fall der dritten Ausprägung des aktivierten metakognitiven Typus im Rahmen des Interviews, dass die Schülerin oder der Schüler durch die externen Anregungen und den erkannten Auswirkungen ein Bewusstsein über die Sinnhaftigkeit des Einsatzes metakognitiver Strategien entwickeln konnte.

Bei den Ergebnissen dieser Studie ist zu beachten, dass die Ergebnisse die Perspektive der Schülerinnen und Schüler widerspiegeln. Deswegen bedeutet ein berichteter fehlender Einsatz der metakognitiven Strategien nicht grundsätzlich, dass die Schülerinnen und Schüler die metakognitiven Strategien tatsächlich nicht eingesetzt haben. Andererseits bedeutet ein berichteter Einsatz der metakognitiven Strategien nicht, dass der tatsächliche Einsatz oder die Qualität des Einsatzes durch die Sichtung der Videos überprüft wurde. Die Ergebnisse beziehen sich ausschließlich auf die Wahrnehmungen der Schülerinnen und Schüler und stellen somit die Sicht der Schülerinnen und Schüler auf die eingesetzten metakognitiven Strategien dar.

Im Folgenden sollen die Schülertypen ausführlicher dargestellt werden. Hierfür wird zunächst auf die einzelnen Idealtypen eingegangen und anschließend werden diese anhand eines oder mehrerer Prototypen vorgestellt. Zu beachten ist, dass jeder Fall für jeden metakognitiven Bereich (metakognitive Planungs-, Überwachungs-/Regulations- und Evaluationsstrategien) getrennt in die Typologie eingeordnet wurde. Ich habe mich für dieses Vorgehen entschieden, da es anhand des Datenmaterials deutlich geworden ist, dass die Schülerinnen und Schüler häufig unterschiedliche Sichtweisen auf die einzelnen metakognitiven Bereiche innehatten. Damit Aussagen zu den verschiedenen Auffassungen der unterschiedlichen metakognitiven Bereiche getroffen werden konnten, war es somit notwendig, jeden Fall für die metakognitiven Strategien der Planungs-, der Überwachungs- und Regulations- sowie Evaluationsstrategien einzeln in die Typologie einzuordnen.

4.2.1 Der distanzierte metakognitive Typus

Idealtypus des distanzierten metakognitiven Typus
Der distanzierte metakognitive Typus ist dadurch charakterisiert, dass keine Auslöser für den Einsatz metakognitiver Strategien des betrachteten metakognitiven Bereichs (Planungs-, Überwachungs- und Regulations- oder Evaluationsstrategien) rekonstruiert werden können, weil keine metakognitiven Strategien aus Sicht der Schülerin oder des Schülers angewendet werden. Der fehlende Einsatz wird hierbei konkret von der Schülerin oder dem Schüler als solchen benannt: „(.) Ja, ich glaub wir ham gar nicht so viel geplant, sondern wir ham, also einer hat einfach den Vorschlag gemacht und dann ham wir losgelegt. Also es war nicht so, dass wir das akribisch durchgeplant hätten, wie wir jetzt vorgehen würden."

Vertreterinnen und Vertreter dieses Typus wenden die metakognitiven Strategien hierbei bewusst nicht an: „also ich hab da jetzt nich so, ich (bin?) ein Mensch,

der liest die Aufgabe und dann legt er direkt los. Also ich mach mir jetzt nich so
Gedanken. Erstmal darüber, wie ich das machen sollte (...)."
   Dieser fehlende Einsatz erfolgt aufgrund der persönlichen Einstellung gegenüber
den metakognitiven Strategien des betrachteten Bereichs. In der ersten Ausprägung
des Typus wird diese negative Einstellung verdeutlicht, indem die Schülerin oder
der Schüler negative Auswirkungen des Einsatzes der metakognitiven Strategien
nennt: *„Ja ich weiß nicht also für mich dauer- also für mich nimmt es zu viel Zeit in*
Anspruch von der Aufgabe selbst, weil ich soll mich darauf konzentrieren und nicht
darauf konzentrieren, was mache ich als Nächstes, was mach ich da [I: Mhm.] was
mache ich dann."
   Bei der zweiten Ausprägung des Typus werden die negativen Auswirkungen
des Einsatzes der metakognitiven Strategien nicht explizit benannt, sondern die
Schülerin oder der Schüler gibt Begründungen für einen fehlenden Einsatz der
metakognitiven Strategien an: *„Weil ich zu faul dafür bin. (Schmunzelt)"* Hierbei
zeigt sich, dass der Einsatz der metakognitiven Strategien nicht zu den Eigenschaften, Präferenzen oder motivationalen Einstellungen der Schülerin oder des Schülers
passt.
   Dementsprechend zeigt der Typus eine Einstellung, die den Einsatz der metakognitiven Strategien des betrachteten Bereichs behindert. Die Bedeutung für
das mathematische Modellieren wird hierbei nicht beachtet. Insgesamt ist der
Typus somit charakterisiert durch fehlendes metakognitives Wissen und eine
fehlende Sensitivität für den Einsatz metakognitiver Strategien des betrachteten
Bereichs beim mathematischen Modellieren. Eine fehlende Motivation während der
Aufgabenbearbeitung kann ein distanziertes metakognitives Verhalten begünstigen.

Der distanzierte metakognitive Typus:

- Es lassen sich **keine Auslöser** rekonstruieren, weil die Person metakognitive Strategien des betrachteten Bereichs nicht einsetzen möchte.
- Erste Ausprägung: Es werden **negative Auswirkungen** des Einsatzes metakognitiver Strategien beschrieben.
- Zweite Ausprägung: Es werden **Begründungen für den fehlenden Einsatz** der metakognitiven Strategien aus Sicht der Schülerinnen und Schüler geäußert.

Prototypen zum distanzierten metakognitiven Typus

Im Rahmen der Stichprobe dieser Studie konnten nur Ansätze dieses Typus
rekonstruiert werden. Hierbei konnten zwei Fälle zu beiden Messzeitpunkten als
distanzierte metakognitive Prototypen rekonstruiert werden, wobei auffällig ist, dass
es sich jeweils um die gleichen Schüler handelt, was bedeutet, dass in dieser Studie
keine Entwicklung innerhalb des distanzierten metakognitiven Typus rekonstruiert
werden konnte. Zudem konnten ausschließlich Fälle in Bezug auf den Einsatz metakognitiver Planungs- sowie Überwachungs- und Regulationsstrategien rekonstruiert

werden, die einem distanzierten metakognitiven Typus zugeordnet wurden. Somit konnten bezüglich der metakognitiven Evaluationsstrategien keine Fälle rekonstruiert werden, die dem distanzierten metakognitiven Typus entsprachen. Allerdings ist zu erwähnen, dass auch die eingeordneten Fälle nicht widerspruchsfrei diesem Typus entsprechen, da die eingeordneten Fälle entweder mehreren Typen zugeordnet werden konnten oder es gegebenenfalls auch Unklarheiten im Interview gab.

Der distanzierte metakognitive Typus – Fallbeispiel Robin
Robin besucht ein Hamburger Gymnasium, welches 2013 mit dem Wert vier einen mittleren KESS-Faktor[1] zugewiesen bekam, was beschreibt, dass sich die Schule in einem sozial eher durchschnittlichen Milieu befindet. Robin bearbeitete die Modellierungsaufgaben zusammen mit drei Mitschülerinnen aus seiner Klasse. Die Gruppe arbeitete im Laufe des Projekts nicht zusammen, welches an der unterschiedlichen Leistungsstärke der Schülerinnen und Schüler zu liegen schien. Robin war leistungsstark in seiner Gruppe und bearbeitete die Modellierungsaufgaben fast allein zusammen mit der Schülerin Linda. Die anderen beiden Schülerinnen waren hierbei nur wenig integriert. Die Gruppe nahm sich im Laufe des Projektes vor, die Zusammenarbeit besser zu gestalten. Deswegen sollten die beiden Schülerinnen bei der Bearbeitung der letzten Modellierungsaufgabe den Vortritt haben und mit der Bearbeitung beginnen. Vor allem Robin fiel es sehr schwer, sich an die Abmachung zu halten und er verfiel sofort wieder in seine alten Muster und bearbeitete die Aufgabe für sich allein: *„War vielleicht nicht so schlau von mir, weil ich habe denen überhaupt nicht zugehört. Ich habe erst mal, weil ich dachte, dass sie noch länger brauchen, dass ich erst mal so meinen Ansatz aufschreibe und dass ich dann gucke, wie die das machen wollen so. Und das war dann halt aber ziemlich ähnlich so."* Im Laufe des Bearbeitungsprozesses fiel auch Linda zurück in die alten Muster und die Beiden bearbeiteten Teile des Lösungsweges wieder allein. Robin gab im Interview an, dass sie zu ungeduldig waren und schnell vorankommen wollten: *„Eigentlich sollten ja nur Elena und Verena das machen, also die beiden rechts. Aber ja, wir konnten uns da nicht so zurückhalten, weil ja, wir wollten halt ein Ergebnis und das hat zu lang gedauert."*

---

[1]Der KESS-Faktor beschreibt die unterschiedlichen Rahmenbedingungen der verschiedenen Hamburger Schulen, indem die verschiedenen sozialen und kulturellen Zusammensetzungen berücksichtigt werden. Der KESS-Faktor besteht aus einer Skala von eins bis sechs, wobei eine eins eine Schule mit sehr schwierigen sozialen Rahmenbedingungen beschreibt und eine sechs mit sehr begünstigten Rahmenbedingungen. Die Schulen dieser Stichprobe befinden sich im durchschnittlichen bis oberen Bereich des KESS-Faktors, was bedeutet, dass in vielen Fällen begünstigte Rahmenbedingungen vorliegen. Folglich ist eine positive Verzerrung der teilnehmenden Schulen gegeben.

Dies führte auch dazu, dass er die Planungsphase der anderen Gruppenmitglieder nicht mitbekam. Schließlich zeigte er in dem Interview Ansätze des
distanzierten metakognitiven Typus bezogen auf den Einsatz von metakognitiven
Planungsstrategien in der Gruppe, was im Folgenden dargestellt wird.

Robin beschrieb im Rahmen seines zweiten Interviews, dass er bei der Planungsphase der Gruppe ausgestiegen ist und bereits begonnen hat zu schreiben und zu
rechnen: *„Die beiden überlegen sich das und ich schreib da ja schon so ein bisschen
rum so. Als sie da sich das so überlegt hatten, (.) ja war ich ja eigentlich genau damit
fertig, so (nuschelnd). [I: Mhm.] (1) Und darum ging das halt relativ* <u>schnell</u>*, weil
die hatten sich das halt überlegt so und mir fiel das halt relativ schnell* <u>ein</u>*. (.) Und
da die aber anfangen sollten, hab ich erstmal nichts gesagt. (1) Ja und darum war
das im Prinzip schon fertig, als sie sich das überlegt hatten so. [I: Mhm.] Also ja. "*

Diese Beschreibung lässt vermuten, dass für Robin die Planungsphase in der
Gruppe nicht bedeutend war. Trotz dessen ist es denkbar, dass er eine individuelle
Planung durchgeführt hat. Robin machte im weiteren Verlauf deutlich, dass ihm
die Bedeutung der Einigung auf einen gemeinsamen Lösungsansatz bewusst war:
*„Ja, muss man ja. Muss ich ja. Also bei den letzten Aufgaben, glaube ich, bei der
letzten oder vorletzten, hatten wir uns ganz lange nicht geeinigt, was wir/ und dann
haben wir erst am Ende uns überlegt, dass man ja beides machen kann so. Und
diesmal hatten wir halt einen gemeinsamen direkt, joa. Dann ging das halt auch
relativ schnell. "* Hierbei erkannte er eine Zeitersparnis durch die gemeinsame Arbeit
an einem Lösungsweg, welches eine Einigung auf einen Lösungsweg voraussetzt.
Hierbei wurde jedoch nicht deutlich, inwiefern die Planung des Lösungsprozesses
für ihn relevant war.

Dahingegen äußerte sich Robin im weiteren Verlauf des Interviews konkreter
zu seiner Sichtweise auf das Planen und somit den Einsatz von metakognitiven
Planungsstrategien während des Modellierungsprozesses. Gegenüber einer ganzheitlichen Planung, die aus dem Besprechen von einzelnen Lösungsschritten besteht
und somit den Einsatz von metakognitiven Planungsstrategien berücksichtigt, zeigte
er sich distanziert. Er berichtete von negativen Auswirkungen bezogen auf den
Arbeitsprozess der Gruppe, indem er die Effizienz der ganzheitlichen Planung in
Frage stellte: *„Ich finde es bisschen unnötig, weil also man hat ja in der Szene davor
gesehen, dass sie da ihren Ansatz schon hatten, wenn ich jetzt richtig erinnere, und
ja, war halt irgendwie bisschen Zeitverschwendung von deren Seite. Also ja. "*

Er sah es als Zeitverschwendung an, den Lösungsweg genau zu antizipieren.
Stattdessen schlug er vor, nach Erhalt des Lösungsansatzes loszulegen und die
genauen Schritte im Vorwege nicht zu besprechen: *„Ich hätte es einfach mir über-
legt/ also das, was die gesagt haben. Ich hätte nicht tausendmal gesagt, wir müssen*

den Dreisatz nehmen, wir müssen das und das machen, dann müssen wir dies, das, das, das, sondern ich hätte es einfach gemacht so. "

Er erkannte in seinem Vorgehen eine Zeitersparnis, da er im Gegensatz zu der Gruppe schon fertig war, als die Gruppe erst ihre Planungsphase beendet hatte: *„Ja, da war ich sozusagen mehr oder weniger fertig halt und dann wollte ich denen das halt erklären. Ja, wie man halt sieht (unv.) wollten das auch machen, nur dass sie halt bisschen/ ja, war halt bisschen Zeit gespart. Sonst wären wir mit unserem zweiten Weg nicht fertig geworden. "*

Im weiteren Verlauf des Interviews beschrieb er zudem, dass für ihn die ganzheitliche Planung von Lösungsschritten mit dem Einsatz von metakognitiven Planungsstrategien Zeitverschwendung sei, da aus seiner Sicht Fehler nicht antizipiert werden können. Durch das schnelle Bearbeiten der ersten Lösungsidee konnte er aus seiner Sicht die Fehler oder auch fehlenden Ansätze erkennen und regulieren: *„Ja, weil es kann ja, wenn man das vorher bespricht, trotzdem ein Fehler drin sein so, den man aber noch nicht sieht. Und wenn man gleich anfängt zu rechnen, sieht man zum Beispiel relativ/ sieht man viel schneller so, dass irgendwo ein Fehler drin ist oder irgendwo was fehlt oder sowas. Wenn man einen Ansatz hat, dann kann man den halt gleich ausrechnen und entweder, man ist dann halt sehr schnell am Ergebnis, so wie wir das jetzt waren, oder es ist halt ein Fehler drin. Dann muss man halt neu anfangen, aber ja. "*

Somit zeigte sich Robin distanziert gegenüber einer ganzheitlichen Planung in der Gruppe und repräsentiert somit Ansätze des distanzierten metakognitiven Typus. Es wird jedoch nicht deutlich, inwiefern sein eigener Ansatz metakognitive Planungsstrategien beinhaltete, weshalb er den Typus nicht optimal repräsentiert. Es ist denkbar, dass Robin auf individueller Ebene die metakognitiven Planungsstrategien angewendet hat und für ihn das Besprechen in der Gruppe nicht notwendig war. Eine mögliche Ursache wäre, dass die Modellierungsaufgabe für ihn nicht komplex genug war, weshalb er die ausführliche Besprechung in der Gruppe als nicht notwendig empfunden hat. Auffällig ist jedoch, dass Robin sich zu beiden Messzeitpunkten distanziert zu dem Einsatz von metakognitiven Planungsstrategien zeigte und beschrieb, dass er nicht immer intensiv über die Lösungsansätze nachgedacht hat, sondern lieber direkt losgelegt hat: *„Ähm (.) ich habe (.) in dem Moment glaub ich gedacht, wie Linda aus dieser Hälfte bitte ei-eine Kugel interpretieren kann. So. [I: Mhm.] Mehr fiel mir- ich denk nicht so tausend Jahre über Sachen nach, sondern ich mach eher so #gleich was#. "* Somit zeigte Robin Ansätze des distanzierten metakognitiven Typus und repräsentiert die erste Ausprägung des Typus.

Der distanzierte metakognitive Typus – Fallbeispiel Max

Max besucht ein Hamburger Gymnasium, welches 2013 mit dem Wert vier einen mittleren KESS-Faktor zugewiesen bekam, was beschreibt, dass sich die Schule in einem sozial eher durchschnittlichen Milieu befindet. Max bearbeitete die Modellierungsaufgaben in einer Vierergruppe aus vier Jungen. Er verdeutlichte in seinen Interviews, dass die Schüler der Gruppe aus seiner Sicht unterschiedlich leistungsstark waren. Er sah sich und einen weiteren Schüler als die leistungsschwachen Schüler der Gruppe an und die beiden anderen als die leistungsstarken, welche die Gruppe vorangebracht haben. Beim Anschauen der Szene war er sehr überrascht, als er erkannte, dass er eine gute Idee in die Gruppe eingebracht hatte: *„Ähm ich hatte halt einfach die Idee gedacht mit dem Halbkreis auf das war ich sogar-?"* Im weiteren Verlauf des Interviews zeigte er deutlich sein schwaches Selbstkonzept gegenüber seiner (mathematischen) Leistung: *„Ähm es war halt relativ normale Gruppenarbeit bei uns und (1) es ist halt so meistens bin ich der Dumme in der Gruppe was (.) stimmt (lacht)."*

Besonders zum ersten Messzeitpunkt war die Konzentration der Gruppenmitglieder eingeschränkt. Sie bearbeiteten die Modellierungsaufgabe, waren jedoch häufig abgelenkt, was sich in abschweifenden Gesprächen äußerte. Ebenso war Max häufig abgelenkt und bemühte sich kaum, seine Konzentration auf die Aufgabenbearbeitung zu lenken. In seinem Interview beschrieb er, dass für ihn der Spaß an erster Stelle stehe, erst danach war für ihn die Bearbeitung wichtig: *„Wir haben halt einfach nur (1) Spaß gehabt auch noch währenddessen und das darauf kams mir halt auch am meisten an, dass wir Spaß haben und auch zu nem Ergebnis kommen [I: Mhm.]. Weil wenn wir zu nem Ergebnis, aber kein Spaß hatten [I: Mhm.] dann dann ist-ist es für mich so gut wie kein Ergebnis, weil einfach kein Spaß haben während man rechnet das ist für mich nicht [I: Mhm.] das ist nicht meins."*

Aufgrund aufgetretener Schwierigkeiten bei der Bearbeitung der Modellierungsaufgabe äußerte Max seine Motivationslosigkeit für die Bearbeitung der ersten Modellierungsaufgabe: *„Ähm (2) wie hab ich mich denn gefühlt? (2) Ein bisschen lustlos auf die Aufgabe, weil wir halt keinen Ansatz hatten und (1) [I: Mhm.] deswegen habe ich halt eher lieber Quatsch gemacht als richtig produktiv zu arbeiten dann haben wir halt erst nach (1) ner Zeit richtig zu arbeiten und dann hats auch Spaß gemacht. Hat ich auch wieder Lust drauf."*

Die Gruppe verbesserte sich in ihrem Arbeitsverhalten zum zweiten Messzeitpunkt und arbeitete konzentrierter an der Aufgabe. Auch Max nahm hierbei eine wichtige Rolle ein. Trotz dessen zeigte er, genauso wie zu Beginn der Studie auch zum zweiten Messzeitpunkt Charakteristika eines distanzierten metakognitiven Typus in Bezug auf den Einsatz metakognitiver Überwachungs- und

Regulationsstrategien, was gegebenenfalls von seiner Arbeitseinstellung beeinflusst wurde.

Max beschrieb im Rahmen des zweiten Interviews immer wieder unterschiedliche metakognitive Überwachungs- und auch Regulationsstrategien der Gruppe. Er nahm dabei die Rolle des Kontrolleurs der Zeit ein und erinnerte seine Mitschüler immer wieder an die noch verbleibende Zeit. Er überwachte die Zeit, weil er aus den letzten Modellierungsaufgaben die Erfahrung sammeln konnte, dass sie am Ende unter Zeitdruck standen: *„Dass wir uns mal beeilen sollten. (schmunzelt) [...] Weil beim letzten Mal war's schon ziemlich knapp. [I: Mhm.] Und ja."* Die anderen Gruppenmitglieder beachteten seine Hinweise auf die Zeitknappheit jedoch nicht, was er nicht als schlimm empfand: *„Normal, die machen sich eigentlich (.) keinen Zeitdruck. [I: Mhm.] Bis dann und dann müssen wir eigentlich fertig sein, aber dann bekommen wir meistens noch fünf bis zehn Minuten. [I: Mhm.] Und ja."*

Außerdem beschrieb er, dass er auch selbst nicht mit einer Zeitnot am Ende der Aufgabe gerechnet hatte, da ihm die Aufgabe nicht schwer vorgekommen war: *„Wir haben nicht mit Zeitmangel gerechnet, weil wir die- weil wir anscheinend dachten, dass wir Aufgaben* nicht *so schwer ist. Die Aufgabe, (stöhnt) oh Gott. [I: Mhm.] Und ja. Das war's dann doch am Ende, der Zeitdruck."*

Dies zeigt die fehlende kontinuierliche Überwachung und auch Regulation in Bezug auf die noch verbleibende Arbeitszeit in dieser Gruppe, obwohl Max die Rolle als Zeitwächter zunächst eingenommen hatte.

Zudem beschrieb Max, dass die Gruppe aus seiner Sicht konzentrierter hätte arbeiten müssen, was die fehlende Überwachung und/ oder Regulation des Arbeitsverhaltens zeigte: *„Wir hätten ein bisschen konzentrierter sein sollen, aber (.) ja, waren wir leider nicht. (schmunzelt)"* Er beschrieb, dass er sich beim nächsten Mal vornimmt *„ernster"* und *„produktiver"* zu arbeiten, was bezogen auf die metakognitiven Überwachungs- und Regulationsstrategien Ansätze eines anderen Typus der Typologie entspricht, den intendierenden metakognitiven Typus (vgl. 4.2.3).

Trotz dessen erkannte er die Sinnhaftigkeit der Hinweise der anderen Gruppenmitglieder nicht, als ihn seine Mitschüler ansprachen, keinen Quatsch zu machen: *„Da ich's ignoriert habe, war's mir eigentlich egal. [I: Mhm.] Aber, ja."*

Er beschrieb immer wieder metakognitive Überwachungsstrategien in Bezug auf den Lösungsprozess der anderen Gruppenmitglieder und erkannte, dass sie somit Fehler im Lösungsprozess finden konnten: *„(2) (atmet laut aus) Normal, also ich mach – jeder macht Fehler und deswegen – er überprüft es und wenn er sagt, dass es richtig ist, ist richtig. Wenn er den Fehler findet, dann sagt er es und dann ja."* Auf Nachfrage gab er an, dass er auch den Lösungsweg seiner Mitschüler kontrolliert hätte, obwohl dieses in seinen Beschreibungen des Interviews nicht deutlich wurde.

Dahingegen lehnte er die Überwachung seines eigenen Lösungsprozesses konsequent ab, als er dieses bei einem seiner Mitschüler wahrgenommen hat: *„(2) Typisch Dennis hult. Er hinterfragt auch seine eigenen Ergebnisse und vor allem die von anderen – und [I: Mhm.] ja."* Er beschrieb, dass er selbst seine Ergebnisse und Lösungswege nicht hinterfragen würde: *„Gut, das mach ich zum Teil nie- das mach ich zum Beispiel nicht. (1) Ich hinterfrage meine eigenen Ergebnisse nicht und ja."* Hierzu gab er an, dass er es selbst nicht machen würde, weil er zu *„faul"* dazu ist: *„Weil ich zu faul dafür bin. (schmunzelt)"*

Dies zeigt, dass die Überwachung und Regulation des eigenen Lösungsweges nicht zu Max´ Einstellung und Motivation bei der Bearbeitung der Modellierungsaufgabe passte. Dieses deckt sich mit der Auffassung, dass die Motivation und Einstellung den Einsatz von metakognitiven Strategien auslösen, aber auch verhindern kann (vgl. 2.3.2). Somit zeigte Max Ansätze der zweiten Ausprägung des distanzierten metakognitiven Typus, da aufgrund seines fehlenden Hinterfragens des eigenen Lösungsweges keine Auslöser rekonstruiert werden konnten und er von der fehlenden Passung zu seiner Arbeitseinstellung berichtete. Trotz dessen verhielt er sich, bezogen auf die Überwachung der Zeit, nicht distanziert, weshalb er dem distanzierten metakognitiven Typus genauso wie Robin nicht umfassend repräsentiert. An dem Fall Max wird deutlich, wie sich eine negative Einstellung bezogen auf die Bearbeitung der Modellierungsaufgaben hinderlich auf den Einsatz metakognitiver Strategien auswirken kann.

4.2.2   Der passive metakognitive Typus

Idealtypus des passiven metakognitiven Typus
Der passive metakognitive Typus ist dadurch charakterisiert, dass genau wie beim distanzierten metakognitiven Typus keine Auslöser für den Einsatz metakognitiver Strategien des betrachteten Bereichs (metakognitive Planungs-, Überwachungs- und Regulations- oder Evaluationsstrategien) rekonstruiert werden können, da kaum metakognitiven Strategien aus Sicht des Schülers oder der Schülerin eingesetzt werden. Dieses wird einerseits dadurch deutlich, dass die Schülerin oder der Schüler konkret benennt, dass die metakognitiven Strategien des betrachteten Bereichs nicht eingesetzt wurden: *„Wir haben nicht irgendwie am Anfang so einen – so geplant, wie wir vorgehen wollen oder was wir besser machen wollen."* Hierbei zeigt sich, dass der Vertreterin beziehungsweise dem Vertreter des Typus der fehlende Einsatz bewusst ist. Andererseits ist es jedoch auch charakteristisch für diesen Typus, dass der fehlende Einsatz nicht konkret benannt wird. In diesen Fällen umschreiben die

Schülerinnen und Schüler diesen, indem sie ein Vorgehen beschreiben, welches den fehlenden Einsatz der metakognitiven Strategien verdeutlicht: *„Ja also wir haben glaub ich einfach irgendwie darauf losgerechnet oder irgendwas gemacht [I: Mhm.] hmm ja weiß ich nicht, keine Ahnung. Also ich würde denken, dass wir einfach (.) irgendwie alles Mögliche [I: Mh.], was uns gerade in den Sinn kam, äh ausprobiert haben und irgendwie irgendwelche Maße zu bekommen, womit wir dann rechnen können.* " In diesen Fällen kann anhand des Interviews nicht rekonstruiert werden, ob der Vertreterin beziehungsweise dem Vertreter des Typus der fehlende Einsatz metakognitiver Strategien bewusst ist.

Neben dem fehlenden metakognitiven Strategieeinsatz ist dieser Typus dadurch charakterisiert, dass er weder von positiven noch von negativen Auswirkungen des Einsatzes der metakognitiven Strategien berichtet. Dieses Charakteristikum unterscheidet diesen Typus vom distanzierten metakognitiven Typus, da dieser eine distanzierte Einstellung gegenüber den metakognitiven Strategien verdeutlicht. Somit äußert dieser Typus kein Bewusstsein für die Bedeutung des Einsatzes metakognitiver Strategien beim mathematischen Modellieren. Ein passives metakognitives Verhalten kann genauso wie ein distanziertes metakognitives Verhalten aufgrund von fehlendem metakognitivem Wissen oder fehlender Sensitivität gegenüber den metakognitiven Strategien des betrachteten Bereichs auftreten. Außerdem kann eine Überforderung mit der Modellierungsaufgabe oder fehlende eigene Motivation ein solches Verhalten begünstigen.

Der metakognitive passive Typus:
- Es lassen sich keine Auslöser für den Einsatz metakognitiver Strategien des betrachteten Bereichs rekonstruieren, da die Person einen fehlenden Einsatz der Strategien verdeutlicht.
- Es werden keine Auswirkungen des Einsatzes der metakognitiven Strategien deutlich.

Prototypen zum passiven metakognitiven Typus
Im Rahmen der Stichprobe konnten insgesamt sieben Fälle rekonstruiert werden, die dem passiven metakognitiven Typus entsprachen. Es handelt sich hierbei um fünf Fälle aus dem ersten Messzeitpunkt und zwei Fälle aus dem zweiten Messzeitpunkt, die dem passiven metakognitiven Typus zugeordnet wurden. Es gibt keinen Fall der zu beiden Messzeitpunkten einem passiven metakognitiven Typus darstellt. Dieses zeigt, dass eine Entwicklung im Rahmen dieses Typus möglich ist und dieser nicht starr erhalten bleibt. Es zeigt sich außerdem eine Tendenz, dass es zu Beginn mehr Fälle gibt, die einem passiven metakognitiven Typus entsprachen. In Hinblick auf die Notwendigkeit metakognitiver Strategien beim mathematischen Modellieren stellt dieses eine positive Entwicklung dar. Außerdem konnten zu allen drei metakognitiven Bereichen Fälle rekonstruiert werden, die einem passiven metakognitiven

Typus widerspiegeln. Hierbei zeigen sich deutlich mehr Fälle, die einem passiven metakognitiven Typus im Bereich der metakognitiven Planungsstrategien als bei den metakognitiven Überwachungs- und Regulations- sowie den Evaluationsstrategien darstellen, da sich fünf der sieben rekonstruierten Fälle auf den Einsatz metakognitiver Planungsstrategien beziehen. Somit zeigt sich im Rahmen dieser Untersuchung bei den metakognitiven Strategien der Planung vergleichsweise häufiger ein passives Verhalten der Schülerinnen und Schüler im Gegensatz zu den anderen metakognitiven Bereichen der Überwachungs-/Regulations- und Evaluationsstrategien (für weitere übergreifende Auswertungen vgl. 4.3).

Der passive metakognitive Typus – Fallbeispiel John
John besucht ein Hamburger Gymnasium, welches 2013 mit dem Wert sechs den höchsten KESS-Faktor zugewiesen bekam, was beschreibt, dass sich die Schule in einem sozial eher gehobenen Milieu befindet. John bearbeitete die Modellierungsaufgaben in einer gemischt-geschlechtlichen Gruppe aus zwei Mädchen und zwei Jungen.

John erklärte in seinem ersten Interview, dass er vor dem Modellierungsprojekt keinerlei Erfahrungen mit der Bearbeitung von Modellierungsaufgaben gesammelt hatte. Dieses wird besonders deutlich, als er von den *Startschwierigkeiten* berichtete, welche die Gruppe bei der Bearbeitung der ersten Modellierungsaufgabe hatte. Aufgrund der Unterbestimmtheit der Aufgaben hatte die Gruppe Schwierigkeiten, einen Ansatz zu finden: *„Also es war halt anfangs war es halt sehr schwer, irgendwie überhaupt erstmal einen Anhaltspunkt zu finden sag ich jetzt mal, womit man arbeiten kann, damit man halt dies ähm also damit man halt ausrechnen kann, wie viel Liter Luft in diesem Ballon sind ähm und deswegen da musste man halt erst am Anfang ein bisschen bisschen grübeln [I: Mhm.] sag ich jetzt mal und das fiel einem halt sehr schwer. [..] Also es gab halt anfangs, also diese Startschwierigkeiten.“*

Vermutlich aufgrund der Schwierigkeiten mit dem neuen Aufgabenformat verhielt sich John in Bezug auf die metakognitiven Überwachungs- und auch Regulationsstrategien passiv, was bedeutet, dass keine Auslöser und Auswirkungen des Einsatzes dieser metakognitiven Strategien rekonstruiert werden konnten. Bei der folgenden Darstellung des Prototyps wird somit im Detail auf seine Sichtweisen zu Beginn der Studie und auf den Einsatz von Überwachungs- und auch Regulationsstrategien eingegangen, da er am Ende der Studie keinen passiven metakognitiven Typus mehr repräsentierte.

Im Rahmen des ersten Interviews beschrieb John nur selten Überwachungs- und auch Regulationsstrategien von sich und anderen Gruppenmitgliedern. An mehreren Stellen des Interviews zeigte John, dass er selbst seinen Lösungsprozess, seine Lösungsideen oder auch die Zeit nicht überwacht hat. Außerdem wurde an einigen

Stellen des Interviews eine fehlende Regulation von sich, aber auch von anderen Gruppenmitgliedern deutlich. Bereits zu Beginn des Interviews beschrieb John eine fehlende Überwachung der ausgewählten Lösungsideen der Gruppe. Er berichtete, dass die Gruppenmitglieder die Ideen nicht hinterfragt, sondern sofort mit dem Rechnen angefangen haben: *„Ja also wir haben glaub ich einfach irgendwie darauf losgerechnet oder irgendwas gemacht [I: Mhm.] hmm ja weiß ich nicht, keine Ahnung. Also ich würde denken, dass wir einfach (.) irgendwie alles Mögliche [I: Mh.], was uns gerade in den Sinn kam äh ausprobiert haben und irgendwie irgendwelche Maße zu bekommen, womit wir dann rechnen können. "* Somit zeigt sich aus der Sicht von John eine fehlende Überwachung der Lösungsideen, welches mit einer fehlenden Planung des Lösungsprozesses einherging. Außerdem berichtete John von einer fehlenden Regulation eines Problems. Daraus resultierte, dass sich die Gruppe abgelenkt hat, anstatt das entstandene Problem zu lösen: *„Ähm (1) also Lara hat irgendwas berechnet [I: Mhm.]. Ich bin mir auch nicht mehr sicher, was sie berechnet haben. Ähm aber auf jeden Fall hatten die dann irgendne Zahl raus ich glaub 392 oder so. Ähm und das kam halt irgendwie nicht hin und deswegen haben die dann irgendwie gesagt (.) aus Spaß so ja jetzt nochmal die Wurzel ziehen und dann mal nehmen und so was [I: Mh.] also (.) ja da hat man halt auch irgendwie einfach aus Spaß versucht, weil man wusste, dass es eigentlich (.) so nicht sein kann (…) "*

Außerdem beschrieb John keinerlei Überwachungsstrategien in Bezug auf die Zeit. Er berichtete davon, dass die Gruppe am Ende der Bearbeitung unter Zeitnot geraten ist, was die fehlende Überwachung der Zeit verdeutlichte: *„Also am Ende also vor dieser Szene da hatten wir halt alle irgendwie so ein kleinen <u>Motivationsschub</u> [I: Mhm.], weil wir dann halt auch unter Zeitdruck äh geraten sind und dann wollten wir halt noch irgendwas rausfinden und dann hat halt durch irgendne Rechnung haben wir diese 23 Millionen oder so herausgefunden. Und ja (.) dann dachten wir so, ja dann haben wir jetzt immerhin irgendein Ergebnis und so was also [I: Mhm.] ja. "*

Seine passive Haltung gegenüber den Überwachungs- und auch Regulationsstrategien wurde jedoch erst richtig deutlich, als er über seine eigenen Denkprozesse berichtete. John äußerte, dass er die Lösungsideen der anderen Gruppenmitglieder ausgeführt hat, obwohl er den Sinn der Ideen nicht verstanden hat: *„Äh also ich glaub es war eher so okay dann mach ich das jetzt mal. [I: Mhm.] Hab zwar nicht <u>so</u> große Ahnung, was das jetzt also nicht so unbedingt was das jetzt bringt aber was wir dann mit den Werten anfangen sollen [I: Mhm.], wenn wir die dann ausgerechnet haben. Und ja. "* Dies verdeutlicht neben der fehlenden Überwachung eine fehlende Regulation seinerseits, da er die Lösungsidee der anderen ausgeführt hat, ohne einen Sinn dahinter erkannt zu haben und seine Schwierigkeiten zu lösen.

Ebenso beschrieb er an weiterer Stelle im Interview eine fehlende Regulation bei Schwierigkeiten im Lösungsprozess, die sich schließlich auf seine Konzentration im Bearbeitungsprozess auswirkten: *„Äh also ich glaub da hatten wir alle so ne also zumindest Felix und ich hatten so ne Blockade vor dem Kopf [I: Mhm.] vielleicht war es dann auch son bisschen so, ich verstehe das nicht, deswegen gebe ich mir auch keine Mühe, das irgendwie zu verstehen oder so, also keine Ahnung. Irgendwie (1) hat ich da son Hänger, sag ich jetzt mal und habe gar nicht kapiert, was wir da jetzt machen müssen und so."*

Weiterhin berichtete John an mehreren Stellen des Interviews von einer fehlenden Überwachung seines Lösungsprozesses. Er beschrieb, dass er Lösungsideen in die Gruppe eingebracht hat, die er selbst nicht hinterfragt hat: *„Ja ich hab halt gedacht, irgendwie, weil der Mann war ja 0,5 cm groß [I: Mhm.] (1) und ich hab das halt irgendwie nicht auf die Realität bezogen, sondern einfach (.) keine Ahnung, um nachzugucken, wie viel Meter der ist. Aber ich hab in dem Moment irgendwie gar nicht nachgedacht, sondern einfach irgendwie [I: Mhm.] versucht irgendwas herauszubekommen, aber das hat gar kein Sinn gemacht [I: Ah okay.]. Also das hat eigentlich überhaupt nichts gebracht das (halt?) das nachgefragt hab, weil das [I: Mhm.] völlig unnötig war."*

Schließlich benannte John konkret, dass er sich keine Gedanken über die Produktivität seiner Ideen gemacht hat: *„(1) geht so also richtig drüber nachgedacht, ob die jetzt produktiv sind oder nicht, habe ich eher wenig [I: Okay.] also ich habe eher versucht irgendwas (.) sag ich jetzt mal rauszufinden ja."*

Demnach war es ihm wichtig, eine Lösungsidee in die Gruppe zu bringen, wobei er die Qualität der Ideen nicht weiter hinterfragt hat. Insgesamt thematisierte John nicht die Notwendigkeit der Überwachungs- und auch Regulationsstrategien beim mathematischen Modellieren im Interview. Die Vermutung liegt nahe, dass seine passive Haltung gegenüber den Überwachungs- und auch Regulationsstrategien an einer Überforderung mit der Bearbeitung der Modellierungsaufgabe gelegen hat: *„also es war halt einfach nur (.) ah nicht unbedingt aus Verzweiflung aber halt einfach so, dass ich versuche irgendwas herauszubekommen, was uns weiterbringt, was dann aber nicht so ist, also [I: Mhm.] irgendwie ja."* John berichtete von einer Verunsicherung bei der Bearbeitung der Modellierungsaufgabe, was aufgrund der ungewohnten Komplexität durchaus denkbar war. Dieses verdeutlicht, wie bedeutend die Auswahl der Komplexität von Modellierungsaufgaben ist, damit die Schülerinnen und Schüler angeregt werden, metakognitive Strategien beim mathematischen Modellieren einzusetzen.

Alles in allem stellt John somit einen angemessenen Prototyp für den passiven metakognitiven Typus in Bezug auf Überwachungs- und Regulationsstrategien dar, da keine Auslöser und Auswirkungen des Einsatzes der Überwachungs- und Regulationsstrategien aus seiner Sicht rekonstruiert werden konnten.

4.2.3 Der intendierende metakognitive Typus

Idealtypus des intendierenden metakognitiven Typus
Der intendierende metakognitive Typus ist dadurch charakterisiert, dass er genauso wie der distanzierte und passive metakognitive Typus einen fehlenden Einsatz der metakognitiven Strategien des betrachteten Bereichs (metakognitive Planungs-, Überwachungs- und Regulations- oder Evaluationsstrategien) beschreibt:

„Also Planung war (.) auch nicht wirklich da drin. (1) Ja, also Planung hab ich da nicht unbedingt gesehen. Das kann man nicht als Planung bezeichnen, meiner Meinung nach, aber so, dass wir schon 'ne (Idee?) hatten.“

Aufgrund der Beschreibung des fehlenden Einsatzes der metakognitiven Strategien können keine Auslöser des Einsatzes metakognitiver Strategien im Interview rekonstruiert werden.

Vertreterinnen und Vertreter des Typus reflektieren im Interview über negative Auswirkungen aus dem fehlenden Einsatz metakognitiver Strategien: *„Also da war der Punkt angelangt, wo (2) wir keinen wirklichen Überblick hatten, wie wir das machen wollen. (2) Und wo wir dann zwar überlegt haben (.) also wir haben überlegt und geguckt, wie man das machen könnte. Es war eigentlich so, wir (.) wir haben (2) von Anfang an paar Sachen überlegt, die dann ausgerechnet und wieder irgendwas überlegt und manche sind dann wie auf so ner Autobahn(.), sind diese Themen aneinander vorbei [I: Mhm.] das sie nicht unbedingt ja den Zusammenhang hatten [I: Mhm.].“*

Dieser Typus kennzeichnet sich durch die Sichtweise, dass die negativen Auswirkungen durch den Einsatz metakognitiver Strategien hätten verhindert werden können. Dieses zeigt sich, indem über positive Auswirkungen des Einsatzes der metakognitiven Strategien reflektiert wird: *„Weil, wenn man ähm 'ne Ordnung am Anfang hat, dann kann man natürlich auch schon sozusagen die festen Rechenschritte ha- haben und braucht weniger Zeit für die Aufgabe, weil man nicht erstmal überlegen muss, was mach ich jetzt, sondern dann sozusagen nach diesen Plan direkt vorgeht. Und das spart natürlich Zeit und irgendwie glaube ich auch, dass das Fehler minimiert, wenn man gleich weiß, was man rechnen muss und nicht erstmal sich das noch überlegt und dann vielleicht 'n Flüchtigkeitsfehler einbaut.“*

Basierend auf möglichen positiven Auswirkungen des Einsatzes metakognitiver Strategien kann dieser Typus durch die Intention, metakognitive Strategien bei der nächsten Modellierungsaufgabe einzusetzen, charakterisiert werden: *„...Also* *nächstes Mal könnte man sich ja vielleicht mehr an den Modellierungskreislauf halten. Also dass man nich so planlos sozusagen an die Sache rangeht [...], weil zwischendurch war man irgendwie so wieder son bisschen man hat den Faden verloren und wusste dann jetzt gar nich so, wie wir das auch mit dem Korb gemacht haben. Dann wusste man gar nicht so: „Warum ham wir jetzt eigentlich den Korb berechnet? Und deswegen sollte man sich, glaub ich, schon besser überlegen, wie man jetzt vorgehen möchte."*

Dieser metakognitive Typus ist geprägt durch bereits vorhandenes metakognitives Wissen in Bezug auf metakognitive Strategien und ein Bewusstsein für die Sinnhaftigkeit deren Einsatzes, indem positive Auswirkungen des metakognitiven Strategieeinsatzes benannt werden. Trotzdem werden die metakognitiven Strategien noch nicht selbstständig eingesetzt. Dieses könnte an einer Überforderung mit der Modellierungsaufgabe, an einer fehlenden Motivation oder auch an fehlendem konditionalem Wissen liegen, wann und wie eine Strategie am besten eingesetzt wird.

Der intendierende metakognitive Typus:

- Es lassen sich **keine Auslöser** rekonstruieren, weil die Person die metakognitiven Strategien aus ihrer Sicht nicht eingesetzt hat.
- Sie äußert jedoch im Interview **positive Auswirkungen** des Einsatzes metakognitiver Strategien und wünscht sich, diese zukünftig einzusetzen.

Prototypen zum intendierenden metakognitiven Typus

In dieser Stichprobe konnten insgesamt acht Fälle des intendierenden metakognitiven Typus rekonstruiert werden. Hierbei wurden drei Fälle zu Beginn der Studie identifiziert und fünf Fälle am Ende der Studie. Es zeigt sich, dass zwei Fälle zu beiden Messzeitpunkten einem metakognitiven Typus des intendierenden metakognitiven Typus entsprachen. Dieses zeigt, dass im Rahmen des Typus eine Entwicklung erfolgen kann, diese Entwicklung jedoch nicht bei allen Fällen eintritt. Mit fünf Fällen entsprachen mehr Fälle am Ende der Studie einem intendierenden metakognitiven Typus als zu Beginn der Studie. Eine mögliche Erklärung ist, dass die Schülerinnen und Schüler im Laufe des Projektes aufgrund der gemachten Erfahrungen mit komplexen Problemstellungen auf die Sinnhaftigkeit des Einsatzes metakognitiver Strategien aufmerksam gemacht wurden. Es ist denkbar, dass sie beim Anschauen der Videoszene den fehlenden Einsatz wahrgenommen haben und dadurch ihr Bewusstsein über die Sinnhaftigkeit des Einsatzes angeregt wurde. Schließlich wurden deutlich mehr Fälle im Rahmen der Planungsstrategien als bei den anderen beiden metakognitiven Bereichen rekonstruiert, die einem intendierenden metakognitiven Typus entsprachen. Es konnten sechs Fälle bezogen auf die

Planungsstrategien einem intendierenden metakognitiven Typus zugeordnet werden, wohingegen nur jeweils ein Fall bezogen auf die Überwachungs-/ Regulations- und Evaluationsstrategien einem intendierenden metakognitiven Typus entsprachen. Dieses zeigt, dass in dieser Stichprobe bei den Planungsstrategien vergleichsweise häufig ein intendierendes metakognitives Verhalten auftritt, als bei den anderen beiden metakognitiven Strategien.

Der intendierende metakognitive Typus – Fallbeispiel Helen
Helen besucht ein Hamburger Gymnasium, welches 2013 mit dem Wert sechs den höchsten KESS-Faktor zugewiesen bekam, was beschreibt, dass sich die Schule in einem sozial eher gehobenen Milieu befindet. Helen bearbeitete die Modellierungsaufgaben in einer gemischt-geschlechtlichen Gruppe aus zwei Mädchen und zwei Jungen, wobei John einer der Jungen war (vgl. 4.2.2).

Herausstechend waren bei Helen die Fähigkeit der Evaluation, was sie bereits zum ersten Interview verdeutlichte: *„Also bei uns war das Problem (.) bei mir ist so wenn ich so Sachen mache auch zum Beispiel mich mit meiner Familie streite, gehe ich im Nachhinein bleibt das verdränge das nicht, sondern gehe das alles durch, was ich persönlich besser machen kann und das auch wenns manchmal nervt, mache ich das auch zum Beispiel gestern nach der Schule habe ich das auch mit diesen Modellierungsding gemacht [...]. "*

Hierbei evaluierte sie nach der Modellierungseinheit selbstinitiiert zu Hause, wie die Gruppe bei der nächsten Aufgabenbearbeitung ihre Zusammenarbeit und den Lösungsprozess optimieren kann. Zu beiden Messzeitpunkten kam sie zu dem Entschluss, dass die Gruppe strukturierter vorgehen sollte, was für sie gleichbedeutend mit einer ganzheitlichen Planung war. Dementsprechend handelte es sich bei Helen zu beiden Messzeitpunkten um den intendierenden metakognitiven Typus in Bezug auf den Einsatz von metakognitiven Planungsstrategien. Zur folgenden Darstellung des Prototypens wird ihre Sichtweise fokussiert auf den zweiten Messzeitpunkt beschrieben.

Helens Verständnis von Planung entsprach nicht nur einem Austausch über den Lösungsansatz in der Gruppe, sondern dem Besprechen einzelner Lösungsschritte der Bearbeitung. Diese Schritte sollten bestmöglich zu Beginn in der Gruppe besprochen und insbesondere schriftlich fixiert werden, damit sich die Gruppe im Laufe der Bearbeitung daran orientieren kann: *„Ähm der Aufgabe so einmal theoretisch ähm das aufbaut, wie man da rangeht und was wir berechnen <u>müssen</u>, dass man das wirklich klarer aufschreibt und sich klarer austauscht (2) und dass man <u>das</u> dann wirklich <u>so</u> umsetzt, wie man's gedacht hätte und dass man wirklich (.) die Schritte (1) aufschreibt? (1) Ja. "*

Es handelte sich hierbei somit um ein ganzheitliches Planungsverständnis, welches den Einsatz von metakognitiven Planungsstrategien beinhaltet.

In Anlehnung an ihr Planungsverständnis beschrieb Helen mehrfach im Interview die fehlende Planung und somit den fehlenden Einsatz von Planungsstrategien in der Gruppe: *„Also Planung war (.) auch nicht wirklich da drin. (1) Ja, also Planung hab ich da nicht unbedingt gesehen. Das kann man nicht als Planung bezeichnen, meiner Meinung nach, aber so, dass wir schon 'ne (Idee?) hatten. "*

Anstelle dessen berichtete sie, dass die Gruppe nicht im Vorwege über die einzelnen Schritte des Bearbeitungsprozesses nachgedacht hat. Die einzelnen Schritte sind der Gruppe nacheinander im Laufe des Bearbeitungsprozesses eingefallen: *„Aber im Laufe der Zeit haben wir (1) – wurd es halt deutlicher, wie das m- gehen soll und das – wie soll man's beschreiben, also es war eher so, dass es so Informationen waren, die wir selber so gefunden haben und dann uns ausgetauscht haben, wenn jemand eine Idee hatte, hat er's entweder mit den anderen mitgeteilt oder gerechnet. (1) Und so hat es sich so zusammengewürfelt. Wir haben nicht irgendwie am Anfang so einen – so geplant, wie wir vorgehen wollen oder was wir besser machen wollen. Also besser natürlich, haben wir am Anfang besprochen, aber (1) haben das nur teilweise befolgt, aber es war eher so 'ne Aufgabe, wo wir (.) losgelegt haben. "*

Durch die Darstellung der fehlenden Planung von Helen konnten keine Auslöser für einen Einsatz von metakognitiven Planungsstrategien rekonstruiert werden. Sie beschrieb jedoch mögliche Erklärungen für die fehlende Planung und somit den fehlenden Einsatz von metakognitiven Planungsstrategien in der Gruppe. Aus ihrer Sicht ist es denkbar, dass die fehlende Planung und somit der fehlende Einsatz von Planungsstrategien an der Einstellung der Gruppenmitglieder liegen könnte, da für sie der Spaß bei der Bearbeitung bedeutend war. Als weitere mögliche Erklärung gab sie den Zeitdruck an, da die Gruppe den Eindruck hatte, dass wenig Zeit für die Aufgabenbearbeitung gegeben wurde und sie somit schnellstmöglich anfangen mussten: *„ Warum? Das (2) ja ein warum gibt es da eigentlich für mich nicht, wir haben – (3) also f- bei uns in der Gruppenarbeit war halt- war's ziemlich oft so, dass es (1) ziemlich viel mit Spaß zu tun hatte und ziemlich lustig war. [I: Mh.] Vielleicht hat man das auch gesehen, dass wir oft gelacht haben. [I: Mhm.] (1) Und wir haben (2) ja, (1) wir haben dann (.) angefangen, die Aufgaben zu rechnen und (2) ich weiß nicht, woran es liegt, wa- arum wir es nicht geplant haben, ich glaub, es ist einfach (1) es sind 40 Minuten. 40 Minuten sind begrenzt. F- manche Aufgaben, da hätten wir halt länger gebrauchen können. Zum Beispiel die, da wussten wir ja noch nicht, dass sie jetzt nicht unbedingt so komplex ist wie andere Aufgaben. (1) Und dann sind wir eher drauf losgegangen. [I: Mhm.]. Ich glaub, wenn wir uns wirklich zehn Minuten oder so mit der Aufgabe wirklich (1) intensiv beschäftigt hätten und wirklich darüber nachgedacht hätten, (1) was wir berechnen wollen, (1)*

und wirklich schon alles im Voraus – im Voraus gedacht haben, (1) ich glaub, dann hätten wir es geplant, aber so haben wir's nicht...."
Auch in diesem Zitat beschrieb Helen erneut den fehlenden Einsatz von Planungsstrategien in der Gruppe. In dem Interview kam sie immer wieder auf den fehlenden Einsatz von Planungsstrategien in der Gruppe zurück, was zeigt, wie wichtig ihr die Planung des Bearbeitungsprozesses bei Modellierungsaufgaben war.
Sie beschrieb diesen Wunsch nach Planung jedoch auch explizit im Rahmen des Interviews und gab hierbei positive Auswirkungen für die Planung und somit den Einsatz von Planungsstrategien bei Modellierungsaufgaben an: *„[...] dass wir vielleicht (.) eher ein Plan haben und dass wir uns austauschen, ob wir 'n Plan haben wollen. Oder also – was wir davon halten, dass wir uns wirklich austauschen und was wir über die Aufgabe denken, wie wir glauben, wie wir vorgehen können. (1) Und dass wir dadurch eher – (2) ja eher – wie sagt man? Dass wir- dass man wirklich eine Vorgehensweise im Auge hat...."*
Im Rahmen dieser Äußerung beschrieb Helen positive Auswirkungen metakognitiver Planungsstrategien in Bezug auf den Arbeitsprozess, da sie durch den Einsatz von metakognitiven Planungsstrategien eine Vorgehensweise in den Blick nehmen können, an der sie sich orientieren können. Dies zeigt zum einen den Wunsch nach einer fokussierten Betrachtung des Lösungsweges, zum anderen die Erkenntnis der Notwendigkeit der Transparenz des Lösungsweges, welches der Orientierung dient. Dieses verdeutlichte sie zusätzlich an weiteren Stellen im Interview. So beschrieb sie, was ihr bei dem Vorgehen der Gruppe gefehlt hat, dass sie mehrmals während der Bearbeitung nicht weiterwussten, weil sie keinen Lösungsweg im Kopf hatten oder auch nicht wussten, was sie gerade getan haben: *„Ja, aber ich glaube im Laufe der Zeit war's so, (1) dass wir keinen genauen Plan hatten, was wir machen wollen und dass dadurch ich manchmal- bei mir auch Unklarheit war, was wir jetzt ganz genau gemacht haben. Nicht unbedingt Verständnislosigkeit, sondern einfach Unklarheit, (1) was wir jetzt berechnen. [I: Mhm.] (1) Oder wie wir – (1) welche der nächsten Schritte."*
Auf Nachfrage beschrieb Helen weitere positive Auswirkungen metakognitiver Planungsstrategien in Bezug auf das kooperative Arbeiten. Sie berichtete, dass der Einsatz von metakognitiven Planungsstrategien nicht nur den eigenen Lösungsweg deutlicher macht, sondern auch den Lösungsweg für die anderen Gruppenmitglieder: *„hab- also ich – wir haben das jetzt nicht unbedingt aufgeschrieben alles und dadurch (1) – das war jetzt nicht bei diesem Mal so, aber bei anderen Aufgaben war's manchmal so, dass wir nicht weiterwussten, was wir gemacht haben oder auch andere, dass sie's nicht ganz nachvollziehen können, (.) wenn man dann eher in Gedanken geguckt hat, wie man weiter vorgehen kann und dann in Taschenrechner*

eingegeben hat und dann nur das Ergebnis aufgeschrieben hat. Das Ergebnis hat uns dann auch nicht unbedingt weitergebracht. "

Aufgrund der fehlenden Planung und somit dem fehlenden Einsatz von metakognitiven Planungsstrategien hatte die Gruppe somit mehrmals das Problem, dass die Schülerinnen und Schüler den Arbeitsstand der anderen Gruppenmitglieder nicht kannten und somit nicht an einem gemeinsamen Lösungsweg arbeiteten. Das Nachvollziehen des Lösungsweges durch die fehlende Fixierung der Arbeitsschritte wurde demnach stark erschwert. Dieses zeigt ebenso erneut die Bedeutung der Transparenz des Lösungsweges für Helen.

Insgesamt zeigt sich somit, dass Helen die Bedeutung metakognitiver Planungsstrategien bei Modellierungsaufgaben bewusst war. Sie zeigte dies, indem sie positive Auswirkungen der Planungsstrategien auf den Lösungsprozess und auch auf das kooperative Arbeiten nannte und mehrfach im Interview die fehlende Planung und somit den fehlenden Einsatz von metakognitiven Planungsstrategien kritisierte. Trotz dessen beschrieb sie, dass die Gruppe bei der Bearbeitung der Modellierungsaufgabe aus ihrer Sicht keinen Einsatz von metakognitiven Planungsstrategien vorgenommen hat. Sie zog daraus den Schluss, dass sie sich dies für die nächsten Modellierungsaufgaben wünschen würde und stellt somit einen angemessenen Prototyp des intendierenden metakognitiven Typus dar.

4.2.4 Der aktivierte metakognitive Typus

Idealtypus des aktivierten metakognitiven Typus
Der aktivierte metakognitive Typus ist dadurch charakterisiert, dass metakognitive Strategien des betrachteten Bereichs (metakognitive Planungs-, Überwachungs- und Regulations- oder Evaluationsstrategien) aus Sicht der Schülerin oder des Schülers eingesetzt werden. Dies zeigt sich, indem die Schülerin oder der Schüler über den Einsatz im Interview berichtet: *„Also, hier ist das, was ich halt gerade schon meinte. Dass wir halt nochmal geguckt haben, ob das wirklich richtig ist. "*

Entscheidend für diesen Typus ist, dass der Einsatz überwiegend extern ausgelöst wird, was bedeutet, dass dieser von außen angeregt wird. Dieses kann einerseits durch die Hinweise von anderen Gruppenmitgliedern erfolgen: *„Ähm, ich glaub Dustin hat da noch was herausgefunden, was wir noch machen sollten, also irgendwie (1) hm das vergleichen mit nem- mit nem anderen realen (1) Vergleich irgendwie, ob das stimmen kann die Lösung irgendwie. Und dann hab- hatte ich halt im Internet herausgesucht, wie viel hm Liter in son Durchschnittsballon passen und (1) ja. "*

Andererseits kann es aber auch sein, dass die Lehrperson durch eine konkrete Intervention den Einsatz der Strategien anregen konnte: *„...beziehungsweise hat* *er uns ja auch gefragt, ich find das immer son bisschen praktischer, wenn man wirklich gefragt wird: Was ist euer Plan? Weil dann macht man sich im Kopf nochmal Gedanken darüber, was man jetzt eigentlich genau vorhat und dann wird eim auch selber klar, wie man vorgehen möchte, als wenn man jetzt sich die Frage gar nicht stellt, sondern irgendwelche Ideen vorschlägt.*"

Zudem kann die Gestaltung der Lernumgebung, zum Beispiel durch den Einsatz des Modellierungskreislaufs oder die Auswahl der Modellierungsaufgaben, den Einsatz der metakognitiven Strategien anregen: *„aber wenn man dann drüber nachgedacht hat durch den Kreislauf, ob das (.) überhaupt realistisch ist dann hat man halt gemerkt, das stimmt nicht. Also kann nicht stimmen.*"

Im Rahmen des Idealtypus gibt es drei Ausprägungen, die sich in ihren rekonstruierten Auswirkungen und in der Intention des Einsatzes unterscheiden. Der erste Untertypus ist dadurch gekennzeichnet, dass die Schülerin oder der Schüler keinerlei Auswirkungen des Einsatzes der metakognitiven Strategien verdeutlicht, während bei dem zweiten Untertypus positive Auswirkungen durch den Einsatz der metakognitiven Strategien beschrieben werden: *„Weil sonst könnten wir uns ja nicht hundertprozentig sicher sein, ob es (.) richtig ist, weil, ich mein, mit dem Hand- mit der Hand – handschriftlich kann man ja auch mal- also Fehler machen.*"

Schließlich gibt es eine letzte Ausprägung des Typus, die dann zugeordnet wird, wenn positive Auswirkungen für den Einsatz metakognitiver Strategien deutlich werden, und zudem der Wunsch geäußert wird, den Einsatz der metakognitiven Strategien zu verbessern, da Defizite in dem Einsatz erkannt werden: *„Also (langgezogen) natürlich nehme ich diese – diese Struktur [des Modellierungskreislaufs] mit und ich denke mal wir werden auch versuchen, das in Zukunft auch mindestens genauso strukturiert oder strukturierter zu machen. (1) Ähm weil wir jetzt auch gelernt haben, wie man diese Aufgaben bearbeitet und wie man damit umgeht, in 'ner Gruppe zu arbeiten und diese Probleme sozusagen zu (.) überwinden oder mit denen klarzukommen.*"

Die verschiedenen Ausprägungen des Typus unterscheiden sich somit in dem Bewusstsein über die Bedeutung des Einsatzes der metakognitiven Strategien. Während bei der ersten Ausprägung noch kein Bewusstsein über deren Notwendigkeit und Angemessenheit deutlich wird, zeigen Fälle der zweiten Ausprägung bereits Ansätze eines solchen Bewusstseins. Die dritte Ausprägung verdeutlicht schließlich ein entwickeltes Bewusstsein über die Bedeutung der metakognitiven Strategien. Dieser Typus nimmt hierbei jedoch auch wahr, dass die Einstellung zum Einsatz der metakognitiven Strategien von außen positiv beeinflusst wurde. Zudem ist der Einsatz aus Sicht der Schülerin oder des Schülers noch defizitär, weshalb der Wunsch geäußert wird, an deren Weiterentwicklung zu arbeiten.

Nach den Entwicklungsstadien des Strategieerwerbs befindet sich der aktivierte metakognitive Typus in dem Stadium des Produktionsdefizits, da er die metakognitiven Strategien nicht spontan, jedoch nach Anregung von außen anwendet (vgl. Abschnitt 2.3.2).

Der aktivierte Typus

- Es lassen sich überwiegend **externe Auslöser** für den Einsatz metakognitiver Strategien rekonstruieren.
- Erste Ausprägung: Es werden **keine Auswirkungen** des Einsatzes der metakognitiven Strategien deutlich.
- Zweite Ausprägung: Es werden **positive Auswirkungen** des Einsatzes der metakognitiven Strategien deutlich.
- Dritte Ausprägung: Die Person beschreibt **positive Auswirkungen** des Einsatzes metakognitiver Strategien und gibt an, dass sie bei den nächsten Modellierungsstunden **den Einsatz** der metakognitiven Strategien verbessern möchte.

Prototypen zum aktivierten metakognitiven Typus

In dieser Stichprobe konnten insgesamt 20 Fälle des aktivierten metakognitiven Typus rekonstruiert werden, wobei mit 14 Fällen am häufigsten die zweite Ausprägung des Typus rekonstruiert werden konnte. Die erste Ausprägung konnte hingegen nur einmal identifiziert werden, während fünf Fälle die dritte Ausprägung repräsentierten. Mit zwölf Fällen, die einem aktivierten metakognitiven Typus entsprachen, konnte zu Beginn der Studie häufiger dieser Typus rekonstruiert werden als zum Ende der Studie, was bedeutet, dass aus Sicht der Schülerinnen und Schüler sie zu Beginn der Studie häufiger überwiegend von außen angeregt wurden, metakognitive Strategien einzusetzen. Es zeigt sich nur bei zwei Fällen, dass sie zu beiden Messzeitpunkten dem aktivierten metakognitiven Typus entsprachen. Dieses zeigt, dass häufig eine Entwicklung im Rahmen dieses metakognitiven Typus erfolgte, diese Entwicklung jedoch nicht erfolgen muss.

Eine mögliche Begründung hierfür ist, dass die Schülerinnen und Schüler am Ende der Studie selbst die Bedeutung des Einsatzes metakognitiver Strategien erkannt haben und aufgrund dessen die metakognitiven Strategien auch selbstinitiiert einsetzten. Am häufigsten konnten Fälle in Bezug auf metakognitive Planungsstrategien identifiziert werden, die einem aktivierten metakognitiven Typus entsprachen. Dieses zeigt, dass die Schülerinnen und Schüler aus ihrer Sicht am häufigsten angeregt wurden, metakognitive Planungsstrategien einzusetzen. Im Rahmen der metakognitiven Strategien der Evaluation sowie Überwachung und Regulation konnten vergleichbar häufig Fälle identifiziert werden, die einem aktivierten metakognitiven Typus widerspiegelten. Aus der Sicht der Schülerinnen und Schüler fällt auf, dass zu Beginn häufiger die metakognitiven Strategien der Überwachung und auch Regulation angeregt wurden, während am Ende die der Evaluation häufiger angeregt wurden. Die Anzahl der Fälle, die dem aktivierten metakognitiven Typus in Bezug auf die metakognitiven Planungsstrategien zugeordnet werden konnten, gehen genauso wie die Anzahl der Fälle in Bezug auf die metakognitiven

Überwachungs- und auch Regulationsstrategien, am Ende der Studie von sechs auf drei zurück. Es ist somit denkbar, dass die Schülerinnen und Schüler zum Ende der Studie die metakognitiven Strategien der Planung, Überwachung und Regulation selbst mehr verinnerlicht haben, weshalb sie diese auch selbstinitiiert eingesetzt haben. Andererseits kann es jedoch auch sein, dass sie nicht mehr auf die äußeren Anregungen reagierten, da diese für sie als nicht zielführend aufgefasst wurden, da es einen Fall gibt, der zunächst einem aktivierten metakognitiven Typus und am Ende einen passiven metakognitiven Typus entsprach. Im Gegensatz dazu wurden die Schülerinnen und Schüler insbesondere zum Ende der Studie zum Einsatz der metakognitiven Strategien der Evaluation angeregt (für weitere Analysen siehe 4.3).

Der aktivierte metakognitive Typus (1) – Fallbeispiel Elena
Elena besucht ein Hamburger Gymnasium, welches 2013 mit dem Wert vier einen mittleren KESS-Faktor zugewiesen bekam, was beschreibt, dass sich die Schule in einem sozial eher durchschnittlichen Milieu befindet. Elena bearbeitete die Modellierungsaufgaben zusammen mit zwei Mitschülerinnen aus ihrer Klasse und Robin (vgl. 4.2.1.). Sie erwähnte im Interview, dass der Umgang mit Modellierungsaufgaben zunächst ungewohnt für sie war, weshalb Schwierigkeiten aufgetreten sind. Trotz dessen beschrieb sie am Ende des Interviews, dass sie bei der Bearbeitung der Modellierungsaufgabe Spaß hatte und zeigte somit eine positive Einstellung gegenüber dem mathematischen Modellieren: *„ Und dass ich sonst die Aufgaben echt cool finde – [I: Schön.] und dass es wirklich Spaß macht, das auch in der Gruppe mal – zu lösen. "* Ähnlich wie Robin sah Elena Defizite im kooperativen Arbeiten der Gruppe. Sie beschrieb in beiden Interviews, dass sie sich häufig ausgeschlossen gefühlt hat: *„Und (langgezogen) (.) ja also das ist mir halt auch aufgefallen, dass die halt viel zusammen gemacht haben und wir dann- Verena und ich dann da saßen und, hm? Was sollen wir jetzt machen? [I: Mhm.]. "* Sie äußerte mehrfach den Wunsch, besser von den voranschreitenden Gruppenmitgliedern integriert zu werden. Im Rahmen des ersten Interviews wurde sie dazu angeregt, ihr Arbeitsverhalten zu evaluieren und sich Ziele für die Bearbeitung der nächsten Modellierungsaufgabe zu setzen. Sie erwähnte jedoch keine Auswirkungen dieser Evaluation, weshalb sie zu Beginn der Studie in Bezug auf den Einsatz von metakognitiven Evaluationsstrategien einen Prototyp der ersten Ausprägung des aktivierten metakognitiven Typus darstellt.

Elena beschrieb im Rahmen ihres ersten Interviews metakognitive Evaluationsstrategien, indem sie das Arbeitsverhalten der Gruppe bewertete, Defizite benannte und sich als Ziel setzte, zukünftig daran zu arbeiten. Es wird deutlich, dass diese Zielsetzung durch die Interventionen im Rahmen des Projektes angeregt wurde, da die Lehrpersonen der Metakognitionsgruppe die Schülerinnen und Schüler nach der Bearbeitung der Modellierungsaufgabe aufgefordert haben, unter anderem Defizite des Bearbeitungsprozesses auf rote Karten zu schreiben (vgl. 3.2.3). Dieses regte Elena dazu an, Defizite in dem Arbeitsverhalten der Gruppe zu erkennen und sich Ziele für die Bearbeitung der nächsten Modellierungsaufgaben zu setzen: *„Und ich hab auch auf diese roten Karten geschrieben, dass ich sehr gerne das nächste Mal hätte quasi, dass die Gruppen bisschen besser miteinander- also [I: Mhm.], dass wir ein bisschen besser miteinander (.) interagieren"* Am Ende des Interviews äußerte sie außerdem den Wunsch, von den anderen Gruppenmitgliedern mehr integriert zu werden: *„Und das nächste Mal, dass Linda vielleicht uns ein bisschen mehr integriert? Und Robin au- also Robin und Linda uns ein bisschen mehr quasi integrieren. Dass wir da auch mehr mitmachen können. [I: Mhm.] Ja. [I: Mhm.] Oder uns das wenigstens nur erklären, so. [I: Mhm.] Was sie da jetzt genau macht und dann quasi jeden Rechenschritt uns erklärt, weil ich wusste halt wirklich n- ich weiß halt bis jetzt nicht, was sie genau da gemacht hat. [I: Mhm.] Ja."* Elena beschrieb im Rahmen des Interviews keinerlei Auswirkungen der Anwendung metakognitiver Evaluationsstrategien. Es ist denkbar, dass sie keine Auswirkungen nannte, da ihr die Erfahrung in der Umsetzung der gesetzten Ziele fehlte. Fast alle anderen Schülerinnen und Schüler berichteten zu Beginn der Studie von keinem Einsatz von metakognitiven Evaluationsstrategien, weshalb Elena mit ihrem Bericht über den angeregten Einsatz der metakognitiven Evaluationsstrategien heraussticht. Die erste Ausprägung des aktivierten metakognitiven Typus stellt somit auch einen Spezialfall in dieser Studie dar, da nur Elena ihn repräsentiert.

Der aktivierte metakognitive Typus (2) – Fallbeispiel Elena
Ebenso wie bei dem Einsatz von metakognitiven Evaluationsstrategien zeigte Elena auch zu Beginn der Studie, dass die metakognitiven Strategien der Überwachung und auch Regulation aus ihrer Sicht überwiegend extern angeregt wurden. Im Gegensatz zu den metakognitiven Strategien der Evaluation erkannte sie hierbei positive Auswirkungen des Einsatzes, weshalb sie, bezogen auf die metakognitiven Überwachungs- und auch Regulationsstrategien, zu Beginn der Studie einen angemessenen Prototyp der zweiten Ausprägung des aktivierten metakognitiven Typus darstellte.

Im Rahmen des ersten Interviews beschrieb Elena metakognitive Überwachungs- und Regulationsstrategien in der Gruppe, die sowohl die Lösung, den Lösungsprozess als auch das fokussierte Arbeiten umfassten. Hierbei berichtete sie von dem Einsatz auffallend vieler metakognitiver Überwachungsstrategien durch andere Gruppenmitglieder. Im Gegensatz dazu konnten nur wenig individuelle metakognitive Überwachungsstrategien rekonstruiert werden, da sie aus ihrer Sicht bei der Bearbeitung der Aufgabe ausgeschlossen worden ist. Der Einsatz metakognitiver Überwachungsstrategien der anderen Gruppenmitglieder lösten jedoch häufig metakognitive Regulationsstrategien bei Elena aus, weshalb in der Darstellung des Prototyps größtenteils die metakognitiven Regulationsstrategien betrachtet werden. Zu Beginn des Interviews beschrieb Elena Schwierigkeiten mit der Bearbeitung der Modellierungsaufgabe. Sie berichtete, dass die Unterbestimmtheit der Modellierungsaufgabe dazu geführt hat, dass sie Schwierigkeiten hatten, einen Ansatz für die Bearbeitung des Modellierungsprozesses zu finden. Dieses führte dazu, dass sich die Schülerinnen und Schüler dazu entschieden, die Lehrperson zu befragen: *„Ach, genau, also da war einmal an Anfang – war direkt quasi, weil man ja keine Angaben zu dem Mann hatte – (.) der grundsätzlich, wie groß dieser Luftballon ist. Und dann wussten wir halt überhaupt nicht, wie wir darangehen sollten. Und dann haben wir halt Frau Glaser gefragt und haben- hat, dann hat sie uns quasi leicht den Tipp gegeben, ja wir könnten ja auch- ihr könntet ja mal gucken, was der Mann so aussagt. [I: Mhm.] Dann haben wir da quasi festgestellt, dass man die Größe des Mannes nehmen könnte."*

Somit hat die Unterbestimmtheit der Modellierungsaufgabe aus der Sicht von Elena zu dem Einsatz der Regulationsstrategie *Einsatz der Lehrperson* geführt, welches eine Regulation des Problems bewirkte. An mehreren Stellen des Interviews berichtete Elena von den Fragen der Lehrperson als Regulationsstrategie im Bearbeitungsprozess: *„Ja, also Frau Glaser hat uns da natürlich die Hilfestellung gegeben. (1) Und ähm, ich glaub das war so der Knackpunkt, wo wir quasi gemerkt haben, ah so geht's."*

Die Intervention der Lehrperson führte hierbei zu dem Einsatz weiterer metakognitiver Regulationsstrategien, um die Schwierigkeiten der Gruppe zu überwinden. Elena hob hierbei positiv hervor, dass die Lehrperson nur eine geringe Hilfestellung gegeben hat. Infolgedessen mussten die Schülerinnen und Schüler weiterdenken und somit geeignete metakognitive Regulationsstrategien einsetzen, um das Problem selbstständig zu überwinden: *„Dass sie quasi nicht sofort gesagt hat, ja so ist- also dass sie uns quasi nur Tipps gegeben hat wirklich und uns alleine noch weiterarbeiten lassen hatte?"*

Zudem berichtete Elena mehrfach von dem Einsatz von metakognitiven Überwachungsstrategien, bezogen auf das fokussierte Arbeiten der Gruppe, durch andere Gruppenmitglieder. Elena berichtete an einer Stelle, dass dieses bei ihr dazu geführt hat, dass sie ihr Verhalten reguliert hat, indem sie wieder konzentriert weitergearbeitet hat: *„Das hab ich gerade vergessen zu sagen, dass er quasi auch versucht hat, wied- wieder die Gruppe so (.) anzu – feuern?[I: Mhm.] Ja."* Schließlich nahm sie noch die Anregung von metakognitiven Überwachungsstrategien durch den Modellierungskreislauf wahr, wobei sie überwiegend die Anregung der Überprüfung der Lösung durch den Kreislauf verdeutlichte. Diese Anregung hat bei ihr jedoch nicht zu einer Überprüfung der Lösung geführt, da sie nicht bis zum Ende der Bearbeitung der Aufgabe gekommen ist. Trotzdem berichtete sie von der Überprüfung der Lösung eines anderen Gruppenmitglieds und verwies in ihren Äußerungen auf den Modellierungskreislauf, was zeigt, dass dieser ein potentieller Auslöser für metakognitive Strategien für sie darstellte: *„Ich fand das sehr gut, weil das ist, glaube ich, auch nochmal (.) – ich glaub, steht das da? Ja [I: Mhm.] ich glaub das Überprüfen. [I: Genau.] Und der von dem Modellierungskreislauf ähm, und ich fand das aber sehr gut. [I: Mhm.] Ja."*

In dieser Äußerung zeigte sich bereits eine positive Einstellung zu der metakognitiven Strategie der Überprüfung des Ergebnisses. Dieses bekräftigte sie jedoch noch, indem sie weitere positive Auswirkungen für den Einsatz von Überprüfungsstrategien in Bezug auf die Lösung nannte. Sie verdeutlichte sowohl positive Auswirkungen auf der Ebene des Arbeitsprozesses als auch auf der Selbstwirksamkeit. Durch das Nachrechnen und somit Überprüfen des Lösungsweges konnte die Gruppe aus ihrer Sicht ein richtiges Ergebnis erhalten und sich sicher mit ihrer Lösung fühlen: *„Weil sonst könnten wir uns ja nicht hundertprozentig sicher sein, ob es (.) richtig ist, weil, ich mein, mit dem Hand- mit der Hand – handschriftlich kann man ja auch mal- also Fehler machen."*

Außerdem beschrieb Elena, dass sie die angeregten Regulationen durch die Lehrperson als gelungen wahrgenommen hat, da sie nicht nur das Problem bei der Bearbeitung der Aufgabe lösen konnte, sondern auch gelernt hat, wie sie mit der Unterbestimmtheit der Modellierungsaufgabe umgehen musste: *„Weil, ich finde, wenn man immer alles vorsagt, dann ist- gibt es keinen Lerneffekt und das – ja und jetzt hab ich quasi in- von dem- von der a- Mittwoch – (2) rigen Stunde mitgenommen, dass ähm man quasi erstmal gucken muss, was man für Angaben hat oder welche man halt auch nicht hat. Und sich die dann selber zu beschaffen. [I: Mhm.] Ja."*

Schließlich beschrieb sie zudem positive Auswirkungen in Bezug auf den Einsatz von metakognitiven Überwachungsstrategien des fokussierten Arbeitens. Diese bezogen sich auf den Arbeitsprozess der Gruppe, da sie aufgrund des Einsatzes der metakognitiven Überwachungsstrategien konzentriert weitergearbeitet haben: *„Weil wir, glaub ich, sonst noch ein bisschen länger vom Thema abgeschweift (langgezogen) wären? [I: Mhm.] Ja."*

Alles in allem zeigte Elena somit, dass sie durch unterschiedliche externe Auslöser dazu angeregt wurde, metakognitive Regulationsstrategien einzusetzen, um ihre Probleme bei dem Arbeitsprozess oder auch Arbeitsverhalten zu lösen. Hierzu zählen nicht nur die Intervention der Lehrperson oder auch die Hinweise anderer Gruppenmitglieder, sondern auch die Eigenschaften der Modellierungsaufgabe.

Sie erkannte positive Auswirkungen aufgrund des Einsatzes von metakognitiven Überwachungs- und auch Regulationsstrategien und repräsentiert somit einen angemessenen Prototyp des aktivierten metakognitiven Typus.

Der aktivierte metakognitive Typus (3) – Fallbeispiel Dennis
Dennis besucht ein Hamburger Gymnasium, welches 2013 mit dem Wert vier einen mittleren KESS-Faktor zugewiesen bekam, was beschreibt, dass sich die Schule in einem sozial eher durchschnittlichen Milieu befindet. Dennis bearbeitete die Modellierungsaufgaben in einer Vierergruppe aus vier Jungen zusammen mit Max (vgl. 4.2.1.). Vor dem Modellierungsprojekt hatte diese Gruppe keine Erfahrung mit der Bearbeitung von Modellierungsaufgaben. Dieses verdeutlichte Dennis im ersten Interview, indem er von dem ungewohnten Umgang mit Modellierungsaufgaben berichtete. Er beschrieb, dass er aus dem normalen Mathematikunterricht keine unterbestimmten Aufgaben kannte: *„Ja wir haben ja meistens im Unterricht dann ne klare, also ein Text mit klaren Informationen, die auf jeden Fall bei der Aufgabe helfen (stockt) sollen und hier war es halt anders. Da musste man halt erst- da hatten wir natürlich auch ne Textaufgabe, aber die Informationen dadrin waren eigentlich (.) da warn nicht so viele Informationen, wie zum Beispiel ab-abmessung des Luftballons oder so was dabei [I: Mhm.]. Deswegen musste man natürlich schon einmal erstmal n bisschen überlegen. "*

Im Rahmen des ersten Interviews äußerte sich Dennis kritisch gegenüber der Gruppenzusammensetzung. Er sah die Gruppenzusammensetzung als problematisch an, da sich die Gruppe gut verstand und dazu neigte, sich abzulenken *„Deswegen ist es auch immer so ne gefährliche Kombination bei manchen Schülern (.) [I: Mhm.] von zumal- vor allem wenn die halt gut befreundet sind und dann [I: Mhm.] einfach* irgendwas *machen. "*

Dementsprechend empfand er auch das Arbeitsverhalten der Gruppe zum ersten Messzeitpunkt problematisch, da die Gruppe aus seiner Sicht unkonzentriert gearbeitet hatte. Am Ende der Studie erkannte er jedoch eine positive Entwicklung des Arbeitsverhaltens der Gruppe. Er beschrieb, dass die Gruppe konzentrierter gearbeitet hat, da alle an einer Lösung der Aufgabe interessiert waren: *„Jetzt haben sich ja auch eigentlich alle dafür interessiert, dass wir ähm 'ne* richtige *und* gute *Lösung haben, was es bei der ersten Aufgabe auch gab, aber irgendwie sind wir dann auch oft vom Thema abgekommen und es gab mehr Quatsch. "*

Bereits zu Beginn der Studie verdeutlichte Dennis positive Auswirkungen durch den Einsatz metakognitiver Planungsstrategien. Zum Ende der Studie erkannte er eine positive Entwicklung des Planungsvorgehens der Gruppe, nahm jedoch trotzdem noch Defizite wahr, an denen er zukünftig arbeiten wollte. Deswegen stellt

Dennis einen angemessenen Prototyp der dritten Ausprägung des aktivierten metakognitiven Typus bezogen auf den Einsatz metakognitiver Planungsstrategien dar,
welches im Folgenden genauer erläutert wird.

Dennis berichtete in seinem Interview sowohl von metakognitiven Planungsstrategien seiner Gruppe als auch von einem individuellen Einsatz seinerseits: *„Also ich
hab mir dann erstmal – äh so überlegt, welche Informationen wir schon haben. (1)
Und äh dann was wir noch brauchen dazu. Also wir haben's nicht so wirklich in
der Gruppe – also ich hab's jedenfalls nicht so in der Gruppe geteilt, sondern mir's
so eher für mich selbst überlegt, was wir brauchen, (.) um erstmal 'n Plan für
mich selbst zu haben, was ich dann recherchieren muss und was wir noch brauchen
oder was noch gerechnet werden muss. Also wir haben's nicht so offen besprochen."* Er beschrieb, dass er zunächst einen eigenen Plan entworfen hat, um diesen
anschließend mit seiner Gruppe teilen zu können.

Er erkannte jedoch in der Planung und somit in dem Einsatz von Planungsstrategien der Gruppe Defizite, da er den Wunsch nach einem strukturierteren Vorgehen in
der Gruppe äußerte. Zum einen fehlte ihm eine konsequente Verteilung der Aufgaben. Er berichtete in einigen Situationen von einer Aufgabenverteilung der Gruppe,
beschrieb jedoch ebenso Situationen, in denen ihm dieses gefehlt hatte: *„Und (.)
dann hätte man vielleicht die Arbeit auch nochmal neu aufteilen können, dass echt
nur zwei Leute recherchieren, wenn wir schon die (.) ähm Zahlen dann gefunden
haben, dann dass dann alle Leute rechnen und (zieht die Nase hoch) äh sich damit
darauf voll drauf konzentrieren. (1) Da wär dann noch- nochmal so ein Plan wichtig
gewesen oder nützlich gewesen, dass man dann auch nochmal daran denkt, genau
an den Plan sich zu halten ne?"*

Als mögliche Ursache für die ungenauen Strukturierungen in der Gruppe
beschrieb Dennis die Überforderung bei der Bearbeitung von Modellierungsaufgaben. Er berichtete, dass er aufgrund der Komplexität der Modellierungsaufgabe
diese zunächst erst einmal selbst verarbeiten musste, um dann in der Gruppe darüber zu sprechen: *„Ich glaub, das hat auch damit zu tun, dass man am Anfang
vielleicht ein bisschen (1) naja vielleicht überfordert ist mit der Aufgabe und – also
ich würd nicht sagen, dass sie einem zu schwer vorkommt, sondern dass man erstmal diese ganzen Informationen (.) verarbeitet und sortieren muss im Kopf und das
b- besser geht, wenn man's alleine macht und nicht dabei noch den Anderen das
erklären muss. [I: Mhm.] Weil's vor allem auch hier so ist, dass wir dann jetzt vier
an einem Tisch waren und dann hätte es vermutlich immer zwei Leute gegeben, die
gleichzeitig geredet hätten und es wär alles nicht so (1) geordnet gewesen."*

Trotz dessen empfand Dennis die Entwicklung der Gruppe in Hinblick auf
das Vorgehen beim Einsatz von metakognitiven Planungsstrategien positiv. Er
beschrieb, dass die Gruppe sich bemüht hat, strukturierter vorzugehen: *„Und (1)*

also, wir haben's äh geordneter gemacht, als bei der ersten Aufgabe, wo wir gefilmt wurden, denk ich mal, also, hätten da- so hab ich das Gefühl. Aber immer noch nicht so richtig strukturiert, wie es vielleicht andere gemacht hätten"

Dennis beschrieb, dass der Einsatz von metakognitiven Planungsstrategien der Gruppe durch die Bearbeitung der Modellierungsaufgaben und die Erfahrungen durch das Projekt gefördert wurden: *„... wir hatten jetzt auch ein bisschen Übung- mehr Übung mit den Modellierungsaufgaben und wie man da so am besten vorgeht, was sinnvoll ist (.) und (.) dass es zum Beispiel nicht sinnvoll ist, einfach äh (.) sich erstmal nicht die Informationen der- äh klarzuwerden, welche Informationen man hat, sondern das erstmal sozusagen herauszufiltern. Ich hab da noch unterstrichen, was wir für Informationen hatten und (.) das hätte ich zum Beispiel am Anfang bei der ersten Aufgabe nicht gemacht."*

Dementsprechend beschrieb er von sich und seiner Gruppe, dass sie im Vorwege den Einsatz von metakognitiven Planungsstrategien nicht präferierten, sondern eher darauf losgelegt haben: *„Also im Nachhinein [I: (räuspert sich)] hätte man natürlich das besser machen können, indem man's am Anfang direkt strukturiert und sich 'nen Plan überlegt, den man in der Gruppe teilt und die Aufgaben dann von Anfang an direkt fest- ähm (.) fest verteilt, aber (.) – ich glaub, keiner von uns ist so die Person, die das einfach direkt strukturiert, sondern wir sind alle eher so ein bisschen (.) mal drauf los machen. Und (.) ja, man könnte sich natürlich vorher so 'nen- so 'ne Struktur überlegen."*

Die ursprüngliche Distanz zu einem planvollen Vorgehen zeigt, dass Dennis das Bewusstsein über die Sinnhaftigkeit metakognitiver Planungsstrategien erst durch die externen Auslöser während der Bearbeitung der Modellierungsaufgaben und der Erfahrung aus dem Projekt aufbauen konnte. Seine Kritik an dem Vorgehen der Gruppe zeigt, dass es ihm bewusst war, dass die Gruppe den Einsatz von metakognitiven Planungsstrategien noch verbessern muss. Er bezog sich an anderer Stelle des Interviews auf den Modellierungskreislauf und beschrieb, dass sie nicht so strukturiert wie im Modellierungskreislauf vorgegeben vorgegangen sind und noch weiter an sich arbeiten müssten: *„Also (langgezogen) natürlich nehme ich diese – diese Struktur mit und ich denke mal, wir werden auch versuchen, das in Zukunft auch mindestens genauso strukturiert oder strukturierter zu machen. (1) Ähm weil wir jetzt auch gelernt haben, wie man diese Aufgaben bearbeitet und wie man damit umgeht, in 'ner Gruppe zu arbeiten und diese Probleme sozusagen zu (.) überwinden oder mit denen klarzukommen. Und deswegen äh würde ich eigentlich sagen, dass es 'ne positive Erfahrung war und dass wir daraus auf jeden Fall was gelernt haben."*

Als Grund für den Wunsch nach einer Verbesserung berichtete Dennis von positiven Auswirkungen in Bezug auf den Lösungsprozess. Er beschrieb, dass sie durch die Planung des Lösungsweges einen Überblick hatten, Zeit sparen und auch Feh-ler minimieren konnten: *„Weil, wenn man ähm 'ne Ordnung am Anfang hat, dann kann man natürlich auch schon sozusagen die festen Rechenschritte ha- haben und braucht weniger Zeit für die Aufgabe, weil man nicht erstmal überlegen muss, was mach ich jetzt, sondern dann sozusagen nach diesen Plan direkt vorgeht. Und das spart natürlich Zeit und irgendwie glaube ich auch, dass das Fehler minimiert, wenn man gleich weiß, was man rechnen muss und nicht erstmal sich das noch überlegt und dann vielleicht 'n Flüchtigkeitsfehler einbaut.*" Zudem bewertete Dennis die Aufgabenteilung als besonders effizient, da alle Gruppenmitglieder eine Aufgabe hatten und somit einen Beitrag zum schnellen Erreichen des Lösungsprozesses leis-teten: *„Ä- (.) damit es produktiver ist, weil das wär- wir hätten auch das so machen können, dass Hendrik und ich recherchieren und die Zahlen aufschreiben, aber dann hätten Moritz und Max nichts gemacht und so wär schneller gegangen, weil wir die Zahlen nur sagen müssen und sozusagen mehr uns darauf konzentrieren können, die richtigen Zahlen zu finden.*"

Alles in allem zeigte Dennis somit, dass ihn die Erfahrungen mit der Bearbei-tung der Modellierungsaufgaben dazu angeregt haben, seine eigene Einstellung zu einer Planung mit dem Einsatz von metakognitiven Planungsstrategien noch einmal zu überdenken. Vor dem Modellierungsprojekt präferierte er bei Aufgaben, einfach loszulegen und sich keinen Plan zu entwickeln. Durch die Bearbeitung der Model-lierungsaufgaben und die Erfahrungen damit ist er zu der Einsicht gekommen, dass das Planen des Vorgehens beim mathematischen Modellieren sinnvoll ist. Deswe-gen möchte er zukünftig weiter an der Planung der Gruppe und somit dem Einsatz von metakognitiven Planungsstrategien arbeiten, da er auch zum Ende der Studie noch Defizite darin erkannte. Somit stellt Dennis einen angemessenen Prototyp der dritten Ausprägung des aktivierten metakognitiven Typus dar.

4.2.5 Der selbstgesteuerte metakognitive Typus

Idealtypus des selbstgesteuerten metakognitiven Typus
Der selbstgesteuerte metakognitive Typus ist dadurch charakterisiert, dass er metakognitive Strategien des betrachteten Bereichs (metakognitive Planungs-, Überwachungs- und Regulations- oder Evaluationsstrategien) selbstinitiiert bei der Bearbeitung der Modellierungsaufgabe einsetzt, weshalb überwiegend interne Aus-löser für den Einsatz dieser Strategien im Interview deutlich werden. Hierbei ist der Typus durch ein Bewusstsein für den Einsatz dieser metakognitiven Strategien gekennzeichnet: *„Es ist halt auch manchmal ganz gut, äh wenn man sich das alles vorher überlegt, dass jedes Gruppenmitglied dann weiß, was es rechnen muss und*

nicht dieses einfach Drauflosrechnen und gucken, wo jeder bleibt." Dieses Bewusstsein wird in einigen Fällen dadurch deutlich, dass die Schülerin oder der Schüler berichtet, metakognitive Strategien üblicherweise einzusetzen: *„Ich wollte einfach das kontrollieren was sie, also es ist jetzt nicht so, dass ich Linda nicht vertraue das habe ich da ja auch gesagt [I: Mhm.], sondern einfach nur das nachrechnen so, weil (2) ja es könnte auch ein Mathegenie ausrechnen und ich würde es nochmal nachrechnen so. [I: Mhm.]"*

Der Einsatz der metakognitiven Strategien kann in diesen Fällen aufgrund bestimmter Präferenzen des Individuums erfolgen, die den Einsatz der metakognitiven Strategien anregen: *„... und weil ich es einfach auch gerne strukturiert und ordentlich habe..."*.

Vertreterinnen und Vertreter des Typus sind durch eine positive Sicht bezogen auf die metakognitiven Strategien charakterisiert und nennen daher positive Auswirkungen des Einsatzes der metakognitiven Strategien: *„Weil (.) dann kann man nicht so wirklich als Gruppe äh zusammenarbeiten und manche wissen dann auch nicht, was los ist und dann muss man denen das erst erklären und das kostet dann auch nochmal Zeit. Und so ist es glaub ich einfach zeitsparender und schneller und besser? Und alle können mitdenken und mitmachen."*

Vertreterinnen und Vertretern dieses Typus ist somit die Bedeutung des Einsatzes der metakognitiven Strategien beim mathematischen Modellieren bewusst. Aufgrund der hohen Ausprägung des Bewusstseins über die Sinnhaftigkeit des Einsatzes von metakognitiven Strategien befindet sich dieser Typus häufig in einer Sonderrolle in der Gruppe. Dies kann dazu führen, dass dieser Typus die metakognitiven Strategien entweder allein im Unterricht oder zu Hause einsetzt oder die Verantwortung für den Einsatz in der Gruppe übernimmt: *„Und das ich praktisch da so ein bisschen koordiniert habe, was wir jetzt als nächstes brauchen und woran die anderen jetzt denken müssen und was wir versuchen, herauszufinden. Und dass die anderen sich dann mehr damit beschäftigt haben: Okay, wie kriegen wir denn das jetzt heraus?"*

Externe Anregungen für den Einsatz werden von diesem Idealtypus nicht wahrgenommen oder führen meist zu keinem Einsatz der metakognitiven Strategien, da der Typus dadurch charakterisiert ist, dass eigene Ansätze für den Einsatz metakognitiver Strategien entwickelt wurden, die weiterverfolgt werden: *„Das Problem für mich ist einfach immer, dass ich mir lieber selber ausdenke, wie ich an eine Aufgabe herangehe, weil ich dann einfach auch, ich weiß nicht. Aber für mich ist es dann strukturierter und ich möchte über alles immer den Überblick behalten, deswegen gehe ich gerne immer nach meiner Herangehensweise."*

Insgesamt ist dieser Typus also durch ein ausgeprägtes Bewusstsein für den Einsatz metakognitiver Strategien geprägt basierend auf umfangreichen eigenen

Erfahrungen, die zu einem umfangreichen metakognitiven Wissen zu den Potenzialen des Einsatzes solcher Strategien geführt haben. Aufgrund dessen benötigt dieser Typus keine externen Anregungen, um metakognitive Strategien einzusetzen.

Der selbstgesteuerte Typus:

-   Es lassen sich überwiegend **interne Auslöser** für den Einsatz metakognitiver Strategien rekonstruieren.
-   Die Person erkennt **positive Auswirkungen** in dem Einsatz metakognitiver Strategien.

Prototypen zum selbstgesteuerten metakognitiven Typus
Im Rahmen dieser Stichprobe konnten insgesamt vier Fälle rekonstruiert werden, die einem selbstgesteuerten metakognitiven Typus entsprachen, wobei hiervon drei Fälle zu Beginn der Studie einen selbstgesteuerten metakognitiven Typus repräsentierten. Es konnte zu jedem metakognitiven Bereich der metakognitiven Planungs-, Überwachungs-/Regulations- und Evaluationsstrategien ein Fall identifiziert werden, der einem selbstgesteuerten metakognitiven Typus repräsentierte, wobei bei den metakognitiven Planungsstrategien zwei Fälle rekonstruiert werden konnten. An der Einordnung der Fälle fällt auf, dass es sich um unterschiedliche Fälle in Bezug auf den ersten und zweiten Messzeitpunkt handelte. Dieses zeigt, dass eine Entwicklung im Rahmen dieses Typus möglich ist und dieser nicht starr erhalten bleibt. Zudem wird deutlich, dass anhand dieser Stichprobe keine Präferenzen dieser Typeneinordnung zu einem bestimmten metakognitiven Bereich rekonstruiert werden konnte. Es fällt auf, dass zu Beginn der Studie mehr Fälle identifiziert werden konnten, die einem selbstgesteuerten metakognitiven Typus entsprachen. Eine mögliche Erklärung hierfür ist, dass die wiederholende Bearbeitung der Modellierungsaufgaben dazu geführt hat, dass die Schülerinnen und Schüler besser zusammen in der Gruppe gearbeitet haben und somit sich auch gegenseitig zu dem Einsatz der metakognitiven Strategien angeregt haben. Aufgrund der geringen Anzahl der rekonstruierten Fälle müsste dieses Ergebnis jedoch in weiteren Studien auf ihre Gültigkeit überprüft werden.

Der selbstgesteuerte metakognitive Typus – Fallbeispiel Josephine
Josephine besucht ein Hamburger Gymnasium, welches mit dem Wert sechs den höchsten KESS-Faktor zugewiesen bekam, was beschreibt, dass es sich in einem sozial eher gehobenen Milieu befindet. Josephine bearbeitete die Modellierungsaufgaben in einer Dreiergruppe mit noch zwei Mitschülern aus ihrer Klasse. Sie verdeutlichte zu Beginn der Studie, dass sie im Vorwege noch keine Erfahrungen mit Modellierungsaufgaben gemacht hat und verglich die Aufgaben mit unlösbaren Aufgaben: *„Ähm also am Anfang war natürlich die Überlegung, weil es hat sich n bisschen angefühlt, als wäre das ne Aufgabe, so zum Beispiel ähm weiß nicht: Peter*

kauft fünf Äpfel, wie viel kostet das Haus. " Sie beschrieb, dass aufgrund der Unterbestimmtheit der Modellierungsaufgabe die Bearbeitung der Aufgabe besonders schwierig für sie war: *„Aber da der Anfang war halt son bisschen schwierig. Vor allem, als w-, als wir die Aufgabe bekommen hatten [I: Ja], ich mein Text durchgelesen hab, war ich auch so: „Oh Gott. Wie soll das denn jetzt hier laufen?"*, weil *[I: Mhm] da stand einfach kau-, ich glaub, da stand ein Fakt drin, den wir gebrauchen konnten und der Rest war eigentlich nebensächlich so."* Auch noch am Ende des zweiten Interviews beschrieb sie, dass die Modellierungsaufgaben für sie schwierig waren und hob als präferierte Aufgaben die beiden Modellierungsaufgaben hervor, die für sie am leichtesten nachvollziehbar waren. Zudem schätzte sie sich und die anderen Gruppenmitglieder als nicht besonders leistungsstark im Vergleich zu ihren Mitschülerinnen und Mitschülern der Klasse ein und war daraufhin überrascht, als sie vor den aus ihrer Sicht leistungsstarken Schülerinnen und Schüler fertig waren: *„Weil wir haben noch sehr viele andere in der Klasse, die sehr gut in Mathe sind, wo wir eigentlich erwartet hätten, dass die vor uns fertig gewesen wären."* Aufgrund ihrer Schwierigkeiten mit den Modellierungsaufgaben hob sie mehrfach in beiden Interviews positiv hervor, dass sie zusammen in der Gruppe gearbeitet haben: *„Also dadurch, dass wir in einer Gruppenarbeit waren, habe ich mich eigentlich relativ sicher gefühlt. Also wenn ich das alleine gemacht hätte, wäre ich von Anfang an wahrscheinlich total in Panik ausgebrochen so ein bisschen, weil ich einfach nicht gewusst hätte: „Oh Gott, mir fehlen so viele Informationen, ich weiß gar nicht, was die von mir wollen.". Da wäre ich total durcheinander gekommen. Aber dadurch, dass es in einer Gruppenarbeit war, wusste ich: „Okay, die beiden sind schlau, wir können das zu Dritt hinkriegen, wenn wir uns genug austauschen.". Und das war eben auch der Fall, dass dann nicht jeder für sich gearbeitet hat, sondern jeder hatte seine Aufgabe, aber es hat trotzdem zusammen koordiniert eben."* Demzufolge beschrieb sie, dass sie aufgrund der Komplexität der Aufgaben allein überfordert gewesen wäre, jedoch durch den Austausch mit den anderen Gruppenmitgliedern die Aufgaben lösen konnte. Sie beschrieb, dass sie durch die Gruppenarbeit Sicherheit in der Aufgabenbearbeitung bekommen hat. Zudem hob sie das Potential der unterschiedlichen Perspektiven in der Gruppe positiv hervor: *„Ja vor allem, wenn man also jetzt in der Arbeit zum Beispiel, wenn man n falschen Ansatz hat mit der Aufgabe rechnet, dann kann mans gleich in die Tonne hauen. Aber [I: Ja] wenn man in ner Gruppe ist und dann irgendwie nen falschen oder was heißt falsch, aber ähm falschen Ansatz hat sowas und den laut sagt, vor allem auch, dass man halt miteinander spricht und dann können die andern ja sagen: „Ne, ich glaub, ich würd das lieber so und so machen [...]"."* Sie beschrieb, dass sie durch die unterschiedlichen Sichtweisen der Schülerinnen und Schüler die Möglichkeit hatten, ein richtiges

Ergebnis zu erhalten. Dementsprechend hob sie bereits im ersten Interview positiv die Aufteilung der Gruppen durch die Lehrperson hervor: *„Ähm also es kommt dann, glaub ich, dann auch wieder auf die Person [I: Mhm] drauf an, wie das zusammengestellt ist, aber da hat Herr Stark ja auch drauf geachtet. Ähm aber hat dann auch gut geklappt. Also [I: Schön] (.) ja.* " Im zweiten Interview ging sie erneut auf die gelungene Konstellation der Gruppe ein und beschrieb, dass die Gruppe sich besonders gut ergänzen konnte, da ihre Stärken in unterschiedlichen Bereichen des Bearbeitungsprozesses lagen und sie somit Rollen verteilt haben: *„Von daher ist es glaube ich auch eine ganz gute Konstellation gewesen zwischen uns dreien. Das wirklich einer dabei ist, der alles aufschreibt, und die Struktur behält, der andere hinterfragt die Aufgaben, um wirklich zu kontrollieren, ob das richtig ist und der andere kennt sich mit den Rechnungen gut aus. Also das war eben eine sehr gute Zusammenarbeit, fand ich auch. Hat sich gut ergänzt.* " Dementsprechend hat auch Josephine eine Aufgabe in der Gruppe übernommen, wobei sie sich um die Planung des Vorgehens gekümmert hat. Der Einsatz von metakognitiven Planungsstrategien erfolgte hierbei aufgrund ihres eigenen Anspruchs, weshalb sie einen guten Prototyp des selbstgesteuerten metakognitiven Typus darstellt.

Josephine beschrieb am Ende der Studie, dass sich die Gruppe ein eigenes Planungsvorgehen entwickelt hat. Hierbei haben sie sich zuerst die Zeit genommen, in der sich jeder selbst einen Überblick über die Aufgabe verschafft hat, um anschließend in den Austausch über mögliche Lösungsideen zu gehen: *„Und bei uns in dieser Dreier-Konstellation war es einfach so, dass dieser Weg eben am besten gepasst hat. Also am Anfang überlegt jeder selber, dann unterhält man sich, ich schreibe mit und das wir das ebenso strukturieren. Das hat bei uns zu dritt eben am besten geklappt.* " Bereits in diesem Zitat verdeutlichte Josephine, dass sie das Aufschreiben der Lösungsidee übernommen hat. Sie verdeutlichte im Rahmen des Interviews, dass hierzu nicht nur die Lösungsidee gehört, sondern auch das Erfassen der wichtigen und auch fehlenden Informationen sowie eine graphische Darstellung, wenn dies bei der Modellierungsaufgabe sinnvoll war: *„ [...]Und dann nach fünf Minuten, zehn Minuten haben wir uns dann unterhalten darüber und jeder seine Meinung praktisch gesagt und welche Information wir haben. Und haben erstmal alles aufgeschrieben, vielleicht eine Skizze gemacht zur Veranschaulichung, wenn einer etwas nicht verstanden hat, hat man es eben nochmal erklärt, bevor man weitermacht hat. Und sind dann eben Schritt für Schritt eben alles durchgegangen und haben das dann auch immer aufgeschrieben [...]* " Demnach gehörte es für die Gruppe auch dazu, offene Fragen und Unklarheiten gleich zu Beginn im Rahmen der Planungsphase zu klären, damit auch alle Gruppenmitglieder mitarbeiten konnten. Josephine berichtete, dass sie die Planung der Gruppe dokumentiert hat. Im Laufe des Interviews verdeutlichte sie jedoch, dass sie nicht nur die Dokumentation übernommen hat, sondern auch eine eigene Planung mit dem Einsatz von metakognitiven Planungsstrategien durchgeführt und somit immer wieder auf ihren Plan und die nächstfolgenden Aufgaben hingewiesen hat: *„Da hat man ja eigentlich auch gesehen, dass ich eigentlich immer mitgeschrieben habe, und die vielleicht auch, ich weiß nicht wie man das sagt, Impulse gegeben habe. Also: „Okay Leute, wir haben das und das, wir brauchen noch dies und das.". [...] Und das ich praktisch da so ein bisschen koordiniert habe, was wir jetzt als nächstes brauchen und woran die anderen jetzt denken müssen und was wir versuchen, herauszufinden. Und dass die anderen sich dann mehr damit beschäftigt haben: „Okay, wie kriegen wir denn das jetzt heraus?" Also das ist halt wirklich, jeder hatte seine Aufgabe und das hat dann zusammen auch echt gut funktioniert."* Josephine berichtete bereits in diesem Zitat positive Auswirkungen des Einsatzes metakognitiver Planungsstrategien, indem sie beschrieb, dass dadurch jeder seine Aufgabe hatte und somit auch das kooperative Arbeiten gut funktionieren konnte. Sie verdeutlichte jedoch nicht nur positive Auswirkungen des Einsatzes von metakognitiven Planungsstrategien auf der kooperativen Ebene, sondern auch auf der Ebene des Lösungsprozesses. Sie hob hierbei positiv hervor, dass sie durch den Einsatz von metakognitiven Planungsstrategien den Überblick behalten und eine Struktur des Lösungsprozesses aufbauen konnten: *„Und dadurch, dass es meine eigene Struktur war praktisch, war es für mich einfach organisierter und dass ich da einfach immer den Überblick behalten habe, was für die anderen, denen ging es wahrscheinlich, sehr wahrscheinlich, haben das Prinzip nicht im Überblick gehabt, aber hatten immer eine Aufgabe zu tun, sodass wir am Ende ja auch auf das Ergebnis gekommen sind. Und die haben ja eigentlich auch nicht richtig den Überblick verloren. Also die haben mir auch gesagt: „Okay, wir haben jetzt das, das heißt, wir müssen jetzt das und das herausfinden.". Also lief eigentlich echt gut, ja."* In ihrer Äußerung berichtete Josephine, dass sie sich gegenseitig ergänzt haben und durch die Einhaltung ihrer Struktur zu einem Ergebnis kommen konnten.

Josephine zeigte jedoch nicht nur deutlich, dass sie die Rolle der Planerin in der Gruppe übernommen und auch die Koordination dessen durchgeführt hat, sondern ging auch auf ihre Beweggründe und somit Anlässe hierfür ein. Josephine verdeutlichte, dass sie eine Vorliebe für den Einsatz von Planungsstrategien hat und auch bei anderen Aufgaben nicht einfach loslegt, sondern sich im Vorwege einen Plan erstellt, um strukturiert vorgehen zu können: *„Ich hatte meine Struktur im Kopf, also es ist eben oft so, bevor ich irgendetwas machen, gucke ich: „Okay." Also ich fange nicht einfach irgendetwas ohne darüber nachzudenken einfach an. Sondern ich überlege mir, in welchen Schritten ich da herangehen möchte und entwickle da praktisch so einen eigenen Plan. Deswegen habe ich da auch immer alles mitgeschrieben und so weiter."* Sie zeigte somit, dass ihr die Bedeutung der Planung bewusst war, da sie dieses aus Erfahrungen mit anderen Aufgaben in ihrem Leben kannte. Sie begründete dieses mit ihren individuellen Präferenzen, da sie es gerne strukturiert und ordentlich hat: *„Ich glaube, das lag einfach ein bisschen auch an den Eigenschaften. Also ich persönlich schreibe sehr gerne mit, das habe ich irgendwie schon immer gemacht. Deswegen war eigentlich klar, dass ich das protokolliere. Und weil ich es einfach auch gerne strukturiert und ordentlich habe, sodass ich es dann später wieder vortragen kann. Also habe ich das Ganze aufgeschrieben."* Aufgrund ihrer eigenen Vorstellungen über die Struktur und den Ablauf des Vorgehens war es für sie schwierig, die externe Anregung der Planung in Form des Modellierungskreislaufs anzunehmen: *„Das Problem für mich ist einfach immer, dass ich mir lieber selber ausdenke, wie ich an eine Aufgabe herangehe, weil ich dann einfach auch, ich weiß nicht. Aber für mich ist es dann strukturierter und ich möchte über alles immer den Überblick behalten, deswegen gehe ich gerne immer nach meiner Herangehensweise. Und deswegen war es für mich persönlich einfach schwer, mich darauf einzustellen beziehungsweise nach diesem Prinzip oder nach dem Modellierungskreislauf zu gehen."* Sie beschrieb außerdem, dass sie zu Beginn des Projektes versucht hat, die Planung anhand der Beschreibung des Modellierungskreislaufes auszuführen, dieses jedoch nach einigen Aufgaben aufgegeben hatte. Sie erkannte, dass die eigene Planung für sie besser funktionierte als die Planung durch den Modellierungskreislauf: *„Also ganz am Anfang hat uns Herr Stark ja darauf ganz oft darauf hingewiesen, dass wir es mit dem Modellierungskreislauf probieren sollen. Und dann haben wir uns den auch wirklich lange angeguckt und dann haben wir überlegt: „Okay, jetzt müssen wir den Schritt zu dem Schritt.". Aber wir sind irgendwie bis zur Hälfte von den Schritten gekommen und haben dann das eigentlich hingeschmissen und es nach unserem eigenen Weg gemacht. Und dann das zweite Mal haben wir es glaube ich immer noch versucht, danach zu gehen, aber beim dritten haben wir gemerkt: „Das wird nichts. Jetzt machen wir es einfach so, wie wir es am besten zusammen machen.". Und dann hat es auch funktioniert. Also es ging auch mit dem Modellierungskreislauf, aber es war für uns einfach aufwendiger, weil wir einfach schneller gegangen wäre, wenn wir es einfach nach unserem Prinzip gemacht hätten sozusagen."* Dementsprechend nahm sie die externe Anregung der Lehrperson zum Einsatz einer spezifischen metakognitiven Planungsstrategie, nämlich den Bezug auf den Modellierungskreislauf, nicht an und verfolgte weiterhin ihre eigenen metakognitiven Strategien: *„Aber dadurch, dass Herr Stark das einfach glaube ich wollte, dass das alle gleich machen, eben nach dem Modellierungskreislauf, hatte er uns da glaube ich nochmal darauf hingewiesen. Aber im Endeffekt haben wir uns da nicht drauf bezogen."* Schließlich hob sie jedoch im Interview noch einmal hervor, dass sie die Darstellung des Modellierungskreislaufs generell als positiv empfindet und vermutete, dass dieser für Schülerinnen und Schüler, die Schwierigkeiten mit dem Einsatz von Planungsstrategien haben, ein Hilfsmittel darstellen könnte: „...*Aber ich bin mir sicher, dass für andere Leute, die vielleicht Probleme damit haben oder nicht wissen, wie sie an eine Aufgabe herangehen, dass es sicherlich hilfreich ist. Weil ich glaube, bei Florian und Tobias, die wären einfach auf die Aufgabe drauf losgegangen und hätten gar nicht schon mal nachgedacht und für die wäre es glaube ich sicherlich hilfreich gewesen, wenn man denen das nochmal ein bisschen weiter erklärt hätte. Aber dadurch, dass ich bei, was Herangehensweisen und Aufgaben angeht, eigentlich immer ganz gut weiß, wie ich es für mich am besten mache, hat mir persönlich der Modellierungskreislauf nicht wirklich weitergeholfen beziehungsweise ich habe einen anderen Weg gefunden, wie es für mich eben besser gelaufen ist.*"

Alles in allem stellt Josephine somit einen angemessenen Prototyp für den selbstgesteuerten metakognitiven Typus dar, da sie die Planung des Bearbeitungsprozesses und damit den Einsatz metakognitiver Planungsstrategien in ihrer Gruppe übernahm. Ihr war die Bedeutung der Planung und der Einsatz von metakognitiven Planungsstrategien beim mathematischen Modellieren bewusst, da sie auf Erfahrungen in anderen Lebensbereichen zurückgreifen konnte. Zudem sah sie als Ursache für ihr strukturiertes und planvolles Vorgehen ihre persönlichen Präferenzen an, da sie gerne strukturiert und ordentlich vorgeht. Sie verdeutlichte positive Auswirkungen des Einsatzes von metakognitiven Planungsstrategien auf der Ebene des kooperativen Arbeitens und auch des Lösungsprozesses, indem sie durch die metakognitiven Planungsstrategien den Überblick und ein richtiges Ergebnis erhalten, eine Struktur des Lösungsprozesses aufbauen sowie das kooperative Arbeiten positiv beeinflussen konnten. Schließlich verdeutlichte sie, dass sie die Anregung durch die Lehrperson bezüglich des Einsatzes der Darstellung des Modellierungskreislaufs, bezogen auf den Einsatz von Planungsstrategien am Ende des Lösungsprozesses, ignoriert hat, da sie eine Sicherheit und Zufriedenheit mit ihrem eigenen Planungsvorgehen aufbauen konnte.

4.2.6 Der überzeugte metakognitive Typus

Idealtypus des überzeugten metakognitiven Typus
Der überzeugte metakognitive Typus ist dadurch charakterisiert, dass er metakognitive Strategien des betrachteten Bereichs (metakognitive Planungs-, Überwachungs- und Regulations- oder Evaluationsstrategien) flexibel einsetzt. Dieses zeigt sich, indem durch eine Kombination von internen und externen Auslösern der Einsatz der metakognitiven Strategien erfolgt. Der Einsatz kann somit sowohl aufgrund persönlicher Präferenzen beziehungsweise Fähigkeiten, metakognitiver Empfindungen

oder dem Bewusstsein über die Sinnhaftigkeit des Einsatzes geschehen: *„Ja, das ist irgendwie – wenn man jetzt sagt zum Beispiel so, ja was ist 1 + 1 und dann sagt man irgendwie so 1000 oder sowas, (.) dann (1) sagt man ja auch irgendwie so, ja das (langgezogen) ergibt irgendwie keinen Sinn? [I: Mhm.] Und dann haben wir uns halt nicht damit zufrieden gegeben, (1) dass es irgendwie so unwirklich erscheint....".* Häufig ist der Idealtypus dadurch gekennzeichnet, dass eine Verinnerlichung des Einsatzes der metakognitiven Strategien deutlich wird, indem ein automatisierter Einsatz rekonstruiert werden kann: *„... Ich mach das glaub ich auch irgendwie ein bisschen automatisch, dass ich mir das einfach [I: Mhm.]"* Der Idealtypus ist dadurch geprägt, dass der Einsatz metakognitiver Strategien nicht nur selbstinitiiert rekonstruiert werden kann, sondern ebenso eine Anregung von außen deutlich wird. Dieses zeigt sich, indem auf externe Auslöser, wie zum Beispiel die Anregung durch die Lehrperson, die anderen Gruppenmitglieder oder die Lernumgebung mit dem Einsatz metakognitiver Strategien reagiert wird: *„Herr Jürgens sagt uns immer erstmal gucken, ob das überhaupt hinkommen kann [...] Und so hab ichs halt versucht zu lösen."*

Vertreterinnen und Vertreter dieses Typus verdeutlichen, dass ihnen die Bedeutung metakognitiver Strategien für das Bearbeiten mathematischer Modellierungsaufgaben bewusst ist, da positive Auswirkungen für den Einsatz metakognitiver Strategien rekonstruiert werden können: *„Generell Überprüfung ähm (.) hindert ja, dass man Fehler macht. Und ja. [...] Oder dass man Fehler erkennt."*

Alles in allem charakterisiert sich dieser Typus, indem er auf externe Auslöser des Einsatzes metakognitiver Strategien reagiert, ebenso aber aufgrund interner Auslöser den Einsatz metakognitiver Strategien initiiert. Er zeigt außerdem ein Bewusstsein für die Bedeutung metakognitiver Strategien durch den flexiblen Einsatz derselben, aber auch durch die Benennung positiver Auswirkungen. Insgesamt hat dieser Typus bereits metakognitives Wissen zu den Potenzialen metakognitiver Strategien aufgebaut.

Der überzeugte Typus:

- Es lassen sich sowohl **interne als auch externe Auslöser** für den Einsatz metakognitiver Strategien rekonstruieren.
- Die Person erkennt **positive Auswirkungen** in dem Einsatz metakognitiver Strategien.

Prototypen zum überzeugten metakognitiven Typus

Im Rahmen dieser Stichprobe konnten insgesamt 42 Fälle rekonstruiert werden, die einem überzeugten metakognitiven Typus entsprachen. Dies bedeutet, dass diese Typeneinordnung am häufigsten in dieser Studie rekonstruiert werden konnte. Aufgrund der Bedeutung der metakognitiven Strategien beim mathematischen

Modellieren und den Interventionen des Projektes ist dieses Ergebnis nicht überraschend. Im Vergleich der beiden Messzeitpunkte konnten am Ende der Studie
häufiger Fälle rekonstruiert werden, die den überzeugten metakognitiven Typus
widerspiegelten. Es konnten zu Beginn der Studie 13 Fälle und am Ende 29 Fälle
diesem Typus zugeordnet werden. Dieses zeigt eine Entwicklung im Laufe des
Projektes zum flexiblen Einsatz der metakognitiven Strategien. Bezüglich der unterschiedlichen metakognitiven Bereiche konnten mit 28 Fällen am häufigsten Fälle
in Bezug auf die metakognitiven Überwachungs- und auch Regulationsstrategien
rekonstruiert werden. Dahingegen konnten in Bezug auf die metakognitiven Planungsstrategien elf Fälle und in Bezug auf die metakognitiven Evaluationsstrategien
lediglich drei Fälle rekonstruiert werden. Infolgedessen ist der überzeugte flexi-
ble Einsatz metakognitiver Strategien in Bezug auf die Überwachung und auch
Regulation in dieser Studie größer als bei den anderen beiden metakognitiven
Bereichen. Dieses lässt ein stärkeres Bewusstsein über die Bedeutung der metakognitiven Überwachungs- und auch Regulationsstrategien vermuten, was im Rahmen
der übergreifenden Auswertungen weiter untersucht wird (vgl. 4.3).

Der überzeugte metakognitive Typus – Fallbeispiel Furkan
Furkan ist ein Schüler eines Hamburger Gymnasiums mit einem Migrationshin-
tergrund. Das Gymnasium befindet sich in einem sozial eher gehobenen Milieu,
was sich darin ausdrückt, dass die Schule 2013 mit dem Wert sechs den höchsten
KESS-Faktor zugewiesen bekam. Furkan hat in einer Dreiergruppe mit zwei weiteren Jungen gearbeitet. In seinem Interview verdeutlichte er zum einen, dass er
im Vorwege keinerlei Hintergrundwissen zum mathematischen Modellieren hatte.
Zum anderen stellte er fest, dass im regulären Mathematikunterricht kaum Anwendungsbezüge thematisiert wurden und es für ihn somit erst einmal ungewohnt war,
Realitätsbezüge herzustellen: *„Ähm ich glaube am Anfang wars so, dass ähm es
einen recht schwergefallen ist, das wieder in die Realität umzulenken, weil man ähm
zuerst ganz trocken Mathematik hatte. Ähm also die ganzen neun Jahre praktisch. "*
   Als weitere Schwierigkeit bei der Bearbeitung der Modellierungsaufgaben
benannte er die Zusammenarbeit in der Gruppe. Er beschrieb, dass die Gruppe im
Vorwege noch nicht zusammengearbeitet hatte und sich auch nicht so gut kannte.
Deswegen musste sich die Gruppe im Laufe des Projektes erst richtig kennenlernen
und die gemeinsame Arbeit trainieren: *„Ganz zu Anfang war das so eine ähm so also
naja wirklich nicht trauen kann man es ja nicht nennen, es sind ja irgendwo unsere
Klassenkameraden, aber wir sind halt nicht aufeinander gewöhnt beziehungsweise
sind nicht aufeinander abgespielt ganz zu Anfang. "*
   Sowohl das Herstellen von Realitätsbezügen als auch die gemeinsame Arbeit in
der Gruppe wurde im Laufe des Projektes immer besser, was sich positiv auf den

Einsatz der metakognitiven Strategien auswirken konnte. Es handelte sich insgesamt um eine Gruppe, die dem Einsatz metakognitiver Strategien positiv gegenüberstand. Dementsprechend wendete Furkan flexibel metakognitive Überwachungs- und auch Regulationsstrategien an und erkannte positive Auswirkungen in deren Einsatz, weshalb er einen angemessenen Prototyp des überzeugten metakognitiven Typus darstellt.

Im Laufe des gesamten Interviews berichtete Furkan, dass er und auch seine Gruppe kontinuierlich metakognitive Überwachungs- und Regulationsstrategien bei der Bearbeitung der Modellierungsaufgabe eingesetzt haben. Die Gruppe hat hierbei nicht nur den Lösungsprozess überwacht und die Lösung hinterher validiert, sondern auch selbst gesetzte Ziele überwacht, die sich im Besonderen auf das kooperative Arbeiten bezogen und Verhaltensregeln in der Gruppenarbeit umfassten. Im Rahmen des Interviews wurden unterschiedliche Auslöser für den Einsatz dieser metakognitiven Überwachungs- und auch Regulationsstrategien deutlich, wobei ein Teil dieser Auslöser sich als externe Auslöser bezeichnen lassen (vgl. 4.1.1).

Furkan berichtete an mehreren Stellen des Interviews davon, dass ihn die Lehrkraft oder auch andere Mitschüler seiner Gruppe dazu angeregt haben, metakognitive Überwachungs- oder auch Regulationsstrategien einzusetzen: *„Ähm, weil Dustin hat ja auch gesagt, dass es ähm sehr, sehr wenig sei im großen Bild. Und (1) deswegen haben wir es hinterfragt denke ich."*

Interventionen durch die Lehrperson konnten vor allem metakognitive Regulationsstrategien bei Furkan auslösen, da die Lehrperson die Gruppe auf Fehler im Bearbeitungsprozess hingewiesen hat. Dieses führte dazu, dass er seinen Bearbeitungsprozess überarbeiten, Unklarheiten lösen und somit seinen Lösungsweg fortführen konnte.

Zudem verdeutlichte Furkan an mehreren Stellen des Interviews, dass ihn unterschiedliche Interventionen des Projektes dazu angeregt haben, metakognitive Überwachungs- und auch Regulationsstrategien einzusetzen. So hat die Erfahrung mit der Bearbeitung der Modellierungsaufgaben dazu geführt, dass er aus seiner Sicht ein eher kritisches Denken entwickeln konnte und infolgedessen zukünftig sich und seine Umwelt mehr hinterfragen wird. Dieses kritische Denken entwickelte sich durch die Charakteristika der ausgewählten Modellierungsaufgaben des Projektes. Mehrere der Modellierungsaufgaben waren so konzipiert, dass die Entwicklung zu mündigen Bürgerinnen und Bürgern der Gesellschaft angeregt wurde, indem sie unter anderem Aufgaben beinhalteten, in denen die Medien Fehlinformationen geliefert haben, wodurch ein kritischer Umgang mit Aussagen der Medien gefördert wurde (vgl. 3.2.2). Dieses wurde auch von Furkan wahrgenommen und konkret benannt. Aus seiner Sicht hat besonders die Modellierungsaufgabe „Der

Fuß von Uwe Seeler" dieses kritische Denken und somit die Aktivierung von meta-kognitiven Überwachungsstrategien gefördert: *„Ich denke am besten gefallen hat mir (2) die Fußaufgabe [I: Mhm.]. Die war auch naja recht lustig. Sozusagen. [I: Mhm.] Und ähm das war auch wirklich dieser Knackpunkt, wo man ähm (1) gea- äh oder wo man auch wirklich äh den Schalter praktisch im Kopf umgeswitcht hat, dass man nicht alles glauben sollte und vielleicht selber hinterfragen sollte und wirklich selber darüber nachdenken sollte also diese [I: Mhm.] skeptische Denken, finde ich hat diese Aufgabe sehr also die Fußaufgabe gefordert [I: Mhm.]. "*

Die Erfahrung mit der Bearbeitung von Modellierungsaufgaben hat außerdem dazu geführt, dass es für ihn am Ende leichter geworden ist, seine Ergebnisse und Lösungsideen kontinuierlich durch das Herstellen von Realitätsbezügen zu hinter-fragen: *„Ähm ich glaube am Anfang wars so, dass ähm es einen recht schwer gefallen ist, das wieder in die Realität umzulenken [...]. Aber ähm jetzt so mit der Zeit, wo man dann mehr mit ähm realen Problemen beziehungsweise ähm Anwendungsaufgaben arbeitet ähm kommt das automatisch würd ich sagen. "*

Zudem verdeutlichte Furkan im Interview, dass die Darstellung des Model-lierungskreislaufes und der Bezug darauf einen Einfluss auf das Einsetzen von metakognitiven Überwachungsstrategien hatte. Dieses zeigte sich daran, dass sich Furkan an den Punkten des Modellierungskreislaufs orientierte und somit die Voll-ständigkeit seines Lösungsprozesses überwachte. Furkan berichtete, dass er die Darstellung des Modellierungskreislaufes mit der Zeit verinnerlichen konnte und dann die Papierform für ihn nicht notwendig war. Dieses zeigte er auch im Unter-richt, indem er bei Zwischenlösungen immer wieder den Realitätsbezug hergestellt hat und die Lösungen am realen Kontext überprüfte. An einer Stelle entschied sich die Gruppe für das Aufrunden der Lösung, da sie die reale Situation in den Blick genommen haben. In seinen Äußerungen im Interview, bezogen auf diese Szene, verwendete Furkan Begriffe des Modellierungskreislaufs, wie das *„reale Modell"* oder *„mathematisch lösen"*, welches den Einfluss auf seine Entscheidungen und die Verinnerlichung des Modellierungskreislaufs bestärkte: *„Ähm ja dann gabs noch öhm das wir den Durchschnitt hatten, dass jeder Deutsche 8,92 äh B-Bierkästen trinkt. Aber da es ja keine 0,92 Bierkästen gibt, bin ich direkt auf das reale Modell angegangen äh drau-draufgegangen [I: Mhm.]. Und ähm (1) ja hab das einfach aufgerundet auf neun Kästen [I: Mhm.] und (1) Dustin wollte das zwar zuerst nicht annehmen, weil er sich sagte, dass es ähm zuerst mathematisch, also das wir ver-suchen sollten das zuerst mathematisch zu lösen und ich hab versucht direkt zum realen umzu(gehen?). "* Dementsprechend gab Furkan auf die Nachfrage, was er aus dem Modellierungsprojekt mitnehmen wird, an, dass er den Ansatz des Model-lierungskreislaufs selbst als sehr produktiv wahrgenommen hat, diesen im Laufe des Projektes verinnerlichte und weiterhin beim Lösen von Modellierungsaufgaben einsetzen möchte.

Außerdem fügte er noch hinzu, dass er nicht nur die Medien, sondern auch seinen eigenen Bearbeitungsprozess zukünftig kritischer hinterfragen wird: *„Und ich denke, dass ich jetzt auch vielleicht öfters frage und vielleicht auch meine Lösung hinterfrage und ähm ganz skeptisch an meine Lösung rangehe. Und allgemeine Skepsis, wenn man zum Beispiel im- I ähm am Nachmittag irgendwas liest, ein Artikel liest, dass man halt den vielleicht durchgeht [I: Mhm.] und daraus dann vielleicht erfahrener beziehungsweise schlauer wird."*

Bereits dieses Zitat lässt vermuten, dass Furkan die metakognitiven Überwachungs- und auch Regulationsstrategien auch selbstinitiiert eingesetzt hat, da ihm die Bedeutung des Einsatzes im Laufe des Projektes bewusst geworden ist. Ein Auslöser dieser metakognitiven Strategien waren metakognitive Empfindungen von Furkan, die Unsicherheiten mit kognitiven Prozessen beinhaltet haben. Diese haben mehrfach dazu geführt, dass Furkan metakognitive Regulationsstrategien eingesetzt hat. Hierbei hat er sich häufig dazu entschieden, *„Experten"* hinzuzuziehen, was für ihn sowohl das Fragen der Lehrperson als auch das Recherchieren im Internet umfasste. Zu Beginn des Projektes wollte er die Bearbeitung der Aufgabe lieber allein ohne externe Hilfe lösen. Diese Einstellung hat er jedoch im Laufe des Projektes abgelegt und konnte dadurch lernen, effektiver im Internet zu recherchieren: *„Ähm (3) im (.) also wenn man das Internet hinzugezogen hat ähm hat man auch (.) naja gelernt etwas präziser zu suchen, würde ich sagen. Ähm (2) bei Frau Winter würde ich sagen, ich war eigentlich immer äh bevor diesen Aufgaben war ich eigentlich immer so mehr der, der es versucht, alleine zu lösen und äh keine fremde Hilfe Frau Winter sozusagen anzunehmen oder zu fragen."*

Dieses zeigt, dass Furkan nicht nur offener gegenüber metakognitiver Regulationsstrategien geworden ist, sondern diese im Laufe des Projektes besser verinnerlichen konnte.

Ebenso verdeutlichte Furkan im Rahmen des Interviews, dass er metakognitive Überwachungsstrategien verinnerlichen konnte. Er berichtete von Überwachungsprozessen und damit verbunden den metakognitiven Strategien im Laufe des gesamten Arbeitsprozesses: *„Gegen Ende hin. [I: Mhm.] Solange wir schon durch waren. Zwischendurch auch (flüstert)."* Außerdem gab er an, dass das Herstellen realer Bezüge und somit das Hinterfragen der Lösung und des Lösungsprozesses, bezogen auf die Realität, bei ihm bereits automatisiert ablief. Als Auslöser für den automatisierten Gebrauch der metakognitiven Überwachungsstrategien beschrieb er, dass ihm der Sinn der Aufgabe fehlte, wenn er sein Ergebnis und seinen Lösungsweg nicht in Hinblick auf die Realität überprüfte. Für ihn beinhaltete der Sinn der

Aufgabe: *„Die Aufgabe zu lösen, zu verstehen und vielleicht selber ähm Erfahrungen zu sammeln für die Zukunft und ob das dann überhaupt was bringen würde, also wenns zum Beispiel in diesem Fall hat jetzt nicht allzu viel gebracht, weil die Prozentanzahl recht gering war [I: Mhm]. Aber ähm dann kann man vielleicht auch (1) präziser Entscheidungen treffen in der Zukunft. "*

Zudem gab er an, dass das Hinterfragen der Lösung wichtig war, weil er zufrieden sein wollte mit seinem Ergebnis, da diese seine Arbeit repräsentierte: *„Weil wir ähm das ist ja das Produkt unserer Arbeit und wir wollten zufrieden sein mit unserer Arbeit und unserem Produkt deswegen. "* Dies zeigt deutlich, dass er die Bedeutung des Einsatzes von metakognitiven Überwachungsstrategien erkannt hat, da er durch die Überwachung des Lösungsprozesses ein korrektes Ergebnis erhalten und somit zufrieden sein kann mit seiner Arbeit. Somit stellt das Bewusstsein für die Bedeutung des Einsatzes metakognitiver Strategien einen internen Auslöser für den Einsatz der metakognitiven Strategien von Furkan dar, da er aufgrund seiner positiven Einstellung zu metakognitiven Überwachungs- und auch Regulationsstrategien diese eingesetzt hat.

Das entwickelte Bewusstsein für die Bedeutung von metakognitiven Überwachungs- und Regulationsstrategien zeigt bereits, dass Furkan positive Auswirkungen für den Einsatz bewusst waren. Zum einen beschrieb Furkan positive Auswirkungen auf der Ebene des Arbeitsprozesses. Er erkannte, dass er durch den Einsatz der metakognitiven Strategien Fehler finden konnte: *„Einfach nur mal gucken, ob das Ergebnis überhaupt stimmt beziehungsweise ob wir denn auch keine Flüchtigkeitsfehler gemacht haben [I: Mhm.]. Denke ich."*

In diesem Zitat wird außerdem deutlich, dass der Einsatz von metakognitiven Überwachungsstrategien dazu führt, ein richtiges Ergebnis zu erhalten. Deswegen beschrieb Furkan an mehreren Stellen, dass der Einsatz von metakognitiven Überwachungsstrategien dazu geführt hat, dass er seinen Bearbeitungsprozess noch einmal überarbeitet hat, um ein richtiges Ergebnis zu erhalten: *„Ähm ich dachte auch, dass 9000 recht wenig ist. [I: Mhm.] Besonders im Verhältnis [I: Mh.]. Und das wollt ich dann vielleicht zuerst nicht akzeptieren. Und hab versuch- hab auch selber versucht, nochmal auf nen anderen auf ne andere Lösung zu finden äh kommen. "*

Zudem führte das Erhalten der richtigen Lösung auch dazu, dass sich Furkan in seiner Selbstwirksamkeit positiv entwickeln konnte. Er beschrieb, dass er durch die Korrekturen und Überarbeitungen zufrieden mit seinem Ergebnis war: *„Weil wir ähm das ist ja das Produkt unserer Arbeit und wir wollten zufrieden sein mit unserer Arbeit und unserem Produkt deswegen. "*

Dies zeigt, dass er ein Erfolgserlebnis bei der Bearbeitung der Modellierungsaufgabe durch den Einsatz metakognitiver Strategien hatte, welches sich positiv auf seine Selbstwirksamkeit auswirkte.

Zusammenfassend beschrieb Furkan positive Auswirkungen des Einsatzes von metakognitiven Überwachungs- und auch Regulationsstrategien und zeigte, dass ihn sowohl interne als auch externe Auslöser dazu angeregt haben, diese metakognitiven Strategien einzusetzen. Insgesamt weist Furkan ein tiefes Bewusstsein für die Bedeutung des Einsatzes der metakognitiven Überwachungs- und Regulationsstrategien auf. Dies zeigte sich zum einen in dem flexiblen Einsatz der metakognitiven Strategien. Zum anderen wurde es dadurch deutlich, dass er positive Auswirkungen des Einsatzes der metakognitiven Strategien erkannte und auch aufgrund dessen diese metakognitiven Strategien eingesetzt hat. Er stellt somit einen angemessenen Prototyp des überzeugten metakognitiven Typus dar.

4.3   Zusammenhangsanalysen zwischen der Typeneinordnung und anderen Kategorien

Für die Zusammenhangsanalysen wurden alle ausgewählten Fälle in die Typologie eingeordnet, wobei zu beachten ist, dass nicht immer alle Fälle für jeden metakognitiven Bereich in die Typologie eingeordnet werden konnten. Zum einen trat dies ein, wenn die Schülerinnen und Schüler in dem Interview nicht über den Einsatz der metakognitiven Strategien des betrachteten Bereichs berichtet haben. Zum anderen war es nicht immer möglich, die Auslöser oder Auswirkungen des Einsatzes metakognitiver Strategien aus den Äußerungen der Schülerinnen und Schüler zu rekonstruieren, obwohl diese über den Einsatz gesprochen haben. Die Fälle, die keine Einordnung in die Typologie ermöglichten, konnten somit bei der übergreifenden Auswertung nicht berücksichtigt werden. Dennoch war es möglich, ausreichend viele Fälle in die Typologie einzuordnen, um die folgenden Zusammenhänge zu analysieren. Zunächst wird auf Zusammenhänge zwischen den rekonstruierten Prototypen und den verschiedenen metakognitiven Bereichen eingegangen. Anschließend werden die unterschiedlichen Interventionsgruppen des Projektes genauer betrachtet, indem Besonderheiten in deren Entwicklung beleuchtet werden. Abschließend werden Fallanalysen vorgenommen, indem die Typeneinordnung auf Fallebene untersucht wird.

Hierbei wurde die Ausdifferenzierung bei dem Typus des distanzierten und aktivierten metakognitiven Typus nicht berücksichtigt, damit ein aussagekräftigeres Bild entstehen konnte. Dieses ist in Hinblick auf eine Zusammenhangsanalyse sinnvoll, da es hierbei um übergreifende Zusammenhänge geht, bei denen einzelne Differenzierungen vernachlässigt werden können. In den folgenden Auswertungen wird häufig eine Einteilung der Typen vorgenommen, die von einem fehlenden Einsatz der metakognitiven Strategien und den Typen, die von einem Einsatz der metakognitiven Strategien berichten, da es in Hinblick auf die Bedeutung für das mathematische Modellieren von besonderem Interesse ist, ob die Schülerinnen und Schüler aus ihrer Sicht die metakognitiven Strategien eingesetzt haben oder nicht. Hierbei ist jedoch zu beachten, dass dies nicht mit dem tatsächlichen Einsatz der metakognitiven Strategien übereinstimmen muss, da es sich um die subjektiv geprägte Schülerwahrnehmung handelt.

4.3.1 Die Auswertung der strategiespezifischen Unterschiede

Im Folgenden werden die einzelnen metakognitiven Bereiche der metakognitiven Planungs-, Überwachungs-/Regulations- und Evaluationsstrategien zunächst isoliert betrachtet und Besonderheiten beleuchtet. Hierbei wird auf die metakognitiven Strategien zur Planung, anschließend auf die metakognitiven Strategien zur Überwachung und Regulation und schließlich auf die metakognitiven Strategien zur Evaluation eingegangen, um abschließend die Ergebnisse zusammenzufassen.

Fast alle Fälle dieser Stichprobe konnten in Bezug auf den metakognitiven Bereich der eingesetzten metakognitiven Planungsstrategien in die Typologie eingeordnet werden. Hierbei zeigt sich, dass zu beiden Messzeitpunkten jeder Typus der Typologie vertreten war. Im Folgenden sollen Besonderheiten in der Typenverteilung betrachtet werden, wobei sowohl Besonderheiten zu den beiden Messzeitpunkten als auch die Entwicklung zwischen beiden Messzeitpunkten beleuchtet wird (Abbildung 4.2).

Zu Beginn der Studie war die Anzahl der metakognitiven Prototypen, bei denen die Schülerinnen und Schüler einen fehlenden Einsatz von metakognitiven Planungsstrategien[3] beschrieben, mit denen, bei denen die Schülerinnen und Schüler einen Einsatz von metakognitiven Planungsstrategien[4] verdeutlichten, vergleichbar. Demnach konnten vergleichbar viele Prototypen rekonstruiert werden, bei denen die Schülerinnen und Schüler von einem Einsatz von metakognitiven Planungsstrategien berichteten, beziehungsweise die von keinem Einsatz berichteten. Auffallend ist im Rahmen des ersten Messzeitpunktes, dass besonders viele Prototypen rekonstruiert wurden, die einem aktivierten metakognitiven Typus entsprachen, was zeigt, dass besonders viele Fälle zu Beginn der Studie dazu angeregt wurden, metakognitive Planungsstrategien einzusetzen. Außerdem

---

[3] Der distanzierte metakognitive Typus, der passive metakognitive Typus und der intendierende metakognitive Typus

[4] Der aktivierte metakognitive Typus, der selbstgesteuerte metakognitive Typus und der überzeugte metakognitive Typus

zeigte sich, dass es nur wenig Extremfälle gab, was bedeutet, dass es nur wenige
Schülerinnen und Schüler gab, die entweder bereits sehr flexibel und bewusst

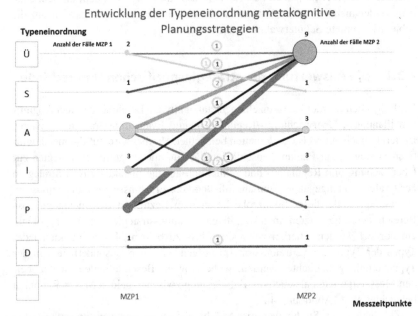

Ü: Der überzeugte metakognitive Typus, S: Der selbstgesteuerte metakognitive Typus,
A: Der aktivierte metakognitive Typus, I: Der intendierende metakognitive Typus,
P: Der passive metakognitive Typus, D: Der distanzierte metakognitive Typus
① Die Anzahl der Fälle, die sich von einem zum anderen Typus entwickelt haben

Abbildung 4.2 Entwicklung der Typeneinordnung metakognitive Planungsstrategien[2]

---

[2]In dem Diagramm wird die Verteilung der rekonstruierten Prototypen im Rahmen der Typologie dargestellt. Hierbei werden die Anzahlen zu beiden Messzeitpunkten angegeben und
optisch durch die Variation der Punktgröße dargestellt. Hierbei gilt, je größer der Punkt
dargestellt ist, desto häufiger konnte der Typus rekonstruiert werden. Außerdem kann die
Entwicklung eines Falls von dem ersten zum zweiten Messzeitpunkt abgelesen werden. Je
nachdem, wie häufig eine Entwicklung von einem Typus zu einem anderen Typus im Laufe
des Projektes vorgekommen ist, wurde die Linie, die die Entwicklung beschreibt, optisch her-
vorgehoben. Je dicker hierbei die verbindende Linie dargestellt ist, desto häufiger trat diese
Entwicklung auf. Die Anzahlen der Fälle, die diese Entwicklung vollzogen haben, können
zudem mittig über der Verbindungslinie abgelesen werden.

die metakognitiven Strategien der Planung eingesetzt haben oder auch eine stark
negative Haltung demgegenüber aufwiesen. Trotz dieser Auffälligkeiten zeigte
sich in Bezug auf den Einsatz der metakognitiven Planungsstrategien zu Beginn
der Studie eine starke Streuung der Verteilung der Prototypen in der gesamten
Typologie. Daraus folgt, dass im Rahmen der metakognitiven Planungsstrategien
zu Beginn der Studie die Schülerinnen und Schüler sehr unterschiedliche Typen
repräsentierten und es somit starke individuelle Unterschiede gab.

Am Ende der Studie hingegen repräsentierten deutlich mehr Schülerinnen und
Schüler einen metakognitiven Typus, bei dem von einem Einsatz von metakognitiven Planungsstrategien berichtet wurde. Dies verdeutlicht, dass die Schülerinnen
und Schüler entweder am Ende der Studie häufiger metakognitive Planungsstrategien eingesetzt haben oder es ihnen bewusster war, weshalb sie in den Interviews
häufiger davon berichteten. Dabei entsprach am Ende der Studie die Hälfte aller
Fälle dem metakognitiven Typus des überzeugten metakognitiven Typus, welcher ein Bewusstsein für die Bedeutung und den flexiblen Einsatz metakognitiver
Planungsstrategien aufweist. Trotz dessen verdeutlicht immer noch ein Drittel
der Stichprobe einen fehlenden Einsatz von metakognitiven Planungsstrategien,
welches sich in Form des distanzierten, des passiven und des intendierenden
metakognitiven Typus zeigt.

Insgesamt zeigt ein Vergleich der Ergebnisse zu beiden Messzeitpunkten, dass
eine Entwicklung im Rahmen der Typologie und auch die Feststellung einer Kon-
stanz des Typus möglich waren. Die Hälfte aller Fälle konnte sich im Laufe des
Projektes zu dem überzeugten metakognitiven Typus entwickeln. Ein Drittel der
Fälle hat sich im Laufe des Projektes nicht entwickelt, wobei es sich hierbei vor
allem um Prototypen des aktivierten metakognitiven Typus und des intendierenden
metakognitiven Typus handelte.

Alles in allem machen diese Ergebnisse deutlich, dass der Einsatz von metakognitiven Planungsstrategien nicht für alle Schülerinnen und Schüler ohne Vorerfahrung beim mathematischen Modellieren bedeutend ist. Dieses zeigt sich, indem
viele der Fälle zu Beginn der Studie einen fehlenden Einsatz von metakognitiven
Planungsstrategien verdeutlichten. Außerdem berichteten viele Schülerinnen und
Schüler zu Beginn der Studie, dass sie zum Einsatz metakognitiver Planungsstrategien angeregt wurden, was unterstützt, dass diese Schülerinnen und Schüler
zunächst ohne Anregung die metakognitiven Strategien der Planung nicht eingesetzt hätten. Am Ende der Studie konnten jedoch viele Fälle rekonstruiert werden,
die einem überzeugten metakognitiven Typus entsprachen, welches zeigt, dass
die Entwicklung des Bewusstseins über die Bedeutung der metakognitiven Planungsstrategien im Rahmen des Projektes möglich war und auch größtenteils

angenommen wurde. Insgesamt zeigt sich eine Streuung der Verteilung der Prototypen im Rahmen der Typologie zu beiden Messzeitpunkten. Diese Tatsache lässt vermuten, dass ein Zusammenhang zwischen individuellen Vorstellungen und Präferenzen und dem Einsatz der metakognitiven Planungsstrategien besteht. Dies wird außerdem dadurch gestützt, dass der Auslöser des Einsatzes metakognitiver Strategien bezogen auf individuelle Präferenzen, Einstellungen und Vorstellungen am häufigsten bei den metakognitiven Planungsstrategien rekonstruiert werden konnte.

Im Vergleich zu dem metakognitiven Bereich der eingesetzten metakognitiven Planungsstrategien ergibt sich im Rahmen der metakognitiven Überwachungs- und Regulationsstrategien kaum eine Streuung der Verteilung der rekonstruierten Prototypen zu beiden Messzeitpunkten. Es konnten insgesamt kaum Fälle rekonstruiert werden, die einem metakognitiven Typus entsprachen, der durch einen fehlenden Einsatz der metakognitiven Strategien charakterisiert wird (Abbildung 4.3).

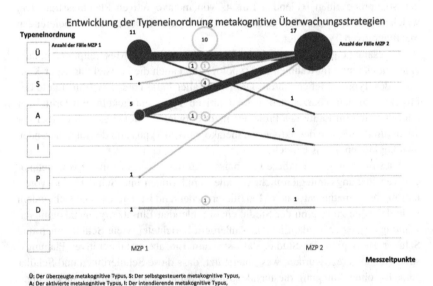

Abbildung 4.3 Entwicklung der Typeneinordnung der metakognitiven Überwachungsstrategien

Bereits zu Beginn der Studie repräsentierte ein Großteil der Schülerinnen und Schüler den überzeugten metakognitiven Typus, was zeigt, dass den Schülerinnen und Schüler bereits von sich aus die Bedeutung von metakognitiven Überwachungs- und auch Regulationsstrategien beim mathematischen Modellieren bewusst war. Außerdem konnten mehrere Fälle rekonstruiert werden, die einem aktivierten metakognitiven Typus entsprachen, welches zeigt, dass die Schülerinnen und Schüler aus ihrer Sicht von außen angeregt wurden, die metakognitiven Strategien der Überwachung und Regulation einzusetzen. Ansonsten gab es nur wenig Ausreißer, die einen fehlenden Einsatz der metakognitiven Strategien beschrieben. Am Ende der Studie schärfte sich das Bild noch weiter aus, indem fast alle Fälle einen überzeugten metakognitiven Typus darstellten und es kaum Ausreißer gab.

Alles in allem gab es bei den metakognitiven Überwachungs- und Regulationsstrategien vergleichsweise wenig Entwicklungen im Rahmen des Projektes, da schon zu Beginn viele der Schülerinnen und Schüler einen überzeugten metakognitiven Typus bezüglich dieser metakognitiven Strategien darstellten. Es zeigt sich jedoch, dass sich viele Schülerinnen und Schüler des aktivierten metakognitiven Typus entwickelten, indem sie am Ende einen überzeugten metakognitiven Typus repräsentierten. Insgesamt scheint die Bedeutung von metakognitiven Überwachungs- und auch Regulationsstrategien bereits zu Beginn der Studie bei vielen Schülerinnen und Schülern fest verankert gewesen zu sein. Dieses lässt vermuten, dass sie den Einsatz dieser metakognitiven Strategien bereits aus ihrem normalen Mathematikunterricht kannten und aufgrund dieser Erfahrungen einsetzen konnten. Dieses Bild verstärkte sich noch zum Ende des Projektes, was verdeutlicht, dass die metakognitiven Strategien der Überwachung und auch der Regulation im Gegensatz zu der der Planung kaum individuelle Unterschiede in den Präferenzen aufweisen.

Im Gegensatz zu den anderen beiden metakognitiven Bereichen ist die Auswertung der Ergebnisse in Bezug auf die metakognitiven Evaluationsstrategien problematisch, da die Schülerinnen und Schüler selten von metakognitiven Evaluationsstrategien in den Interviews berichteten. Ein Grund hierfür ist, dass in den gezeigten Videos kaum der Einsatz von metakognitiven Evaluationsstrategien zu sehen war, da diese im Rahmen des Bearbeitungsprozesses der Schülerinnen und Schüler kaum stattfanden. Dieses war insbesondere zu Beginn der Studie der Fall, weshalb hierbei nur vereinzelt metakognitive Strategien der Evaluation rekonstruiert werden konnten. Durch die Bearbeitung der Modellierungsaufgaben und die Interventionen im Rahmen des Projektes konnte der Einsatz metakognitiver Strategien der Evaluation jedoch zum Teil angeregt werden, weshalb sich dieses Bild am Ende der Studie veränderte. Es ist jedoch zu beachten, dass im Vergleich zu den anderen beiden metakognitiven Bereichen immer noch wenig metakognitive Typen rekonstruiert werden konnten, in denen dieser Strategieeinsatz in größerem Umfang stattfand (Abbildung 4.4).

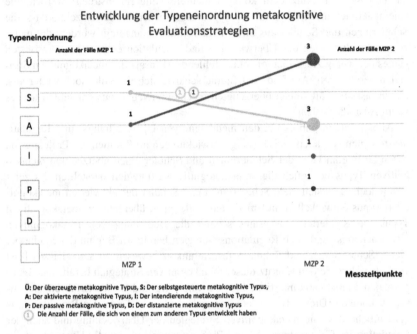

Abbildung 4.4 Entwicklung der Typeneinordnung metakognitive Evaluationsstrategien

So zeigt sich im Rahmen des zweiten Messzeitpunktes, dass mindestens ein Fall zu jedem Typus außer dem des distanzierten metakognitiven Typus rekonstruiert werden konnte. Es konnten außerdem wenige metakognitive Typen rekonstruiert werden, die selbst einen fehlenden Einsatz der Evaluation wahrgenommen haben. Im Rahmen eines berichteten aktiven Einsatzes der metakognitiven Evaluationsstrategien gibt es eine Streuung der Typen, wobei unter Berücksichtigung beider Messzeitpunkte die meisten Fälle einen aktivierten metakognitiven Typus darstellten. Aufgrund der geringen Anzahl ist die Aussagekraft jedoch stark eingeschränkt. Alles in allem zeigt sich, dass im Laufe des Modellierungsprojektes einige Schülerinnen und Schüler ein Bewusstsein für die Bedeutung des Einsatzes von metakognitiven Strategien der Evaluation entwickeln konnten, aber ein

Großteil der Schülerinnen und Schüler in dieser Studie dieses Bewusstsein nicht entwickeln konnte. Die Ergebnisse dieser Untersuchung lassen vermuten, dass die externe Anregung der Strategien der Evaluation von besonderer Bedeutung war, da die Schülerinnen und Schüler im Rahmen dieser Stichprobe kaum das Evaluieren selbstinitiiert eingesetzt haben. Lediglich am Ende der Studie gab es einige Schülerinnen und Schüler, die von einem selbstinitiierten Einsatz berichteten, obwohl jedoch unklar ist, ob sie in den vorherigen Stunden nicht dazu angeregt wurden.

Demnach zeigen sich Unterschiede zwischen den verschiedenen metakognitiven Bereichen der Planungs-, Überwachungs-/Regulations- und Evaluationsstrategien. Während die eingeordneten Fälle in die Typologie, bezogen auf die metakognitiven Planungsstrategien, besonders zu Beginn der Studie stark variierten, repräsentierten bei den metakognitiven Überwachungs- und auch Regulationsstrategien bereits zu Beginn der Studie die Mehrzahl der Fälle den überzeugten metakognitiven Typus. Infolgedessen gab es im Rahmen der metakognitiven Planungsstrategien im Gegensatz zu den metakognitiven Überwachungs- und Regulationsstrategien deutlich mehr individuelle Unterschiede. Am Ende der Studie war nicht allen Schülerinnen und Schülern die Bedeutung der metakognitiven Planungsstrategien beim mathematischen Modellieren bewusstgeworden, während dieses bei den metakognitiven Überwachungs- und Regulationsstrategien fast ausnahmslos erfolgte. Trotz dessen ist deutlich mehr Schülerinnen und Schüler die Bedeutung der metakognitiven Planungsstrategien am Ende der Studie bewusstgeworden, als es zu Beginn der Fall gewesen war, welches sich in deutlich mehr Fällen äußerte, die einem überzeugten metakognitiven Typus widerspiegelten. Dieses Resultat macht deutlich, dass den Schülerinnen und Schülern meist die Bedeutung der metakognitiven Überwachungs- und auch Regulationsstrategien beim mathematischen Modellieren bewusst war, während es bei dem Einsatz von metakognitiven Planungsstrategien individuelle Präferenzen gab, weshalb hierbei eine externe Anregung des Einsatzes notwendig sein kann. Im Gegensatz zu den metakognitiven Planungs- und Überwachungsstrategien war die Auswertung der metakognitiven Evaluationsstrategien deutlich schwieriger, da über diese in den Interviews wenig gesprochen wurde. Die Ergebnisse lassen vermuten, dass eine externe Anregung dieser metakognitiven Strategien nötig ist, damit deren Einsatz durch die Schülerinnen und Schüler bei Modellierungsaufgaben erfolgt. Dieses müsste jedoch in einer weiteren empirischen Studie erforscht werden.

4.3.2 Übergreifende Auswertung der beiden Interventionsgruppen

Die übergreifende Auswertung der beiden Interventionsgruppen war von besonderem Interesse, da in der jeweiligen Vertiefungsphase unterschiedliche Schwerpunkte gesetzt wurden. Während in der Vertiefungsphase der Mathematikgruppe die den Aufgaben zugrundeliegende Mathematik beleuchtet wurde, beschäftigte sich die Metakognitionsgruppe mit der Vertiefung der metakognitiven Strategien. Hierbei wurden die empirischen Ergebnisse zur Förderung der metakognitiven Kompetenz beachtet und der Einsatz von *prompts* sowie der Aufbau von metakognitivem Wissen berücksichtigt (vgl. 3.2.3). Aufgrund der unterschiedlichen Interventionen ist es von besonderem Interesse zu untersuchen, ob diese Interventionen einen Einfluss auf die Entwicklungen im Rahmen der Typologie hatten. Bei der Aussagekraft der Ergebnisse ist zu beachten, dass bei der Mathematikgruppe die Daten weniger Schülerinnen und Schüler ausgewertet wurden. Dieses liegt an dem Vorgehen des *theoretischen sampling*. Die Rekonstruktionen metakognitiver Prototypen, bezogen auf die metakognitive Strategie der Evaluation, war bei der Mathematikgruppe kaum möglich, weshalb ich mich dazu entschieden habe, weitere Fälle der Metakognitionsgruppe zu analysieren, um Ergebnisse, bezogen auf die metakognitiven Evaluationsstrategien, zu erfassen. Trotz dieser ungleichen Verteilung der Daten lassen sich Muster in den beiden Gruppen erkennen, welche im Folgenden vorgestellt werden. Zunächst wird hierfür kurz auf die Verteilung der rekonstruierten Prototypen in den beiden Interventionsgruppen eingegangen, um schließlich die Entwicklung der beiden Gruppen zu vergleichen (Abbildung 4.5).

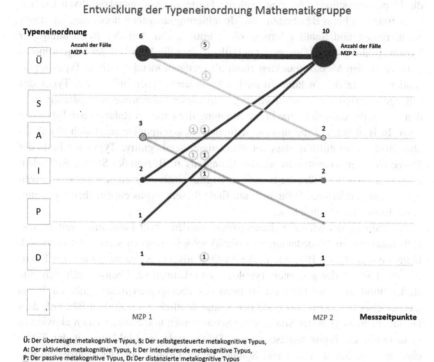

Ü: Der überzeugte metakognitive Typus, S: Der selbstgesteuerte metakognitive Typus,
A: Der aktivierte metakognitive Typus, I: Der intendierende metakognitive Typus,
P: Der passive metakognitive Typus, D: Der distanzierte metakognitive Typus
① Die Anzahl der Fälle, die sich von einem zum anderen Typus entwickelt haben

Abbildung 4.5 Entwicklung der Typeneinordnung Mathematikgruppe

Insgesamt wurden in Bezug auf die Mathematikgruppe acht Fälle ausgewertet, weshalb 24 Einordnungen möglich waren, da die verschiedenen metakognitiven Bereiche der metakognitiven Planungs-, Überwachungs-/Regulations- und Evaluationsstrategien aufgrund ihrer unterschiedlichen Charakteristika isoliert betrachtet wurden. Wie bereits angedeutet waren Rekonstruktionen des Typus bezogen auf die metakognitiven Strategien der Evaluation in der Mathematikgruppe kaum möglich, da die Schülerinnen und Schüler nur vereinzelt über metakognitive Evaluationsstrategien gesprochen haben. Dieses lag daran, dass keine Anwendung dieser metakognitiven Strategien in den Videos gezeigt werden konnte. Eine mögliche Ursache hierfür ist, dass die Lehrpersonen dieser Gruppe die metakognitiven Evaluationsstrategien in der Klasse nicht explizit gefördert haben, was die Hypothese stützt, dass eine explizite Förderung von metakognitiven Evaluationsstrategien beim Bearbeiten von Modellierungsaufgaben notwendig ist, damit Schülerinnen und Schüler lernen, diese einzusetzen. Bei der Betrachtung der Typenverteilung dieser Gruppe ist auffallend, dass die Mehrheit der eingeordneten Fälle zu beiden Messzeitpunkten einen überzeugten metakognitiven Typus repräsentierte. Trotz dessen konnten auch alle anderen Typen außer dem Typus des selbstgesteuerten metakognitiven Typus in dieser Stichprobe rekonstruiert werden, das heißt, dass sich eine breite Streuung der Fälle im Rahmen der Typologie zeigt. In Hinblick auf die unterschiedlichen Messzeitpunkte zeigt sich ein ähnliches Bild, wobei auffällt, dass der überzeugte metakognitive Typus am Ende der Studie häufiger rekonstruiert werden konnte als zu Beginn der Studie. Außerdem zeigt sich, dass die Fälle, die bereits zu Beginn einen überzeugten metakognitiven Typus repräsentierten, häufig auch am Ende diesem Typus entsprachen und somit keine Entwicklung vornahmen.

Im Rahmen der Metakognitionsgruppe wurden zwölf Fälle ausgewertet, weshalb maximal 36 Einordnungen in die Typologie möglich waren. Es zeigt sich hierbei ein ähnliches Bild wie in der Mathematikgruppe, da auch hier eine Streuung der Fälle in der gesamten Typologie zu erkennen ist. Ebenso stellt sich eine starke Bündelung der Fälle im Rahmen des überzeugten metakognitiven Typus dar, welches besonders am Ende der Studie deutlich wird. Zudem fällt auf, dass besonders zu Beginn der Studie viele Schülerinnen und Schüler einen aktivierten metakognitiven Typus repräsentierten. Dieses steht im Einklang mit der Tatsache, dass die Schülerinnen und Schüler dieser Gruppe von der Lehrperson und der Lernumgebung dazu angeregt wurden, die metakognitiven Strategien einzusetzen. Im Vergleich zu der Mathematikgruppe konnten deutlich mehr metakognitive Prototypen in Bezug auf die metakognitiven Evaluationsstrategien rekonstruiert werden, wobei die Rekonstruktion bei den meisten Fällen erst am Ende der Studie möglich war. Dieses lässt erneut vermuten, dass die Intervention in Bezug auf die metakognitiven Evaluationsstrategien einen Effekt auf den Einsatz derselben hatte. Im Rahmen dieser Gruppe trat am häufigsten die Entwicklung von dem aktivierten metakognitiven Typus zum überzeugten metakognitiven Typus auf, welches vermuten lässt, dass die Intervention zur Förderung der metakognitiven Strategien bei diesen Fällen einen Einfluss auf deren Sichtweise gehabt hat.

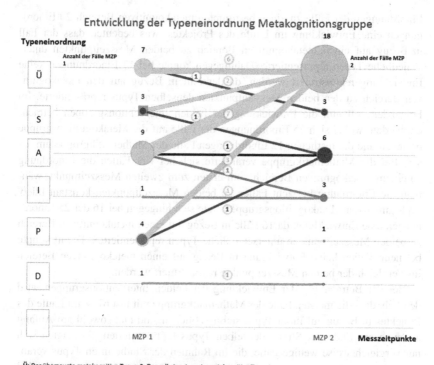

Abbildung 4.6 Entwicklung der Typeneinordnung Metakognitionsgruppe

Durch die unterschiedlichen Interventionen der beiden Gruppen ist es besonders interessant zu untersuchen, wie sich die Schülerinnen und Schüler der beiden Gruppen im Rahmen der Typologie entwickelt haben. Hierfür wurden die Veränderungen der beiden Gruppen beleuchtet, indem untersucht wurde, inwiefern sich die Schülerinnen und Schüler im Laufe des Projektes entwickelt haben und somit zu den beiden Messzeitpunkten unterschiedliche metakognitive Prototypen darstellten. Es konnten insgesamt 37 Einordnungen in die Typologie zu beiden Messzeitpunkten vorgenommen werden, wobei 25 Einordnungen Fälle der Metakognitionsgruppe umfassen, während sich zwölf Einordnungen auf die Fälle der Mathematikgruppe beziehen. Im Rahmen des Projektes zeigten von den 37

Einordnungen der Fälle zu einen bestimmten metakognitiven Bereich 20 Einordnungen eine Entwicklung im Laufe des Projektes, was bedeutet, dass der Fall
in Bezug auf einen metakognitiven Bereich zu beiden Messzeitpunkten unterschiedliche Typen repräsentierte. Dahingegen konnte bei 17 Einordnungen keine
Entwicklung rekonstruiert werden, da der Fall in Bezug auf den metakognitiven Bereich zu den beiden Messzeitpunkten denselben Typus repräsentierte. Im
Folgenden soll nun die Entwicklung der beiden Interventionsgruppen betrachtet werden, wobei sich 25 Einordnungen der Fälle auf die Metakognitionsgruppe
beziehen und die restlichen 12 Einordnungen Fälle der Mathematikgruppe umfassen. Bei der Mathematikgruppe veränderte sich bei vier Fällen die Einordnung
zu einem metakognitiven Bereich vom ersten zum zweiten Messzeitpunkt, während die Einordnung bei acht Fällen zu beiden Messzeitpunkten konstant blieb.
Im Rahmen der Metakognitionsgruppe zeigte sich hingegen bei 16 der 25 Einordnungen eine Entwicklung, da 16 Fälle in Bezug auf einen metakognitiven Bereich
zu beiden Messzeitpunkten unterschiedliche Typen repräsentierten. Damit konnte
bei neun Fällen keine Entwicklung in Bezug auf einen metakognitiven Bereich
im Vergleich der beiden Messzeitpunkte rekonstruiert werden.

Bei der Betrachtung der Entwicklung der beiden Interventionsgruppen wird
deutlich, dass die meisten Fälle der Mathematikgruppe mit fast 67 % im Laufe des
Projektes in Bezug auf ihren Typus stabil geblieben sind und sowohl am Anfang
als auch am Ende der Studie denselben Typus repräsentierten. Es zeigten sich
nur vergleichsweise wenige Fälle, die im Rahmen der Studie ihren Typus verändert haben. Im Gegensatz zu den Ergebnissen der Mathematikgruppe erfolgte bei
einem Großteil der Schülerinnen und Schüler der Metakognitionsgruppe mit 64 %
eine Entwicklung, was bedeutet, dass die Schülerinnen und Schüler ihren metakognitiven Typus im Laufe des Projektes verändert haben. Trotz dessen gab es auch
genauso wie bei der Mathematikgruppe Fälle, die weiterhin demselben Typus
zugeordnet werden konnten. Die Ergebnisse lassen vermuten, dass die Förderung
der metakognitiven Strategien in der Metakognitionsgruppe durch den Einsatz
von *prompts* und der Thematisierung dieser metakognitiven Strategien einen Einfluss auf die Sichtweisen der Schülerinnen und Schüler hatte. Trotz dessen ist
erkennbar, dass auch die Schülerinnen und Schüler ohne explizite Förderung
ihre Sichtweise auf die metakognitiven Strategien verändern konnten. Aufgrund
der Tatsache, dass bei der Bearbeitung von Modellierungsaufgaben metakognitive Strategien notwendig sind, könnte bereits das selbstständige Bearbeiten der
Modellierungsaufgaben einen Einfluss auf die Sichtweisen haben. Außerdem
könnte die Form der Datenerhebung durch die gezielte Auswahl geeigneter Szenen zum Einsatz metakognitiver Strategien die Schülerinnen und Schüler in ihren
Sichtweisen beeinflusst haben.

Dieses Resultat legt die Vermutung nah, dass die Interventionen im Rahmen der Metakognitionsgruppe die Sichtweisen der Schülerinnen und Schüler auf die metakognitiven Strategien beeinflusst haben. Im Vergleich dazu erfolgten weniger Anregungen im Rahmen der Mathematikgruppe, sodass die Zuordnung der Schülerinnen und Schüler zu den Typen größtenteils konstant blieb. Inwiefern diese unterschiedlichen Interventionen auch einen Einfluss auf die metakognitiven Kompetenzen aus Sicht der Schülerinnen und Schüler haben, wurde in der Untersuchung von Vorhölter (2019) betrachtet, die im selben Projekt erfolgte. Hierfür wurden zu Beginn und am Ende der Studie von den Schülerinnen und Schülern Fragebögen zu dem Einsatz der metakognitiven Strategien auf Individual- und auf Gruppenebene ausgefüllt. Die Analyse dieser Fragebögen zeigte in den berichteten metakognitiven Gruppenstrategien keinen signifikanten Unterschied im Einsatz von metakognitiven Überwachungs- und auch Regulationsstrategien der beiden Interventionsgruppen am Ende der Studie. Im Gegensatz dazu zeigte sich ein signifikanter Unterschied im Einsatz der metakognitiven Evaluationsstrategien im Vergleich der beiden Interventionsgruppen, wobei die Schülerinnen und Schüler der Metakognitionsgruppe am Ende der Studie häufiger den Einsatz dieser metakognitiven Strategien berichteten (vgl. Vorhölter 2019, S. 11). Dieses deckt sich mit den bereits dargestellten Ergebnissen dieser Untersuchung.

4.3.3 Übergreifende Einzelfallanalysen

Im Rahmen der übergreifenden Fallanalysen sollen die Gemeinsamkeiten und Unterschiede der einzelnen Fälle in Bezug auf die verschiedenen metakognitiven Bereiche der metakognitiven Planungs-, Überwachungs-/Regulations- und Evaluationsstrategien betrachtet werden. Hierzu soll zunächst untersucht werden, inwiefern die Sichtweisen auf die unterschiedlichen metakognitiven Bereiche bei den Einzelfällen übereinstimmten. Dementsprechend wird untersucht, inwiefern es Fälle gibt, die in Hinblick auf die unterschiedlichen Bereiche denselben Typus entsprachen. Hierbei erfolgt zum einen ein Vergleich der Ergebnisse der beiden Messzeitpunkte. Zum anderen wird eine Übersicht über die Typeneinordnung der ausgewerteten Fälle gegeben, um anhand dessen weitere Fallanalysen vorzunehmen. Bei der Untersuchung wird zwischen keiner Übereinstimmung, einer oder zwei Übereinstimmungen unterschieden. Während bei keiner Übereinstimmig der betrachtete Fall in den drei metakognitiven Bereichen jeweils einem anderen Typus zugeordnet wurde, ließen sich bei einer Übereinstimmung zwei metakognitive Bereiche demselben Typus zuordnen. Demgemäß bedeuten zwei Übereinstimmungen, dass der Fall bei allen metakognitiven Strategien demselben

Typus entspricht. Ebenso wie bei den anderen Auswertungsergebnissen besteht auch hierbei das Problem, dass nicht immer jeder Fall in Bezug auf jeden meta-kognitiven Bereich eingeordnet werden konnte. Zwei Übereinstimmungen kann es daher nur geben, wenn der Fall in Bezug auf jeden metakognitiven Bereich eingeordnet werden konnte. Eine geringe Übereinstimmung kann infolgedessen darin begründet liegen, dass keine Einordnung in Bezug auf eine oder zwei meta-kognitive Strategien möglich war. Trotz dessen konnten Besonderheiten ermittelt werden, die im Folgenden vorgestellt werden (Tabelle 4.10).

Tabelle 4.10 Übereinstimmungen der Typeneinordnungen auf Fallebene

	Zu Beginn der Studie	Am Ende der Studie
Keine Übereinstimmung	15	9
Eine Übereinstimmung	5	9
Zwei Übereinstimmungen	0	2

Zu Beginn der Studie zeigte sich, dass bei 15 von 20 Fällen keine Über-einstimmung in der Typeneinordnung zu erkennen war. Bei den restlichen fünf Fällen konnte eine Übereinstimmung festgestellt werden, was bedeutet, dass diese Fälle bei zwei metakognitiven Bereichen demselben Typus entsprachen. Dahingegen konnte am Ende der Studie häufiger eine Übereinstimmung bei der Typeneinordnung identifiziert werden. Hierbei konnte elfmal mindestens eine Übereinstimmung identifiziert werden, wobei zweimal sogar zwei Übereinstim-mungen auftraten, was bedeutet, dass die Schülerinnen und Schüler bei allen drei metakognitiven Bereichen demselben Typus entsprachen. Aus diesem Ergeb-nis kann geschlossen werden, dass sich die Schülerinnen und Schüler in ihren Sichtweisen zu den verschiedenen metakognitiven Bereichen am Ende der Studie stärker ähnelten als zu Beginn der Studie. Die einzelnen Fälle zeigten somit am Ende der Studie ein homogeneres Bild als zu Beginn der Studie auf. Trotz dessen ist auch am Ende der Studie bei fast der Hälfte der Fälle keine Übereinstim-mung vorzufinden, was zeigt, dass es dennoch starke Unterschiede auf Fallebene zwischen den verschiedenen metakognitiven Bereichen gibt.

Im Folgenden soll deswegen konkreter auf die einzelnen Fälle eingegan-gen werden, um die unterschiedlichen Typenzusammensetzungen genauer zu beleuchten und Ursachen für diese Entwicklung darzustellen (Abbildung 4.7).

Zu Beginn der Studie konnten knapp zwei Drittel der möglichen Zuordnungen der Fälle in die Typologie vorgenommen werden. Die meisten Fälle konnten in Bezug auf die metakognitiven Planungs- und auch Überwachungs- sowie Regulationsstrategien eingeordnet werden. Dahingegen war die Einordnung der Fälle im Rahmen der metakognitiven Evaluationsstrategien schwierig, weshalb nur zwei Fälle eingeordnet werden konnten. Deswegen konnten zu Beginn der Studie nur zwei Fälle vollständig in die Typologie eingruppiert werden. Dieses ist eine Ursache dafür, dass es zu Beginn der Studie nur wenig Übereinstimmungen in Hinblick auf die verschiedenen metakognitiven Bereiche gab. Bei genauerer Betrachtung der Übereinstimmungen ist zu erkennen, dass es Übereinstimmungen beim passiven, beim aktivierten und beim überzeugten metakognitiven Typus gab. Am häufigsten trat hierbei eine Übereinstimmung bei dem aktivierten metakognitiven

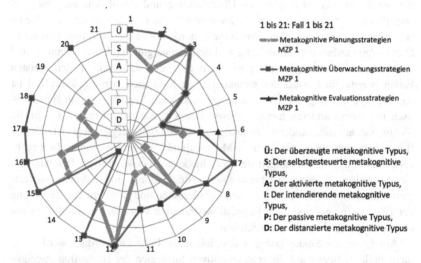

Abbildung 4.7 Falleinordnung Messzeitpunkt eins[5]

---

[5]Bei dem verwendeten Diagramm handelt es sich um ein Netzdiagramm, in dem die Typeneinordnung der einzelnen Fälle zu einem Messzeitpunkt dargestellt wird. Hierbei stehen die Zahlen am Rand des Netzes für einen Fall dieser Stichprobe. Mithilfe des Diagramms kann ermittelt werden, welche Fälle in den drei metakognitiven Bereichen der metakognitiven Planungs-, Überwachungs-/Regulations- und Evaluationsstrategien dieselbe Typeneinordnung haben. Die Typeneinordnung kann an den verschiedenen Fäden des Spinnennetzes abgelesen werden.

Typus auf, was zeigt, dass einzelne Fälle angeregt wurden, zwei der drei metakognitiven Bereiche zu Beginn der Studie einzusetzen. Hierbei handelte es sich
immer um Schülerinnen und Schüler aus der metakognitiven Vertiefungsgruppe,
was bedeutet, dass die Lehrpersonen, bezogen auf die metakognitiven Strategien,
im Rahmen einer Lehrerfortbildung geschult waren und dazu aufgefordert worden
waren, diese bei ihren Schülerinnen und Schüler anzuregen.

Die Fälle, bei denen es keine Übereinstimmungen gibt, variieren zum Teil
stark in ihrer Einordnung in die Typologie. Anhand der zugeordneten Fälle ist
erkennbar, dass es durchaus möglich war, dass ein metakognitiver Bereich bereits
eingesetzt und zum Teil auch eine positive Sicht auf den Einsatz bestand, während bei einem anderen metakognitiven Bereich noch kein Bewusstsein oder auch
ein fehlendes Verständnis für deren Bedeutung rekonstruiert wurde. Bei der Fall-
analyse des ersten Messzeitpunktes fällt auf, dass, sofern eine Typeneinordnung
der metakognitiven Strategien zur Überwachung und Regulation auch möglich
war, diese im Vergleich zu den anderen metakognitiven Bereichen immer eine
besonders positive Einstellung durch die Einordnung in die Typologie beschrieb.
Dies bedeutet, dass der individuelle Fall den metakognitiven Überwachungs- und
auch Regulationsstrategien am positivsten gegenüberstand und in den meisten
Fällen bereits ein Einsatz der metakognitiven Strategien erfolgte. Zum Teil ist
die Typeneinordnung der Überwachungs- und auch Regulationsstrategien iden-
tisch mit einem anderen metakognitiven Bereich, weshalb in diesen Fällen die
Sichtweise auf den anderen metakognitiven Bereich vergleichbar ist. Dieses
Bild zeigte sich auch zum zweiten Messzeitpunkt, was noch einmal die Ergebnisse aus den Untersuchungen der verschiedenen metakognitiven Bereiche der
metakognitiven Planungs-, Überwachungs-/Regulations- und Evaluationsstrategien unterstützt, da es zeigt, dass den Schülerinnen und Schülern die Bedeutung
der Überwachungs- und auch Regulationsstrategien sehr klar ist, verglichen mit
den anderen metakognitiven Bereichen.

Am Ende der Studie konnten deutlich mehr Fälle eingeordnet werden, da
mehr Fälle in Bezug auf die metakognitiven Strategien der Evaluation zugeordnet werden konnten. Somit konnten mehr als 80 % der möglichen Zuordnungen
vorgenommen werden. In den dargestellten Ergebnissen ist somit zu berücksichtigen, dass die unterschiedliche Anzahl der eingeordneten Fälle zu den beiden
Messzeitpunkten die Ergebnisse verfälschen kann (Abbildung 4.8).

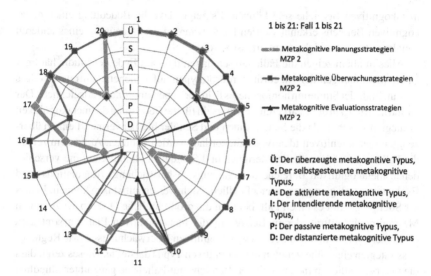

1 bis 21: Fall 1 bis 21

⬤⬤⬤ Metakognitive Planungsstrategien
MZP 2

━■━ Metakognitive Überwachungsstrategien
MZP 2

━▲━ Metakognitive Evaluationsstrategien
MZP 2

Ü: Der überzeugte metakognitive Typus,
S: Der selbstgesteuerte metakognitive
Typus,
A: Der aktivierte metakognitive Typus,
I: Der intendierende metakognitive
Typus,
P: Der passive metakognitive Typus,
D: Der distanzierte metakognitive Typus

Abbildung 4.8 Falleinordnung Messzeitpunkt zwei

Am Ende der Studie gab es auf Fallebene Übereinstimmungen in den verschiedenen metakognitiven Bereichen in Bezug auf den intendierenden metakognitiven Typus, den aktivierten metakognitiven Typus und den überzeugten metakognitiven Typus. Während beim intendierenden und beim aktivierten metakognitiven Typus jeweils nur ein Fall die Übereinstimmung aufwies, trat die Übereinstimmung beim überzeugten metakognitiven Typus neunmal auf und betraf in zwei Fällen sogar eine Übereinstimmung bei allen drei metakognitiven Bereichen. Die erhöhte Übereinstimmung am Ende der Studie ergibt sich somit daraus, dass die Schülerinnen und Schüler ein stärkeres Bewusstsein für die Bedeutung des Einsatzes der metakognitiven Strategien entwickeln konnten und somit vermehrt einem überzeugten metakognitiven Idealtypus zugeordnet werden konnten. Bei fehlenden Übereinstimmungen sind die Typenunterschiede vergleichbar mit dem des ersten Messzeitpunkts. Im Gegensatz zum ersten Messzeitpunkt gab es am Ende der Studie jedoch einen Fall, der im Rahmen der metakognitiven Planungsstrategie den distanzierten metakognitiven Typus darstellte, während er bei den metakognitiven Überwachungs- und auch Regulationsstrategien einen überzeugten metakognitiven Typus repräsentierte. Dieses macht deutlich, wie unterschiedlich die Sichtweisen der Schülerinnen und Schüler in Bezug auf die verschiedenen metakognitiven Bereiche sein können. Es zeigt, dass die Bedeutung eines meta-kognitiven Bereichs erkannt werden kann, während die Bedeutung eines anderen metakognitiven Bereichs nicht erfasst wird.

Alles in allem zeigen die Fallanalysen daher, dass am Ende der Studie häufiger Übereinstimmungen der zugeordneten Prototypen auf Fallebene auftraten, sodass sich am Ende der Studie ein homogeneres Bild der Typeneinordnung abzeichnete. Der Grund hierfür ist in dem stärkeren Bewusstsein für die Bedeutung der metakognitiven Strategien zu sehen, da die Schülerinnen und Schüler hierbei vermehrt einem über-zeugten metakognitiven Idealtypus zugeordnet werden konnten. Außerdem zeigen die Fallanalysen, dass die Schülerinnen und Schüler in Hinblick auf die verschie-denen metakognitiven Bereiche der Planungs-, Überwachungs-/Regulations- und Evaluationsstrategien ganz unterschiedliche Sichtweisen aufweisen können. In die-ser Stichprobe gibt es einen Fall, bei dem die größtmögliche Diskrepanz zu einem Messzeitpunkt auftrat, der in Bezug auf die metakognitiven Planungsstrategien distanziert war, während er bei den metakognitiven Überwachungs- sowie Regulati-onsstrategien einen überzeugten metakognitiven Typus darstellte. Dieses zeigt, dass die unterschiedlichen metakognitiven Bereiche auf Fallebene ganz unterschiedlich aufgefasst werden und es somit individuelle Unterschiede gibt.

Zusammenfassung und Ausblick 5

Das letzte Kapitel dieser Arbeit ist in drei Teile untergliedert. Im ersten Teil werden die zentralen Ergebnisse dieser Untersuchung zusammengefasst und in den Stand der Forschung eingeordnet. Im zweiten Teil erfolgt ein Ausblick, wobei sowohl auf Grenzen der Studie als auch auf Forschungsdesiderata eingegangen wird. Im dritten Teil des Kapitels werden diese Ergebnisse interpretiert und Folgerungen daraus gezogen. Insbesondere wird hierbei auf mögliche Maßnahmen zur Förderung metakognitiver Strategien eingegangen.

Zusammenfassung der empirischen Ergebnisse dieser Studie
Im Rahmen der vorliegenden Arbeit wurde basierend auf dem Stand der Forschung zum Einsatz metakognitiver Strategien im Rahmen von Modellierungsprozessen ein theoretisches Modell entwickelt, welches die Auslöser und Auswirkungen des Einsatzes metakognitiver Strategien beim mathematischen Modellieren beschreibt. Die Auslöser konnten hierbei in interne und externe Auslöser des Einsatzes metakognitiver Strategien differenziert werden. Interne Auslöser bedeuten, dass die Schülerinnen und Schüler die metakognitive Strategie selbstinitiiert eingesetzt haben, während sie bei den externen Auslösern von außen angeregt wurden. In der einschlägigen Diskussion gelten das metakognitive Wissen, die metakognitiven Empfindungen, die Sensitivität und die Motivkonstellationen als interne Auslöser des Einsatzes metakognitiver Strategien (vgl. Borkowski 1996, Efklides 2002, Flavell 1979, Hasselhorn 1992). Dahingegen stellen externe Auslöser andere Mitschülerinnen und Mitschüler sowie die Lernumgebung und Interventionen der Lehrperson dar. Stillman (2011) konnte in Anlehnung an die Untersuchung von Goos (1998) in ihrer Studie Schwierigkeiten beim mathematischen Modellieren als Auslöser für den Einsatz metakognitiver Strategien rekonstruieren.

© Der/die Autor(en), exklusiv lizenziert durch Springer Fachmedien
Wiesbaden GmbH, ein Teil von Springer Nature 2021
A. Krüger, *Metakognition beim mathematischen Modellieren*,
Perspektiven der Mathematikdidaktik,
https://doi.org/10.1007/978-3-658-33622-6_5

Welche Auslöser des Einsatzes metakognitiver Strategien lassen sich aus Schülersicht rekonstruieren?

In dieser empirischen Untersuchung konnten interne und externe Auslöser für den Einsatz metakognitiver Strategien weiter ausdifferenziert und zum Teil erstmalig empirisch nachgewiesen werden, da einige Aspekte bislang lediglich theoretisch abgeleitet wurden. Im Folgenden sollen die Ergebnisse der ersten Forschungsfrage zusammengefasst werden.

Ein bedeutender, empirisch rekonstruierter Auslöser für den Einsatz metakognitiver Strategien ist das *Bewusstsein über die Sinnhaftigkeit*[1] des Einsatzes metakognitiver Strategien, was bedeutet, dass die Schülerinnen und Schüler metakognitives Wissen und eine Sensitivität für den Einsatz der metakognitiven Strategien aufgebaut haben. Dies zeigt sich, indem sie den Nutzen der metakognitiven Strategie erkannt haben und aufgrund dessen diese einsetzen. Ein weiterer Auslöser, der sich bereits in der Untersuchung von Efklides (2002) rekonstruieren ließ, sind *metakognitive Empfindungen* (vgl. Efklides 2002, S. 181). Diese zeigten sich ebenfalls in dieser Studie, wobei diese überwiegend metakognitive Überwachungs- und auch Regulationsstrategien auslösten. Zudem konnte in dieser Untersuchung der Einfluss des Selbstkonzepts auf den Einsatz von metakognitiven Überwachungsstrategien gezeigt werden. Konkret wurde in dieser Studie deutlich, dass ein *schwaches Selbstkonzept* den Einsatz von metakognitiven Überwachungsstrategien initiieren kann. Es ist weiteren Studien vorbehalten zu klären, wie insgesamt der Einfluss des Selbstkonzepts auf den Einsatz metakognitiver Strategien zu beurteilen ist. Ebenso können *persönliche Eigenschaften, Präferenzen oder auch Fähigkeiten* zu einem Einsatz metakognitiver Strategien führen. Dementsprechend wurde beispielsweise bei einer Schülerin deutlich, dass sie sich als sehr strukturiert und organisiert einschätzt und dieses als Ursache für den Einsatz von metakognitiven Planungsstrategien angab.

Neben den internen Auslösern konnten externe Auslöser des Einsatzes metakognitiver Strategien in dieser Studie rekonstruiert werden. Es konnte rekonstruiert werden, dass sowohl die *Lehrperson* als auch andere *Gruppenmitglieder* den Einsatz metakognitiver Strategien bei den Schülerinnen und Schülern auslösen konnten. Der Einfluss der Mitschülerinnen und Mitschüler auf den Einsatz metakognitiver Strategien deutete sich bereits in der Untersuchung von Schukajlow (2010) an (vgl. Schukajlow 2010, S. 202). Ebenso nimmt die Lehrperson eine wichtige Rolle zur Vermittlung metakognitiver Kompetenz ein, indem sie durch direkte und indirekte Fördermaßnahmen den Einsatz der metakognitiven Strategien anregt. Die Förderung des Einsatzes der metakognitiven Strategien kann zum einen durch *prompts* erfolgen,

---

[1]Die verwendeten Kategorien des Kategoriensystems dieser Studie werden im Folgenden kursiv dargestellt.

deren Wirksamkeit bereits in anderen Studien nachgewiesen werden konnte (vgl. Rosenshine et al. 1996, Lin & Lehman 1999). *Prompts* sind Interventionen, die Lernenden zu bestimmten Zeitpunkten auffordern, spezifische metakognitive Lernaktivitäten durchzuführen (vgl. Bannert 2003, S. 15). Dieses zeigte sich ebenso in dieser Untersuchung, indem *prompts* der Lehrperson den Einsatz von metakognitiven Evaluationsstrategien auslösen konnten. Zudem konnten einige Bestandteile der Lernumgebung den Einsatz der metakognitiven Strategien fördern. So zeigten sich aus Sicht der Schülerinnen und Schüler die Modellierungsaufgaben als Auslöser metakognitiver Strategien, unter anderem aufgrund ihrer Offenheit und Unterbestimmtheit. Nach dem aktuellen Stand der Forschung tritt der Einsatz metakognitiver Strategien besonders bei komplexen Aufgaben auf, da auf Schwierigkeiten häufig mit dem Einsatz der metakognitiven Strategien reagiert wird (Goos 1998, S. 226, Stillman 2011, S. 171). Aufgrund der Komplexität von Modellierungsaufgaben war es erwartbar, dass Modellierungsaufgaben als Auslöser des Einsatzes metakognitiver Strategien rekonstruiert werden konnten. Beim mathematischen Modellieren wird außerdem der Modellierungskreislauf als Möglichkeit, metakognitive Strategien anzuregen, angesehen (vgl. Stender 2016, S. 224). Dieses zeigte sich in dieser Studie ebenso, indem die Schülerinnen und Schüler berichteten, dass aufgrund der gegebenen Struktur des Modellierungskreislaufs insbesondere eine Überprüfung der Lösung und des Lösungsweges durch die Schülerinnen und Schüler erfolgen konnte.

Welche metakognitiven Strategien lassen sich bei den verwendeten Modellierungsaufgaben aus Berichten von Schülerinnen und Schülern rekonstruieren?
Neben den Auslösern metakognitiver Strategien konnte ebenso ein Einblick in die eingesetzten metakognitiven Strategien aus den Berichten der Schülerinnen und Schüler rekonstruiert werden. Hierbei konnten metakognitive Strategien der Organisation sowie Planung, der Überwachung und Regulation und der Evaluation rekonstruiert werden. Bei den rekonstruierten metakognitiven Strategien handelt es sich zum Teil um kognitive Strategien, die durch den gezielten metakognitiven Einsatz eine metakognitive Strategie darstellen. Einige der rekonstruierten metakognitiven Strategien dieser Untersuchung wurden bereits in anderen Untersuchungen erhoben (vgl. z. B. Rakoczy, Buff und Lipowski 2005).

Anhand der Äußerungen in den Interviews mit den Schülerinnen und Schülern konnten die eingesetzten metakognitiven Orientierungs- und Planungsstrategien in verschiedene Arbeitsphasen geteilt werden, die aus Sicht der Schülerinnen und Schüler angewendet wurden. Hierzu gehört, dass die Schülerinnen und Schüler zunächst versuchen, die *Aufgabe zu verstehen*, *relevante von irrelevanten Informationen zu differenzieren* und schließlich die *fehlenden Informationen* zu bestimmen.

Hierbei diskutierten außerdem die Schülerinnen und Schüler was das *Ziel der Aufgabe* war. Nachdem das Ziel der Aufgabe bestimmt worden ist, begannen die Gruppen laut den Selbstberichten der Schülerinnen und Schüler damit, einen *Lösungsansatz zu suchen.* Einige der Schülerinnen und Schüler beschrieben, dass sie unterschiedliche *Lösungsmöglichkeiten* in der Gruppe *diskutiert* haben, um sich schließlich auf einen Lösungsweg zu einigen. Anschließend erklärten einige Schülerinnen und Schüler, dass sie den *Lösungsweg besprochen* haben, wobei die Lösungsschritte im Vorwege diskutiert wurden.

Im Rahmen der Planung stellten die Schülerinnen und Schüler dar, dass sie verschiedene metakognitive Planungs- beziehungsweise Organisationsstrategien eingesetzt haben, um die Planungsphase zu erleichtern. Hierbei äußerten sie, dass sie zum Verstehen der Aufgabe diese *mehrfach gelesen* und *Visualisierungen* verwendet hätten. Für einen Lösungsansatz nutzten einige Schülerinnen und Schüler *Brainstorming* oder auch *Analogiebildung,* um Ideen für den Lösungsansatz zu ermitteln. Einige der Schülerinnen und Schüler beschrieben außerdem, dass sie Aufgaben in der Gruppe verteilt hatten, um effizienter arbeiten zu können, was durch die vorherige Besprechung der einzelnen Lösungsschritte ermöglicht wurde. Schließlich äußerten einige der Schülerinnen und Schüler, dass sie den *Modellierungskreislauf* als Planungsinstrument verwendet haben, indem sie ihn als Orientierung für die einzelnen Lösungsschritte verwendeten.

Im Rahmen dieser Studie wurde in den Selbstberichten der Schülerinnen und Schüler von metakognitiven Überwachungsstrategien, bezogen auf das *Arbeitsverhalten,* den *Lösungsprozess,* des *eigenen Verständnisses* und der *Zeit,* berichtet. Außerdem wurden Validierungsstrategien beschrieben, indem die Schülerinnen und Schüler ihr Ergebnis in Hinblick auf die *Realität* und die Angemessenheit bezogen auf die Realität überprüft haben.

In den Berichten der Schülerinnen und Schüler wurden unterschiedliche Bereiche deutlich, welche die Schülerinnen und Schüler im Rahmen des Arbeitsverhaltens beleuchteten. Hierbei erklärten einige Schülerinnen und Schüler, dass sie das *fokussierte Arbeiten* kontrolliert haben, was bedeutet, dass sie hinterfragt haben, inwiefern sie konzentriert arbeiteten. Außerdem erklärten einige der Schülerinnen und Schüler, dass sie *selbstgesetzte Ziele* überwachten. Hierbei wurde häufig die Zusammenarbeit in der Gruppe fokussiert, wodurch auch metakognitive Überwachungsstrategien in Bezug auf die *Zusammenarbeit* und die *Einhaltung der Gesprächsregeln* von den Schülerinnen und Schülern erwähnt wurden.

Bei der Überwachung des Lösungsprozesses konnten unterschiedliche Kriterien rekonstruiert werden, die die Schülerinnen und Schüler zur Beurteilung ihres Lösungsprozesses verwendeten. In einigen Interviews wurde deutlich, dass die Schülerinnen und Schüler ihren Lösungsprozess in Hinblick auf das potenziell erreichte *Ziel* hinterfragten. Hierbei überprüften sie, inwiefern das Ziel des Lösungsweges mit ihrem anvisierten Ziel übereinstimmte. Außerdem äußerten einige Schülerinnen und Schüler, dass sie ihren Lösungsweg in Hinblick auf die *Komplexität* hinterfragt haben. Sie haben hierbei überprüft, ob sie das Problem in der vorgegebenen Zeit bearbeiten konnten. Schließlich berichteten einige Schülerinnen und Schüler, dass sie ihren Lösungsweg und die getroffenen Annahmen in Hinblick auf die *Exaktheit* sowie den *Realitätsbezug* hinterfragt haben. Schließlich stellten einige Schülerinnen und Schüler dar, dass sie die *Vollständigkeit* ihres Lösungsweges am Ende des Lösungsprozesses hinterfragt haben, indem sie überprüften, ob sie alle Phasen des Modellierungskreislaufs durchlaufen haben.

Diese berichteten metakognitiven Überwachungsstrategien konnten hierbei sowohl vom Individuum selbst, von einem anderen Gruppenmitglied oder der Lehrperson eingesetzt werden.

Die rekonstruierten metakognitiven Regulationsstrategien lassen sich in metakognitive Regulationsstrategien, bezogen auf den *Modellierungsprozess* oder in das *Einholen externer Hilfe*, differenzieren. Bei den metakognitiven Regulationsstrategien bezogen auf den Modellierungsprozess, beschrieben die Schülerinnen und Schüler, dass sie die *Aufgabe erneut gelesen* oder auch ihren *Lösungsweg überdacht* sowie das verwendete *Modell überarbeitet* hätten.

Im Rahmen des Einholens externer Hilfe zeigte sich, dass die Schülerinnen und Schüler einerseits andere Personen wie die *Lehrperson* oder andere *Gruppenmitglieder* befragten oder andererseits *Hilfsmittel* verwendeten. Diese Hilfsmittel waren zum Beispiel ein Merkheft oder eine Formelsammlung. Außerdem berichteten sie davon, dass sie zur Regulation der Schwierigkeiten den *Modellierungskreislauf* verwendeten oder auch eine *Internetrecherche* durchführten.

Schließlich konnten metakognitive Evaluationsstrategien aus den Berichten der Schülerinnen und Schüler rekonstruiert werden. Hierbei erklärten die Schülerinnen und Schüler, dass sie am Ende des Bearbeitungsprozesses ihre *Vorgehensweise bewertet* haben. Einige Schülerinnen und Schüler berichteten, dass sie sich im Anschluss an diesen Austausch *Ziele gesetzt* haben, was sie beim nächsten Mal besser machen könnten. Weiterhin äußerten einige der Schülerinnen und Schüler, dass sie die *gesetzten Ziele* zu Beginn der *Arbeitsphase* besprochen haben, damit sie auf das Einhalten der Ziele bei der Bearbeitung der Modellierungsaufgabe achteten.

Welche Auswirkungen des Einsatzes metakognitiver Strategien beschreiben Schülerinnen und Schüler?
Schließlich weisen die Ergebnisse der Interviews mit den Schülerinnen und Schüler auf Auswirkungen metakognitiver Strategien hin, die den bisherigen Stand

der Forschung ergänzen können. Nach dem aktuellen Stand der Forschung können sich metakognitive Strategien auf den Arbeitsprozess, die Leistungen und die
emotional motivationale Ebene auswirken. Mehrere Studien konnten nachweisen,
dass der Einsatz metakognitiver Strategien den Arbeitsprozess vereinfachen kann,
da Schülerinnen und Schüler Fehler erkennen (Schukajlow 2010), Hürden überwinden (Stillman 2011), während ihre Konzentration erhalten bleibt (Stillman 2004).
Einen positiven Einfluss auf die Lernleistung konnte durch die Metaanalysen von
Hattie (2009) herausgestellt werden. Beim mathematischen Modellieren stellte die
Untersuchung von Hidayat et al. (2018) einen positiven Zusammenhang zu der
Modellierungskompetenz heraus (vgl. Hidayat et al. 2018, S. 592). In der Untersuchung von Stillman (2004) zeigte sich, dass metakognitives Wissen dazu führen
kann, dass das Engagement zur Aufgabenbearbeitung ansteigt und die Aufmerksamkeit durch den Einsatz von metakognitiven Regulationsstrategien gesteuert wird
(vgl. Stillman 2004, S. 52ff). Somit kann der Einsatz metakognitiver Strategien eine
emotionale Stärkung der Schülerinnen und Schüler bewirken, da durch den Einsatz Schwierigkeiten überwunden sowie die Aufmerksamkeit und das Engagement
erhöht werden können. Inwiefern sich die Ergebnisse aus dem Stand der Forschung
in dieser Untersuchung widerspiegeln, soll im Folgenden dargestellt werden.

Die in dieser Studie rekonstruierte Sicht der Schülerinnen und Schüler auf
den Einsatz metakognitiver Strategien weist auf eine etwas andere Einteilung der
Auswirkungen des Einsatzes metakognitiver Strategien hin. So konnten Auswirkungen auf den *Arbeitsprozess*, der *Selbstwirksamkeit* und dem *kooperativen Arbeiten*
rekonstruiert werden, wobei es sich hierbei aus Sicht der Schülerinnen und Schüler
um positive oder auch negative Auswirkungen handeln konnte.

Im Rahmen der Auswirkungen der metakognitiven Strategien auf den
Arbeitsprozess spiegelten sich teilweise die Ergebnisse des bisherigen Stands der
Forschung wider. Auch die Schülerinnen und Schüler in dieser Untersuchung nahmen wahr, dass der Einsatz metakognitiver Strategien den Umgang mit Fehlern
positiv beeinflussen kann, indem *Fehler vorgebeugt*, *erkannt* und *überwunden*
werden können. Daraus resultierte auch, dass die Schülerinnen und Schüler feststellten, dass sie einen *Fortschritt* in ihrem Arbeitsprozess erzielen konnten, welches
häufig aus dem Einsatz von metakognitiven Regulations- und Evaluationsstrategien erfolgte. Dabei berichteten einige Schülerinnen und Schüler davon, dass sich
der Einsatz der metakognitiven Strategien auf das *Endergebnis* auswirken konnte.
Schließlich erklärten die Schülerinnen und Schüler insbesondere bei dem Einsatz
von metakognitiven Orientierungs- und Planungsstrategien, dass sich dies auf die
Transparenz des Lösungsprozesses auswirken konnte, indem der Lösungsprozess
im Vorwege besprochen wurde und somit eine Orientierung bot. Zudem berichteten einige Schülerinnen und Schüler, dass ihr *Fokus* oder auch ihre *Effizienz* bei

der Aufgabenbearbeitung durch den Einsatz metakognitiver Strategien beeinflusst werden konnte.

In Hinblick auf die emotional-motivationale Ebene konnten in dieser Untersuchung Auswirkungen auf die selbstberichtete Selbstwirksamkeit der Schülerinnen und Schüler rekonstruiert werden. Zum einen beschrieben die Schülerinnen und Schüler ein *Kompetenzerleben*, welches häufig auftrat, wenn die Schülerinnen und Schüler beim Überwachen oder Validieren feststellten, dass sie auf dem richtigen Weg waren oder ihre Lösung richtig war. Zum anderen erklärten die Schülerinnen und Schüler, dass der Einsatz von metakognitiven Strategien ihnen *Sicherheit* vermitteln konnte, indem sie überwachten, ob sie auf dem richtigen Weg waren.

Als weitere Perspektive zeigten sich Auswirkungen auf das kooperative Arbeiten in dieser Untersuchung. Dieses ist darin begründet, dass die Schülerinnen und Schüler die Modellierungsaufgaben in Gruppen bearbeitet haben. Einige Schülerinnen und Schüler berichteten, dass sie durch den Einsatz der metakognitiven Strategien *Einblick in die verschiedenen Sichtweisen* der Gruppenmitglieder bekommen konnten. Dieses wurde im Rahmen der metakognitiven Organisations- und Planungsstrategien genannt. Die gemeinsame Planung des Lösungsansatzes führte dazu, dass die Schülerinnen und Schüler einen gemeinsamen Lösungsweg verfolgten. Ein Schüler erklärte, dass dieses insofern den Vorteil hatte, als dass sie sich *gegenseitig überprüfen* konnten. Von anderen Schülerinnen und Schülern wurde benannt, dass das *Verstehen aller* durch den Einsatz von metakognitiven Planungs- und Organisationsstrategien verbessert werden konnte. Schließlich wirkte sich der Einsatz der metakognitiven Strategien aus Schülerperspektive auf die *Zusammenarbeit in der Gruppe* aus, da sie gemeinsam an einem Lösungsweg arbeiteten und aufgrund selbst gesetzter Ziele häufig die Zusammenarbeit in der Gruppe überwachten.

Die rekonstruierten Schülertypen metakognitiver Strategien
Die dargestellten Ergebnisse der inhaltlich strukturierenden Inhaltsanalyse bildeten die Grundlage für die Erstellung der Typologie, die Schülertypen metakognitiver Strategien beschreibt. Bei der Erstellung der Typologie wurde die Unterteilung in interne und externe Auslöser, sowie positive und negative Auswirkungen berücksichtigt. Hierbei konnten die folgenden metakognitiven Schülertypen rekonstruiert werden, die sich auf die Einstellung sowie den Umgang mit den metakognitiven Strategien eines bestimmten metakognitiven Bereichs der metakognitiven Planungs-, Überwachungs-/Regulations- und Evaluationsstrategien beziehen:

– *Der distanzierte metakognitive Typus:* Bei diesem Typus können keine Auslöser des Einsatzes metakognitiver Strategien des betrachteten metakognitiven

Bereichs rekonstruiert werden, weil die Person die metakognitiven Strategien nicht einsetzen möchte. Hierfür können zwei verschiedene Gründe für diese Einstellung angegeben werden. Zum einen setzt der Typus die metakognitiven Strategien des betrachteten metakognitiven Bereichs nicht ein, weil Vertreterinnen und Vertreter des Typus negative Auswirkungen in dem Einsatz der metakognitiven Strategien wahrnehmen. Zum anderen ist es jedoch auch möglich, dass der Einsatz der metakognitiven Strategien des betrachteten metakognitiven Bereichs nicht erfolgt, da Vertreterinnen und Vertreter dieses Typus angeben, dass der Einsatz der metakognitiven Strategien nicht zu der eigenen Einstellung oder dessen motivationalen Gemütszuständen passt.

– *Der passive metakognitive Typus:* Bei diesem Typus lassen sich ebenso wie beim distanzierten metakognitiven Typus keine Auslöser des Einsatzes metakognitiver Strategien des betrachteten metakognitiven Bereichs rekonstruieren. Ursache hierfür ist, dass der Typus von einem fehlenden Einsatz der metakognitiven Strategien des betrachteten metakognitiven Bereichs berichtet. Vertreterinnen und Vertreter dieses Typus reflektieren jedoch nicht über positive oder negative Auswirkungen des Einsatzes metakognitiver Strategien des betrachteten metakognitiven Bereichs im Interview, vielmehr nehmen sie eher eine passive Haltung ein.

– *Der intendierende metakognitive Typus:* Ebenso wie bei den vorherigen Idealtypen lassen sich keine Auslöser des Einsatzes der metakognitiven Strategien des betrachteten metakognitiven Bereichs rekonstruieren, weil die Person die metakognitiven Strategien aus ihrer Sicht nicht eingesetzt hat. Im Gegensatz zu den vorher dargestellten Typen äußern Vertreterinnen und Vertreter dieses Typus jedoch im Interview positive Auswirkungen aus dem Einsatz metakognitiver Strategien des betrachteten metakognitiven Bereichs und wünschen sich deren Einsatz zukünftig. Somit zeigen Vertreterinnen und Vertreter dieses Typus, dass ihnen die Bedeutung metakognitiver Strategien des betrachteten metakognitiven Bereichs bewusst ist, obwohl sie diese laut ihren Berichten nicht eingesetzt haben.

– *Der aktivierte metakognitive Typus:* Bei diesem Typus wurde von einem Einsatz der metakognitiven Strategien des betrachteten metakognitiven Bereichs berichtet. Im Interview konnten hierbei überwiegend externe Auslöser für den Einsatz der metakognitiven Strategien des betrachteten metakognitiven Bereichs rekonstruiert werden, was bedeutet, dass der Typus von außen zu dem Einsatz der Strategien angeregt wurde. Es zeigten sich hierbei drei verschiedene Ausprägungen des Typus, die sich in ihren erkannten Auswirkungen und in der Intention des Einsatzes der metakognitiven Strategien des betrachteten metakognitiven Bereichs unterscheiden. Während bei der ersten Ausprägung über keine

Auswirkungen des Einsatzes der metakognitiven Strategien des betrachteten metakognitiven Bereichs reflektiert wird, wird bei der zweiten Ausprägung über positive Auswirkungen des Einsatzes der metakognitiven Strategien berichtet. Im Rahmen der letzten Ausprägung wird nicht nur über positive Auswirkungen berichtet, sondern Vertreterinnen und Vertreter des Typus geben außerdem an, bei der nächsten Modellierungsstunde den Einsatz der metakognitiven Strategien verbessern zu wollen. Sie erkennen somit Defizite in dem Einsatz der metakognitiven Strategien des betrachteten metakognitiven Bereichs. Dieser Typus ist somit dadurch charakterisiert, dass er von außen zu dem Einsatz metakognitiver Strategien des betrachteten metakognitiven Bereichs angeregt wurde und je nach Ausprägung des Typus ein unterschiedliches Bewusstsein für die Bedeutung deren Einsatzes beim mathematischen Modellieren hat.

– *Der selbstgesteuerte metakognitive Typus:* Dieser Typus ist dadurch charakterisiert, dass der Einsatz metakognitiver Strategien des betrachteten metakognitiven Bereichs überwiegend selbstinitiiert stattfindet, weshalb überwiegend interne Auslöser für den Einsatz dieser metakognitiven Strategien im Interview deutlich werden. Der Typus verdeutlicht eine positive Sicht bezogen auf die metakognitiven Strategien des betrachteten metakognitiven Bereichs, indem er positive Auswirkungen für den Einsatz der metakognitiven Strategien nennt. Dem Typus ist somit die Bedeutung des Einsatzes der metakognitiven Strategien des betrachteten metakognitiven Bereichs beim mathematischen Modellieren bewusst. Externe Anregungen für den Einsatz werden von diesem Typus nicht wahrgenommen oder führen zu keinem Einsatz der metakognitiven Strategien des betrachteten metakognitiven Bereichs, da der Typus ein eigenes Vorgehen für den Einsatz der metakognitiven Strategien entwickelt hat, an dem er festhält.

– *Der überzeugte metakognitive Typus:* Dieser Typus ist charakterisiert durch seinen flexiblen Einsatz metakognitiver Strategien des betrachteten metakognitiven Bereichs. Es lassen sich sowohl interne als auch externe Auslöser für den Einsatz metakognitiver Strategien des betrachteten metakognitiven Bereichs rekonstruieren. Dieses bedeutet, dass dieser Typus sowohl von außen zu dem Einsatz der metakognitiven Strategien des betrachteten metakognitiven Bereichs angeregt wurde, als auch selbstinitiiert die metakognitiven Strategien einsetzt. Außerdem nennen Vertreterinnen und Vertreter des Typus positive Auswirkungen des Einsatzes der metakognitiven Strategien des betrachteten metakognitiven Bereichs, woraus sich erkennen lässt, dass ihnen die Bedeutung des Einsatzes dieser metakognitiven Strategien beim mathematischen Modellieren bewusst ist. Insgesamt zeigt dieser Typus ein tiefes Bewusstsein für die Bedeutung der metakognitiven Strategien des betrachteten metakognitiven Bereichs, was er durch den flexiblen Einsatz, aber auch durch die Benennung positiver Auswirkungen verdeutlicht.

Zusammenfassende Ergebnisse der Zusammenhangsanalysen zwischen der Typeneinordnung und anderen Kategorien

Ein weiteres Ziel der Untersuchung war die Durchführung übergreifender Auswertungen, indem Zusammenhänge zwischen der Typeneinordnung und den verschiedenen metakognitiven Bereichen der metakognitiven Planungs-, Überwachungs-/Regulations- und Evaluationsstrategien, der Zugehörigkeit zu einer der beiden Interventionsgruppen oder auch Auffälligkeiten auf der Fallebene untersucht wurden. Hierbei bildete die Einordnung aller Fälle in die Typologie die Grundlage für die übergreifenden Auswertungen. Bei den Ergebnissen dieser Auswertung ist zu beachten, dass es nicht bei allen Fällen möglich war, die Schülerinnen und Schüler für jeden metakognitiven Bereich der metakognitiven Planungs-, Überwachungs-/Regulations- beziehungsweise Evaluationsstrategien in die Typologie einzuordnen. Trotz dieser Einschränkung ergaben sich interessante Ergebnisse aus dieser Untersuchung, die im Folgenden kurz zusammengefasst werden.

Zunächst werden die Ergebnisse der verschiedenen metakognitiven Bereiche der metakognitiven Planungs-, Überwachungs-/Regulations- beziehungsweise Evaluationsstrategien betrachtet. Im Rahmen der metakognitiven Planungsstrategien konnte eine Streuung der Typenverteilung zu beiden Messzeitpunkten rekonstruiert werden. Dies bedeutet, dass die Schülerinnen und Schüler, bezogen auf die metakognitiven Planungsstrategien, unterschiedliche Typen repräsentierten. Es zeigen sich somit individuelle Unterschiede und Präferenzen im Rahmen der metakognitiven Planungsstrategien. Dieses wird dadurch gestärkt, dass der Auslöser der *Persönlichkeit* am häufigsten bei den metakognitiven Strategien der Planung rekonstruiert werden konnte. Diese Erkenntnis wird weiterhin durch die Ergebnisse der metakognitiven Überwachungs- und Regulationsstrategien gestützt, da hierbei kaum individuelle Unterschiede auftraten. Bereits zu Beginn der Studie erkannte ein Großteil der Fälle die Bedeutung von metakognitiven Überwachungs- und Regulationsstrategien, was sich zum Ende der Studie noch weiter verschärfte. Dieses Bild lässt vermuten, dass Schülerinnen und Schülern die Bedeutung von metakognitiven Überwachungs- und auch Regulationsstrategien bewusst ist, während bei den metakognitiven Planungsstrategien stärker individuelle Präferenzen für den Einsatz der metakognitiven Strategien auftreten. Trotz dieser Unterschiede zeigt die Untersuchung, dass im Rahmen der beiden metakognitiven Strategien eine Entwicklung in der Typeneinordnung möglich war. Im Rahmen der Planung konnten am Ende der Studie deutlich mehr Prototypen rekonstruiert werden, die zeigen, dass den Schülerinnen und Schülern die Bedeutung des Einsatzes der metakognitiven Strategien bewusst ist. Bei den metakognitiven Überwachungs- und Regulationsstrategien zeigt sich sogar, dass am Ende fast alle Fälle einen überzeugten metakognitiven Typus darstellten. Somit ist am Ende der Studie nicht allen Schülerinnen und Schülern die Bedeutung der metakognitiven Planungsstrategien beim mathematischen Modellieren bewusst geworden, während dieses bei den metakognitiven Überwachungs- und Regulationsstrategien fast ausnahmslos erfolgte. Dieses Bild macht deutlich, dass den Schülerinnen und Schülern die Bedeutung der metakognitiven Überwachungs- und auch Regulationsstrategien bewusst ist, während es bei der Planungsstrategie individuelle Präferenzen gibt. Die Aussagekraft der Ergebnisse in Bezug auf die metakognitiven Evaluationsstrategien ist stark eingeschränkt, da nur wenige Fälle in Bezug auf die metakognitiven Evaluationsstrategien in die Typologie eingeordnet werden konnten. Es zeigt sich, dass es eine Bündelung der eingeordneten Fälle bei dem aktivierten metakognitiven Typus gibt. Dieses lässt vermuten, dass eine Anregung von außen häufig notwendig ist, damit die Schülerinnen und Schüler diese metakognitiven Strategien beim mathematischen Modellieren einsetzen. Insgesamt zeigen die Ergebnisse der übergreifenden Auswertungen, bezogen auf die metakognitiven Evaluationsstrategien, dass im Laufe eines Modellierungsprojektes die Schülerinnen und Schüler ein Bewusstsein für die Bedeutung des Einsatzes der metakognitiven Strategien der Evaluation entwickeln können, dieses jedoch nicht erfolgen muss.

Im Folgenden sollen die Ergebnisse der beiden Interventionsgruppen kontrastiert werden.

Im Vergleich der beiden Interventionsgruppen zeigt sich, dass bei beiden Gruppen eine Streuung der Typeneinordnung im Rahmen der Typologie rekonstruiert werden konnte, wobei sich eine Bündelung bei dem überzeugten metakognitiven Typus zeigte. Auffallend ist, dass bei der Mathematikgruppe nur selten eine Einordnung in der Typologie bei den metakognitiven Evaluationsstrategien möglich war, da die Schülerinnen und Schüler nicht über einen Einsatz der metakognitiven Strategien berichtet haben. Dahingegen konnte bei der Metakognitionsgruppe häufiger eine Typeneinordnung vorgenommen werden. Zudem zeigte sich bei der Metakognitionsgruppe eine Bündelung beim aktivierten metakognitiven Typus, was aus Sicht der Schülerinnen und Schüler beschreibt, dass diese häufiger zu dem Einsatz der metakognitiven Strategien angeregt werden konnten. In Bezug auf die Entwicklung zeigte sich, dass in beiden Interventionsgruppen im Rahmen der Typologie eine Entwicklung stattfinden konnte.

Trotz diesen Gemeinsamkeiten konnten auch Unterschiede rekonstruiert werden. Während bei der Mathematikgruppe die meisten Fälle in ihrer Typeneinordnung im Laufe des Projektes konstant geblieben sind und somit keine Entwicklung stattfand, entwickelte sich der Großteil der Fälle der Metakognitionsgruppe. Dennoch gab es auch hier Fälle, die konstant geblieben sind. Dieses Bild lässt vermuten, dass die Interventionen im Rahmen der Metakognitionsgruppe die Sichtweisen der Schülerinnen und Schüler auf die metakognitiven Strategien beeinflusst haben. In der empirischen Untersuchung von Vorhölter (2019), welche im selben Projekt erfolgte, wurde der Einfluss der Interventionsgruppe auf die metakognitive Kompetenz erforscht. Hierfür wurden zu Beginn und am Ende der Studie von den Schülerinnen und Schülern Fragebögen zum Einsatz metakognitiver Strategien auf Individual- und auf Gruppenebene ausgefüllt. Die Ergebnisse der berichteten metakognitiven Gruppenstrategien zeigten keinen signifikanten Unterschied auf den Einsatz von metakognitiven Überwachungs- und Regulationsstrategien. Im Gegensatz dazu zeigte sich ein signifikanter Unterschied im Einsatz der metakognitiven Evaluationsstrategien im Vergleich der beiden Interventionsgruppen, wobei die Schülerinnen und Schüler der Metakognitionsgruppe am Ende der Studie deutlich mehr von dem Einsatz dieser metakognitiven Strategien berichteten (vgl. Vorhölter 2019, S. 11). Dieses deckt sich mit den bereits dargestellten Ergebnissen dieser Untersuchung, da ebenso die Schülerinnen und Schüler der Metakognitionsgruppe in den Interviews häufiger von den metakognitiven Evaluationsstrategien berichteten und somit eine Einordnung in die Typologie möglich war.

Zuletzt sollen die Ergebnisse der Fallanalysen vorgestellt werden. Die Fallanalysen zeigen, dass es am Ende der Studie häufiger Übereinstimmungen in der Typeneinordnung bei den verschiedenen metakognitiven Bereichen gibt. Dies bedeutet, dass sich die Einstellungen der Schülerinnen und Schüler auf die verschiedenen metakognitiven Bereiche am Ende der Studie ähnlicher sind als zu Beginn. Zu beachten ist jedoch, dass dieses Bild verzerrt ist, da zu Beginn der Studie weniger Fälle in die Typologie eingeordnet werden konnten als am Ende der Studie. Daraus folgt, dass auch weniger Übereinstimmungen möglich waren. Trotz dessen ist auffällig, dass das homogenere Bild häufig darin begründet liegt, dass die Schülerinnen und Schüler die Bedeutung der verschiedenen metakognitiven Strategien der metakognitiven Bereiche der metakognitiven Planungs-, Überwachungs-/Regulations- und Evaluationsstrategien erkannt haben, was sich darin zeigt, dass sie bei unterschiedlichen metakognitiven Bereichen einen überzeugten metakognitiven Typus repräsentierten. Trotzdem konnte auch am Ende der Studie bei fast der Hälfte der Schülerinnen und Schüler keine Übereinstimmung bei den verschiedenen metakognitiven Bereichen identifiziert werden, was zeigt, dass es große Unterschiede in den Einstellungen der Lernenden in Bezug auf die verschiedenen metakognitiven Bereiche gibt. Dieses Ergebnis wird außerdem dadurch gestützt, dass die größtmögliche Diskrepanz bei einem Fall rekonstruiert werden konnte, indem ein Typus im Rahmen der metakognitiven Planungsstrategien den distanzierten metakognitiven Typus und im Rahmen der metakognitiven Überwachungs- und Regulationsstrategien einen überzeugten metakognitiven Typus repräsentierte. Schließlich fällt bei den Fallanalysen außerdem auf, dass die Einordnung des Falls in Bezug auf die metakognitiven Überwachungs- und Regulationsstrategien diese im Vergleich zu den anderen metakognitiven Bereichen immer eine besonders positive Einstellung durch die Einordnung in die Typologie beschreibt. Dieses Ergebnis steht im Einklang mit den Ergebnissen aus den Analysen der strategiespezifischen Unterschiede, da auch dieses Ergebnis vermuten lässt, dass die Schülerinnen und Schüler im Rahmen der metakognitiven Überwachungs- und Regulationsstrategien das stärkste Bewusstsein für die Bedeutung dieser metakognitiven Strategien aufwiesen.

Alles in allem zeigt sich, dass die Ergebnisse dieser Studie den empirischen Stand der Forschung weiter ausdifferenzieren konnten, indem die Sichtweisen der Schülerinnen und Schüler weitere Ergebnisse, bezogen auf die Einstellungen und den Einsatz metakognitiver Strategien, lieferten.

Grenzen der Studie und Ausblick
Im Rahmen der Ergebnisse dieser Studie ist zunächst zu beachten, dass diese die Perspektive der Schülerinnen und Schüler widerspiegeln. Deswegen bedeutet ein beschriebener fehlender Einsatz der metakognitiven Strategien nicht grundsätzlich, dass die Schülerinnen und Schüler tatsächlich die metakognitiven Strategien nicht eingesetzt haben. Andererseits bedeutet ein beschriebener Einsatz der metakognitiven Strategien nicht, dass die Qualität oder auch der tatsächliche Einsatz anhand der Sichtung der Videos überprüft wurde. Die Ergebnisse beziehen sich ausschließlich auf die Äußerungen der Schülerinnen und Schüler und stellen ihre Sicht auf die eingesetzten metakognitiven Strategien dar. Aufgrund der Bedeutung der metakognitiven Kompetenz beim mathematischen Modellieren ist es jedoch auch entscheidend, die Qualität des Einsatzes der metakognitiven Strategien in einer weiteren Studie zu untersuchen. Dieses kann durch die Analyse der erstellten Videoszenen oder neu erstellter Videoszenen durch geschulte Wissenschaftlerinnen und Wissenschaftler geschehen, welche die Qualität des Einsatzes der metakognitiven Strategien auswerten können.

Weiterhin ist die Aussagekraft der Ergebnisse dieser Untersuchung zum Teil eingeschränkt, weil nicht alle Fälle für jeden metakognitiven Bereich der metakognitiven Planungs-, Überwachungs-/Regulations- und Evaluationsstrategien in die Typologie eingeordnet werden konnten beziehungsweise nicht immer Auslöser und Auswirkungen des Einsatzes der metakognitiven Strategien rekonstruiert werden konnten. Dieses zeigte sich insbesondere bei der Untersuchung der metakognitiven Strategien der Evaluation. Dieses könnte an der Wahl der Methode der Datenerhebung liegen. So habe ich mich zum einen dazu entschieden, nach der Bearbeitung der Modellierungsaufgabe die Aufnahme der Videographien abzubrechen, damit eine Vergleichbarkeit der Ergebnisse der beiden Interventionsgruppen gewährleistet war. Die Schülerinnen und Schüler der Metakognitionsgruppe vertieften jedoch die metakognitiven Strategien im Anschluss an die Bearbeitung der Modellierungsaufgabe und wurden dazu aufgefordert, ihr Vorgehen zu evaluieren. Die Auswertung der Ergebnisse lässt jedoch vermuten, dass die Aufnahmen der Vertiefungsphase weitere Ergebnisse zu den metakognitiven Evaluationsstrategien hätten liefern können.

Zum anderen habe ich mich bei der Form der Datenerhebung dazu entschieden, ein nachträgliches lautes Denken und ein fokussiertes Interview durchzuführen. Ein wichtiges Kriterium für die Wahl dieser Datenerhebungsmethoden ist die *Offenheit*, weshalb keine Nachfragen zu den verschiedenen metakognitiven Strategien gestellt wurden, wenn diese nicht im Vorwege von den Schülerinnen und Schüler selbst angesprochen wurden. In einer weiterführenden Studie wäre ein anderes Vorgehen interessant, indem stärker die Vergleichbarkeit der Ergebnisse fokussiert wird, wodurch die Einhaltung bestimmter Fragestellungen zu dem Einsatz metakognitiver Strategien berücksichtigt werden müsste. Hierbei wäre zu beachten, dass sich jede Schülerin und jeder Schüler zu dem Einsatz der verschiedenen metakognitiven Bereiche der metakognitiven Planungs-, Überwachungs-/Regulations- und Evaluationsstrategien äußert. Bei der Auswertung der Ergebnisse der Pilotierung deutete sich an, dass genauere Nachfragen zu anderen Ergebnissen führen können. Im Rahmen der Pilotierung gab es einige Gruppen, bei denen nur ein fokussiertes Interview durchgeführt wurde, ohne dass die Schülerinnen und Schüler ihren eigenen Bearbeitungsprozess in Form von Videos sehen konnten. In diesen Gruppen wurden auffallend häufig negative Auswirkungen der metakognitiven Planungsstrategien beim mathematischen Modellieren genannt. Eine mögliche Erklärung ist, dass durch die präziseren Fragen bei einem leitfadengestützten Interview die Schülerinnen und Schüler angeregt wurden, über die Auswirkungen dieser metakognitiven Strategien zu berichten. Andererseits wäre es auch denkbar, dass das Ansehen des eigenen Bearbeitungsprozesses die Sichtweisen der Schülerinnen und Schüler beeinflussen konnte. Es ist denkbar, dass die Form der Datenerhebung in der vorliegenden Untersuchung die Sichtweise der Schülerinnen und Schüler positiv beeinflusst hat, da sie durch das Ansehen der Videoszenen über ihren Einsatz der metakognitiven Strategien reflektieren konnten. Diese Hypothesen müssen jedoch durch weitere Untersuchungen belegt werden. Außerdem ist zu berücksichtigen, dass die Schülerinnen und Schüler freiwillig an dieser Untersuchung teilnahmen, weshalb eine positive Verzerrung der Stichprobe und somit der Ergebnisse besteht.

Aus diesen Beobachtungen folgt außerdem, dass es trotz der theoretischen Sättigung in dieser Studie denkbar ist, dass weitere Auslöser, Auswirkungen oder metakognitive Typen existieren, die in dieser Untersuchung nicht aufgetreten sind.

In dieser Studie konnten nur wenige negative Auswirkungen des Einsatzes metakognitiver Strategien rekonstruiert werden. Wie bereits dargestellt, könnte dies eng mit der Methode der Datenerhebung zusammenhängen, weshalb es denkbar ist, dass ein anderes methodisches Vorgehen noch weitere Ergebnisse liefern wird. Die Daten dieser Untersuchung wurden außerdem in bestimmten Klassenstufen und beim mathematischen Modellieren erforscht. Die Ergebnisse dieser Studie können jedoch nicht ohne weiteres auf andere Klassenstufen oder Themenbereiche übertragen werden. Deswegen wäre es interessant, zu untersuchen, inwiefern sich die Ergebnisse auf andere Altersstufen anwenden ließen. Schließlich könnte noch bedeutend sein, zu erforschen, inwiefern die Ergebnisse bei verschiedenen Schulformen divergieren. Dieses konnte bei dieser Studie nicht berücksichtigt werden. Schließlich zeigten die Ergebnisse anderer Untersuchungen in anderen Inhaltsbereichen zum Teil dieselben metakognitiven Strategien oder auch dieselben Auslöser (vgl. z. B. Rakoczy, Buff und Lipowski 2005, Efklides 2002). Dementsprechend ist zu untersuchen, inwiefern sich die Ergebnisse dieser Studie auf andere Inhaltsbereiche übertragen lassen.

Die Ergebnisse dieser Untersuchung deuten an, dass es Faktoren gibt, die den Einsatz metakognitiver Strategien behindern können. Zum einen zeigte sich, dass sich die Überforderung mit Modellierungsaufgaben negativ auf das metakognitive Verhalten auswirken kann. Dieses deckt sich mit den Ergebnissen des Stands der Forschung. Demnach müssen Aufgaben einen mittleren subjektiven Schwierigkeitsgrad haben, damit die Schülerinnen und Schüler zum metakognitiven Strategieeinsatz angeregt werden (Hasselhorn 1992, S. 49f). Somit ist gewährleistet, dass sie sich auf ein strategisches Vorgehen konzentrieren können. Zum anderen deutete sich an, dass sich eine fehlende Motivation negativ auf die Einstellungen gegenüber den metakognitiven Strategien und deren Einsatz auswirken kann. Dieses steht im Einklang mit dem Modell *„Cognitive, motivational and self system components of metacognition"* von Borkowski (1996), welches den wechselseitigen Einfluss der kognitiven, metakognitiven und der persönlich-motivationalen Ebene darstellt. Deswegen wäre es interessant, in einer weiteren Untersuchung auf weitere Faktoren einzugehen, die den Einsatz der metakognitiven Strategien behindern können. Außerdem wäre es von Interesse, zu erforschen, ob einige Faktoren als Voraussetzung für den Einsatz metakognitiver Strategien angesehen werden können.

Folgerungen aus den Ergebnissen
Wie mehrfach in dieser Studie dargestellt, sollen die Ergebnisse dieser Untersuchung dazu anregen, über geeignete Fördermaßnahmen zum Einsatz metakognitiver Strategien beim mathematischen Modellieren zu reflektieren. Die übergreifenden Auswertungen dieser Untersuchung zeigen, dass insbesondere bei den metakognitiven Strategien der Planung und Evaluation eine Anregung durch die Lehrperson

notwendig sein kann. Die Ergebnisse der Metakognitionsgruppe lassen vermuten, dass das Evaluieren durch den Einsatz von *prompts* gefördert werden kann.

Zur Förderung metakognitiver Strategien scheint es besonders bedeutend zu sein, dass die Lehrperson für die unterschiedlichen metakognitiven Schülertypen der dargelegten Typologie sensibilisiert ist, da eine gezielte Förderung in Abhängigkeit der Schülertypen erfolgsversprechend erscheint. Der distanzierte, der passive und der intendierende metakognitive Typus weisen ein Defizit des Strategieerwerbs auf, da sie die metakognitiven Strategien nicht spontan hervorbringen und auch die vorgegebenen Anregungen durch die Lernumgebung und die Lehrperson nicht zum Einsatz der metakognitiven Strategien führen. Nach dem aktuellen Stand der Forschung eignet sich für dieses Mediationsdefizit vor allem eine direkte Förderung, da die Lernenden von allein noch nicht über die notwendigen Voraussetzungen zum Strategieeinsatz verfügen und diese deswegen explizit vermittelt werden sollten (vgl. Bannert 2007, S. 107). Deswegen ist es bedeutend, explizit die metakognitiven Strategien zu vermitteln und Gelegenheit zu geben, diese an speziell ausgewählten Aufgaben zu üben. Aus den Charakteristika der Typenbeschreibungen ergeben sich hierbei unterschiedliche Fördermaßnahmen, die im Folgenden vorgestellt werden.

Der distanzierte metakognitive Typus zeigt fehlendes beziehungsweise fehlerhaftes metakognitives Wissen gegenüber den metakognitiven Strategien des betrachteten metakognitiven Bereichs der metakognitiven Planungs-, Überwachungs-/Regulations- und Evaluationsstrategien, wenn er von negativen Auswirkungen des Einsatzes metakognitiver Strategien berichtet. Er hat somit kein konditionales Wissen aufgebaut, wann und wie die metakognitiven Strategien des betrachteten metakognitiven Bereichs am besten eingesetzt werden können. Dementsprechend ist von besonderem Stellenwert, dieses konditionale metakognitive Wissen bei diesem Typus aufzubauen, um ebenso eine Sensitivität für den Einsatz der metakognitiven Strategien zu vermitteln. Der Wissenserwerb kann durch direkte Fördermaßnahmen geschehen, indem die Lehrperson Wissen über die metakognitiven Strategien vermittelt. Dies gilt bereits im Rahmen der Forschung als wichtiger Bestandteil zur Förderung metakognitiver Strategien. Schließlich sollte dieser Typus durch den Einsatz von *prompts* gezielt zum Einsatz metakognitiver Strategien aufgefordert werden, damit dieser ein Gespür für die Bedeutung und die positiven Auswirkungen des Einsatzes der metakognitiven Strategien entwickeln kann. Bezüglich des distanzierten metakognitiven Typus kann festgestellt werden, dass gegebenenfalls der Einsatz nicht zu den persönlichen Eigenschaften passt, aber auch eine fehlende Motivation bedeutsam sein könnte. Bei einer fehlenden Motivation können Motivationshilfen nach Zech (2002) eingesetzt werden, um eine Motivation für die Aufgabenbearbeitung zu schaffen. Außerdem könnte auch hier der Aufbau metakognitiven Wissens hilfreich sein, da die Schülerinnen und Schüler somit Wissen über den Nutzen des Strategieeinsatzes entwickeln können.

Bezogen auf den passiven metakognitiven Typus sind unterschiedliche Ursachen für den fehlenden Einsatz metakognitiver Strategien denkbar. Es ist möglich, dass der Grund ebenso wie beim distanzierten metakognitiven Typus ein fehlerhaftes beziehungsweise fehlendes metakognitives Wissen, eine fehlende Sensitivität oder auch die Einstellung beziehungsweise Motivation ist. Andererseits könnte auch die Überforderung mit der Modellierungsaufgabe eine Ursache für das passive metakognitive Verhalten sein. Für alle Ursachen lassen sich Indizien in den Interviews rekonstruieren. Zur Förderung metakognitiver Strategien beim passiven metakognitiven Typus ist es somit unabdingbar, dass die Lehrperson zunächst versucht, den Grund für das passive metakognitive Verhalten zu diagnostizieren, um anschließend eine geeignete Fördermaßnahme wählen zu können. Wenn es dieselben Ursachen wie beim distanzierten metakognitiven Typus sind, sollten auch die Interventionen so ausgeführt werden, wie es bereits dargelegt wurde. Falls eine Überforderung mit der Modellierungsaufgabe die Ursache ist, kann mit inhaltlichen Hilfen nach Zech (2002) gearbeitet werden, um fehlendes mathematisches Wissen aufzubauen. Nur so kann gewährleistet werden, dass die Schülerinnen und Schüler die Möglichkeit haben, sich auf den Strategieeinsatz zu konzentrieren. Schließlich wird es auch bedeutend sein zu prüfen, ob die Modellierungsaufgabe bei einem Großteil der Schülerinnen und Schüler zur Überforderung führte und somit zu komplex war. Falls dies der Fall war, muss bei der nächsten Modellierungsaufgabe die Komplexität in Hinblick auf die Lerngruppe erneut geprüft werden, damit ein mittlerer subjektiver Schwierigkeitsgrad antizipiert wird, wie es in der theoretischen Diskussion empfohlen wird (vgl. Hasselhorn 1992).

Der intendierende metakognitive Typus hingegen hat bereits metakognitives Wissen über die Sinnhaftigkeit des Einsatzes der metakognitiven Strategien des betrachteten metakognitiven Bereichs der metakognitiven Planungs-, Überwachungs-/ Regulations- und Evaluationsstrategien aufgebaut, welches er zeigt, indem er positive Auswirkungen des Einsatzes benennt. Trotz dessen erfolgt kein selbstständiger Einsatz der metakognitiven Strategien. Die Ursachen sind vergleichbar mit dem des passiven metakognitiven Typus. Dementsprechend muss auch hier zunächst einmal die Ursache diagnostiziert werden, um je nach Ursache handeln zu können. Insbesondere bei dem intendierenden metakognitiven Typus scheint es wichtig zu sein, den Einsatz der metakognitiven Strategien durch den Einsatz von *prompts* anzuregen, da die Bedeutung des Einsatzes bereits erkannt wurde, jedoch bislang kein selbstständiger Einsatz erfolgt. Somit kann zum Beispiel eine Intervention der Lehrperson, die auf das strategische Vorgehen abzielt, oder auch der Hinweis auf den Modellierungskreislauf den Einsatz der metakognitiven Strategien anregen. Die Wirksamkeit des Einsatzes von *prompts* wurde bereits in mehreren Studien nachgewiesen (vgl. Rosenshine et al. 1996, Lin & Lehman 1999).

Der angeregte metakognitive Typus hingegen befindet sich im Produktionsdefizit des Strategieerwerbs. Dies bedeutet, dass er nach Anregung von außen die metakognitiven Strategien einsetzen kann. Nach dem Stand der Forschung ist hierbei häufig eine indirekte Förderung ausreichend, welches zum Beispiel durch den Einsatz von *prompts* in der Lernumgebung geschehen kann (vgl. Bannert 2007, S. 107). Außerdem scheint es wichtig zu sein, dass die Schülerinnen und Schüler konditionales Wissen und eine Sensitivität für den Einsatz der metakognitiven Strategien aufbauen. Dieses kann am besten erfolgen, indem die Schülerinnen und Schüler den Einsatz dieser metakognitiven Strategien bei der Bearbeitung unterschiedlicher Modellierungsaufgaben lernen können.

Bei dem selbstgesteuerten und überzeugten metakognitiven Typus erfolgt der Einsatz der metakognitiven Strategien des betrachteten metakognitiven Bereichs der metakognitiven Planungs-, Überwachungs-/Regulations- und Evaluationsstrategien bereits selbstinitiiert, weshalb keine weiteren Fördermaßnahmen nötig scheinen. Es könnte wünschenswert sein, dass der selbstgesteuerte metakognitive Typus offener für Anregungen von außen wird, damit er sein metakognitives Verhalten verbessern kann. Hierbei könnte es sinnvoll sein, mit ihm zusammen über unterschiedliche Vorgehensweisen der metakognitiven Strategien zu reflektieren und hierbei Vor- und Nachteile aufzuzeigen.

Schließlich zeigen die Ergebnisse dieser Studie außerdem, dass die Sichtweisen der Schülerinnen und Schüler in Bezug auf die verschiedenen metakognitiven Bereiche stark variieren können. Hierfür muss die Lehrperson außerdem sensibilisiert sein, damit sie alle Schülerinnen und Schüler optimal fördern kann und nicht von einem Bereich auf den anderen schließt. Schließlich lassen die Ergebnisse der Studie vermuten, dass insbesondere für den Einsatz von metakognitiven Planungs- und Evaluationsstrategien eine mehrfache Bearbeitung von Modellierungsaufgaben für eine Entwicklung der metakognitiven Kompetenz notwendig ist. Somit legen die Ergebnisse nahe, die metakognitiven Kompetenzen über einen längeren Zeitraum an unterschiedlichen Modellierungsaufgaben zu entwickeln.

Trotz der aufgeworfenen Fragen erlaubt die vorliegende Arbeit einen Einblick in die Sichtweisen der Schülerinnen und Schüler auf metakognitive Strategien beim mathematischen Modellieren. Eine Sensibilisierung über die verschiedenen metakognitiven Auslöser, Auswirkungen und der empirisch nachgewiesenen Typologie sowie deren didaktisch angemessene Berücksichtigung im schulischen Kontext eröffnet die Möglichkeit, dass die Schülerinnen und Schüler angemessen in ihrem Einsatz metakognitiver Strategien beim mathematischen Modellieren gefördert werden können. In Hinblick auf die Notwendigkeit des metakognitiven Strategieeinsatzes beim mathematischen Modellieren und der internationalen Bedeutung des mathematischen Modellierens kann diese Studie neue Erkenntnisse in diesem Bereich hervorbringen.

Literaturverzeichnis

Aebli, H. (1985). *Zwölf Grundformen des Lehrens. Eine Allgemeine Didaktik auf psychologischer Grundlage. Medien und Inhalte didaktischer Kommunikation, der Lernzyklus.* Stuttgart: Klett Cotta.

Artelt, C. (2000). *Strategisches Lernen.* Münster, Potsdam: Waxmann (Pädagogische Psychologie und Entwicklungspsychologie).

Artzt, A. F. & Armour-Thomas, E. (1997). Mathematical problem solving in small groups: Exploring the interplay of students' metacognitive behaviors, perceptions, and ability levels. *The Journal of Mathematical Behavior 16* (1), 63–74. https://doi.org/10.1016/S0732-3123(97)90008-0.

Bannert, M. (2003). Effekte metakognitiver Lernhilfen auf den Wissenserwerb in vernetzten Lernumgebungen. *Zeitschrift für Pädagogische Psychologie, 17*(1), 13–25.

Bannert, M. (2007). *Metakognition beim Lernen mit Hypermedien. Erfassung, Beschreibung und Vermittlung wirksamer metakognitiver Strategien und Regulationsaktivitäten.* Münster, München [u.a.]: Waxmann.

Bannert, M. & Mengelkamp, C. (2008). Assessment of metacognitive skills by means of instruction to think aloud and reflect when prompted. Does the verbalisation method affect learning? *Metacognition Learning 3*(1), 39–58. https://doi.org/10.1007/s11409-007-9009-6.

Barron, B. (2000). Achieving coordination in collaborative problem-solving groups. *Journal of the Learning Sciences, 9,* 403–436.

Baten, E., Praet, M., & Desoete, A. (2017). The relevance and efficacy of metacognition for instructional design in the domain of mathematics. *ZDM – The International Journal on Mathematics Education, 49*(4), 613–623.

Beckschulte, C. (2019). *Mathematisches Modellieren mit Lösungsplan. Eine empirische Untersuchung zur Entwicklung der Modellierungskompetenzen.* Wiesbaden: Springer.

Blum, W. (2015). Quality Teaching of Mathematical Modeling: What Do We Know, What Can We Do? In S. J. Cho (Hrsg.), *The Proceedings of the 12th International Congress on Mathematical Education* (S. 73–96). Cham: Springer International Publishing.

© Der/die Herausgeber bzw. der/die Autor(en), exklusiv lizenziert durch Springer Fachmedien Wiesbaden GmbH, ein Teil von Springer Nature 2021
A. Krüger, *Metakognition beim mathematischen Modellieren,*
Perspektiven der Mathematikdidaktik,
https://doi.org/10.1007/978-3-658-33622-6

Blum, W. & Kaiser, G. (1984). Analysis of Applications and of Conceptions for an Application-oriented Mathematics Instruction. In J. Berry, I. Huntley & D. Burghes (Hrsg), *Teaching and Applying Mathematical Modelling* (S. 201–214). Chichester: Ellis Horwood.

Blum, W. & Kaiser, G (1997). *Vergleichende empirische Untersuchungen zu mathematischen Anwendungsfähigkeiten von englischen und deutschen Lernenden* (unveröffentlichter DFG-Antrag).

Blum, W. & Leiss, D. (2005). Modellieren im Unterricht mit der „Tanken"-Aufgabe. *Mathematik lehren* 128, 18–21.

Blum, W.; Drüke-Noe, C.; Hartung, R. & Köller, O. (2012). *Bildungsstandards Mathematik: konkret. Sekundarstufe I: Aufgabenbeispiele, Unterrichtsanregungen, Fortbildungsideen; mit CD-ROM. Humboldt-Universität zu Berlin.* 6. Aufl. Berlin: Cornelsen.

Blumenfeld, P. C., Kempler, T. M., & Krajcik, J. S. (2006). Motivation and cognitive engagement in learning environments. In K. Sawyer (Hrsg.), *The Cambridge handbook of the learning sciences* (S. 475–488). New York: Cambridge University Press.

Boaekarts, M. (1996). Self-regulated learning at the junction of cognition and motivation. *European Psychologist*, 1, 100–112.

Borkowski, J. G. (1996). Metacognition: Theory or chapter heading? *Learning and Individual Differences 8* (4), 391–402. https://doi.org/10.1016/S1041-6080(96)90025-4.

Borkowksi, J. G., Milstead, M. & Hale, C. (1988). Components of children's metamemory: Implications for strategy generalization. In F. E. Weinert & M. Perlmutter (Hrsg.), *Memory development: Universal Changes and Individual Differences* (73–100). Hillsdale: Lawrence Erlbaum.

Borromeo Ferri, R. & Kaiser, G. (2008). Aktuelle Ansätze und Perspektiven zum Modellieren in der nationalen und internationalen Diskussion. In A. Eichler & F. Förster (Hrsg.), *Materialien für einen realitätsbezogenen Mathematikunterricht* (Bd. 12, S. 1–10). Hildesheim: Franzbecker.

Brand, S. (2014). *Erwerb von Modellierungskompetenzen. Empirischer Vergleich eines holistischen und eines atomistischen Ansatzes zur Förderung von Modellierungskompetenzen.* Hamburg: Springer Spektrum.

Brown, A. L. (1984). Metakognition, Handlungskontrolle, Selbststeuerung und andere, noch geheimnisvollere Mechanismen. In F. E. Weinert, R. H. Kluwe & A. L. Brown (Hrsg.), *Metakognition, Motivation und Lernen* (S. 60–109). Stuttgart: Kohlhammer.

Brown, A. L. (1987). Metacognition, executive control, self-Regulation and other more mysterious mechanisms. In F. E. Weinert & R. H. Kluwe (Hrsg.), *Metacognition, motivation und and understanding* (S. 65–116). Hillsdale: Lawrence Erlbaum associates.

Busse, A. (2009). *Umgang Jugendlicher mit dem Sachkontext realitätsbezogener Mathematikaufgaben. Ergebnisse einer empirischen Studie.* Hildesheim: Franzbecker.

Busse, A. & Borromeo Ferri, R. (2003). Methodological reflections on a three- step-design combining observation, stimulated recall and interview. *ZDM Mathematics Education,* 35(6), 257–264.

Cavanaugh, J. C. (1989). The Importance of Awareness in Memory Aging. In L. W. Poon, D. C. Rubin & B. A. Wilson (Hrsg.), *Everyday Cognition in Adulthood and Late Life* (S. 416–436). Cambridge: Cambridge University Press.

Charles, R.J. & Lester, F.K. (1984). An Evaluation of a Process-oriented Instructional Program in Mathematical Problem Solving in Grades 5 and 7. *Journal of Research in Mathematics Education,* 15, 15–34.

Cohen, E. G. (1994). *Designing group work: Strategies for the heterogeneous classroom* (2. Aufl.). New York: Teachers College Press.

Cooke, N. J.; Salas, E.; Kiekel, P. A. & Bell, B. (2004). Advances in measuring team cognition. In E. Salas & S. M. Fiore (Hrsg.), *Team cognition. Understanding the factors that drive process and performance* (S. 83–106). Washington, DC: American Psychological Association.

Döring, N. & Bortz, J. (2016). *Forschungsmethoden und Evaluation in den Sozial- und Human-wissenschaften*. 5. Auflage. Berlin/Heidelberg: Springer.

Efklides, A. (2001). Metacognitive experiences in Problem Solving. Metacognition, Motivation, and Self-Regulation. In A. Efklides, J. Kuhl & R. M. Sorrentino (Hrsg.), *Trends and Prospects in Motivation Research* (S. 297–323). Dordrecht: Kluwer Academic Publishers.

Efklides, A. (2002). Feelings as subjective evaluations of cognitive processing: How reliable are they?. *Psychology: The Journal of the Hellenic Psychological Society, 9*, 163–184.

Efklides, A. (2008). Metacognition: Defining its facets and levels of functioning in relation to self-regulation and co-regulation. *European Psychologist, 13*(4), 277–287.

Efklides, A. (2009). The role of metacognitive experiences in the learning process.*Psicothema 21*(1), 76–82.

Eichler, A. (2015). Zur Authentizität realitätsorientierter Aufgaben im Mathematikunterricht. In G. Kaiser & H. W. Henn (Hrsg.), *Werner Blum und seine Beiträge zum Modellieren im Mathematikunterrichtt* (S. 105–118). Wiesbaden: Springer Fachmedien Wiesbaden.

Eilam, B. & Aharon, I. (2003). Students' planning in the process of self-regulated learning. *Contemporary Educational Psychology, 28*, 304–334.

Elliot, A. J., Murayama, K. & Pekrun, R. (2011). A 3 x 2 achievement goal model. *Journal of Educational Psychology, 103*(3), 632–648. https://doi.org/10.1037/a0023952.

Flavell, J.H. (1971). First Discussant's Comments: What is Memory Development the Development of? *Human Development, 14*, 272–278.

Flavell, J. H. (1976). Metacognitive aspects of problem solving. In L. B. Resnick (Hrsg.), *The nature of intelligence* (S. 231–235). Hillsdale, NJ: Lawrence Erlbaum Associates.

Flavell, J. H. (1979). Metacognition and cognitive monitoring: A new area of cognitive–developmental inquiry. *American Psychologist, 34*(10), 906–911.

Flavell, J. H. (1981). Cognitive Monitoring. In W. P. Dickson (Hrsg), *Children's Oral Communication* (S. 35–60). New York: Academic Press.

Flavell, J. H. (1984). Annahmen zum Begriff der Metakognition sowie zur Entwicklung von Metakognitionen. In F. E. Weinert & R. H. Kluwe (Hrsg.), *Metakognition, Motivation und Lernen* (S. 23–31). Stuttgart: Kohlhammer.

Flavell, J. H. (1987). Speculation about the nature and development of metacognition. In F. E. Weinert & R. H. Kluwe (Hrsg.), *Metacognition, Motivation and Understanding* (S. 21–29). Hillsdale, NJ: Lawrence Erlbaum Associates.

Flavell, J. H., Miller, P. H. & Miller, S. A. (1993). *Cognitive development*. 3. ed. Englewood Cliffs, NJ: Prentice Hall.

Flavell, J. H. & H. M. Wellman (1977). Metamemory. In R. V. Kail, J. W. Hagen (Hrsg.), *Perspectives on the development of memory and cognition*. Hillsdale, NJ: Erlbaum.

Flick, U. (2004). *Qualitative Sozialforschung. Eine Einführung*. Reinbek: Rowohlts Taschenbuch Verlag.

Flick, U. (2019). Gütekriterien qualitativer Sozialforschung. In N. Baur & J. Blasius (Hrsg.), *Handbuch Methoden der empirischen Sozialforschung* (S. 473–488). Springer VS: Wiesbaden. https://doi.org/10.1007/978-3-658-21308-4_33

Flick, U.; v. Kardorff, E; Steinke, I. (2004). Was ist qualitative Forschung? Einleitung und Überblick. In U. Flick, E. v. Kardorff, I. Steinke (Hrsg.), *Handbuch qualitative Sozialforschung: Grundlagen, Konzepte, Methoden und Anwendungen* (S. 13–29). Weinheim: Beltz.

Franke, M. (2003). *Didaktik des Sachrechnens in der Grundschule.* Heidelberg: Spektrum Akademischer Verlag.

Friebertshäuser, B. & Langer, A. (2010). Interviewformen und Interviewpraxis. In B. Friebertshäuser, A. Langer & A. Prengel (Hrsg.), *Handbuch Qualitative Forschungsmethoden in der Erziehungswissenschaft* (S. 437–455). 3. Aufl.. Weinheim: Juventa Verlag.

Friedrich, H. F. & Mandl, H. (1992). Lern- und Denkstrategien – ein Problemaufriß. In H. Mandl & H. F. Friedrich (Hrsg.), *Lern- und Denkstrategien* (S. 3–54). Göttingen: Hogrefe Verlag.

Friedrich, H. F. & Mandl, H. (1995). Analyse und Förderung selbstgesteuerten Lernens. In F. E. Weinert & H. Mandl (Hrsg.), *Psychologie der Erwachsenenbildung* (Enzyklopädie der Psychologie, D, Serie 1, Pädagogische Psychologie, (4)). Göttingen: Hogrefe, S. 238–293.

Friedrich, H. F. & Mandl, H. (2006). Lernstrategien: Zur Strukturierung des Forschungsfeldes. In H. Mandl & H. F. Friedrich (Hrsg.), *Handbuch Lernstrategien* (S. 1–37). Göttingen: Hogrefe Verlag.

Fromm, M. (1987). *Die Sicht der Schüler in der Pädagogik: Untersuchungen zur Behandlung der Sicht von Schülern in der pädagogischen Theoriebildung und in der quantitativen und qualitativen empirischen Forschung.* Weinheim: Deutscher Studien Verlag.

Galbraith, P. & Stillman, G. (2006). A Framework for Identifying Blockades during Transitions in the modelling process. *Zentralblatt für Didaktik der Mathematik, 38*(2), 143–146.

Garofalo, J. & Lester, F. K. (1985). Metacognition, Cognitive Monitoring, and Mathematical Performance. *Journal for Research in Mathematics Education, 16*(3), 163–176. https://doi.org/10.2307/748391.

Gass, S. M. & Mackey, A. (2000). *Stimulated recall methodology in second language research. Second language acquisition research; Monographs on research methodology.* Mahwah, NJ: Lawrence Erlbaum.

Gläser-Zikuda, M. (2011). Qualitative Auswertungsverfahren. In H. Reinders, H. Ditton, C. Gräsel & B. Gniewosz (Hrsg.), *Empirische Bildungsforschung. Strukturen und Methoden* (S. 109–119). Wiesbaden: VS Verlag für Sozialwissenschaften.

Glaser, B. G. & Strauss, A. L. (1998). *Grounded theory. Strategien qualitativer Forschung.* Bern: Huber.

Glaser, B. G. & Strauss, A. L. (2005). *Grounded Theory: Strategien qualitativer Forschung* (2. Aufl.). Gesundheitswissenschaften Methoden. Bern. Huber.

Goos, M. (1998). I don't know if I'm doing it right or I'm doing it wrong! Unresolved uncertainty in the collaborative learning of mathematics. In C. Kanes, M. Goos & E. Warren (Hrsg.), *Teaching mathematics in new times* (S. 225–232). Gold Coast: Mathematics Education Research Group of Australasia Publication.

Goos, M. (2002). Understanding metacognitive failure. *Journal of Mathematical Behavior, 21,* 283–302.

Goos, M.; Galbraith, P. & Renshaw, P. (2002). Socially Mediated Metacognition: Creating Collaborative Zones of proximal development in small group problem solving. *Educational Studies in Mathematics, 49,* 193–223.

Greefrath, G. (2010). *Modellieren lernen mit offenen realitätsnahen Aufgaben.* 3. Aufl.. Köln: Aulis Verlag.

Greefrath, G. (2010a). *Didaktik des Sachrechnens in der Sekundarstufe.* Heidelberg: Spektrum Akademischer Verlag.

Greefrath, G. (2013). Lösungshilfen für Modellierungsaufgaben. In I. Bausch, G. Pinkernell & O. Schmitt (Hrsg.), *Unterrichtsentwicklung und Kompetenzorientierung. Festschrift für Regina Bruder* (S. 131–140). Münster: WTM.

Greefrath, G. (2015). Problem Solving Methods for Mathematical Modelling. In G. Stillman, W. Blum & M. S. Biembengut (Hrsg.), *Mathematical Modelling in Education Research and Practice. Cultural, Social and Cognitive Influences. ICTMA 16* (S. 173–183). Cham: Springer.

Greefrath, G., Kaiser, G., Blum, W. & Borromeo Ferri, R. (2013). Mathematisches Modellieren- Eine Einführung in theoretische und didaktische Hintergründe. In R. Borromeo Ferri (Hrsg.), *Mathematisches Modellieren für Schule und Hochschule* (S. 11–37). Wiesbaden: Springer Fachmedien.

Hadwin, A. F., Järvelä, S. & Miller, M. (2011). Self-Regulated, Co-Regulated, and Socially Shared Regulation of Learning. In B. J. Zimmerman & D. H. Schunk (Hrsg.), *Handbook of self-regulation of learning and performance* (S. 65–84). New York: Routledge (Educational psychology handbook series).

Hadwin, A. & Oshige, M. (2011). Self-Regulation, Coregulation, and Socially Shared Regulation: Exploring Perspective of Social in Self-Regulated Learning Theory. *Teachers College Record.* Vol. *113*(2), 240–264.

Haines, C. R., Crouch, R. M. & Davis, J. (2000). Understanding students' modelling skills. In J. F. Matos, W. Blum, K. Houston & S. Carreira (Hrsg.), *Modelling and mathematics education: ICTMA9 applications in science and technology* (S. 366–381). Chichester: Horwood.

Haines, C. R. & Crouch, R. M. (2001). Recognizing constructs within mathematical modelling. *Teaching Mathematics and Its Applications, 20*(3), 129–138.

Hartman, H. J. (2001). Developing students' metacognitive knowledge and skills. In H. J. Hartman (Hrsg.): *Metacognition in learning and instruction. Theory, research and practice* (S. 33–68). 2. print. Dordrecht: Kluwer Acad. Publ (Neuropsychology and cognition, 19).

Hasselhorn, M. (1992). Metakognition und Lernen. In G. Nold (Hrsg.), *Lernbedingungen und Lernstrategien: Welche Rolle spielen kognitive Verstehensstrukturen?* (S. 35–63). Tübingen: Narr.

Hasselhorn, M. (1996). *Kategoriales Organisieren bei Kindern. Zur Entwicklung einer Gedächtnisstrategie.* Göttingen: Hogrefe-Verlag.

Hasselhorn, M & Gold, A. (2006). *Pädagogische Psychologie. Erfolgreiches Lernen und Lehren.* Stuttgart: Kohlhammer Verlag.

Hasselhorn, M. & Gold, A. (2017). *Pädagogische Psychologie. Erfolgreiches Lernen und Lehren.* Stuttgart: Kohlhammer Verlag.

Hasselhorn, M., & Hager, W. (1998). Kognitives Training auf dem Prüfstand: Welche Komponenten charakterisieren erfolgreiche Fördermaßnahmen? In M. Beck (Hrsg.), *Evaluation als Maßnahme der Qualitätssicherung: Pädagogisch-psychologische Interventionen auf dem Prüfstand* (S. 85–98). Tübingen: Dgvt-Verl..

Hattie, J. (2009). *Visible learning: A synthesis of over 800 meta-analyses relating to achievement.* London: Routledge.

Hattie, J., Biggs, J. & Purdie, N. (1996). Effects of Learning Skills Interventions on Student Learning: A Meta-Analysis. *Review of Educational Research, 66*(2), 99–136.

Heinrich, F., Bruder, R. & Bauer, C. (2015). Problemlösen lernen. In R. Bruder, L. Hefendehl-Hebecker B. Schmidt-Thieme & H.-G. Weigand (Hrsg.), *Handbuch der Mathematikdidaktik* (S. 279–301). Berlin: Springer Berlin.

Henn, H.-W. (2002). Mathematik und der Rest der Welt. *Mathematik lehren, 113*, 4–7.

Henn, H. W. & Maaß, K. (2003). Standardthemen im realitätsbezogenen Mathematikunterricht. In ders.: *Materialien für einen Realitätsbezogenen Mathematikunterricht* (S. 1–5). Hildesheim: Franzbecker (8).

Herget, W.; Jahnke, T.; Kroll, W. (2001). *Produktive Aufgaben für den Mathematikunterricht in der Sekundarstufe I*. 1. Aufl. Berlin: Cornelsen.

Hertz, H. (1894). *Die Prinzipien der Mechanik in neuem Zusammenhange dargestellt*. Johann Ambrosius Barth, Leipzig.

Hidayat, R., Akmar Syed Zamri, S. N. & Zulnaidi, H. (2018). Does Mastery of Goal Components Mediate the Relationship between Metacognition and Mathematical Modelling Competency? *Educational Sciences: Theory & Practice, 18* (3). https://doi.org/10.12738/estp.2018.3.0108, S. 579–604.

Hinrichs, G. (2008). *Modellierung im Mathematikunterricht*. Heidelberg: Spektrum akademischer Verlag.

Holzäpfel, L. & Leiss, D. (2014). Modellieren in der Sekundarstufe. In H. Linneweber-Lammerskitten (Hrsg.), *Fachdidaktik Mathematik. Grundbildung und Kompetenzaufbau im Unterricht der Sekundarstufe I und II* (S. 159–178). Seelze: Friedrich Verlag.

Hopf, C. (2005). Qualitative Interviews: Ein Überblick. In U. Flick (Hrsg.), *Rororo Rowohlts Enzyklopädie: Vol. 55628. Qualitative Forschung. Ein Handbuch* (S. 349–360). 4. Aufl. Reinbek bei Hamburg: Rowohlt Taschenbuch Verlag.

Hopf, C., & Schmidt, C. (1993). *Zum Verhältnis von innerfamilialen sozialen Erfahrungen, Persönlichkeitsentwicklung und politischen Orientierungen: Dokumentation und Erörterung des methodischen Vorgehens in einer Studie zu diesem Thema*. Hildesheim. https:// nbn-resolving.org/urn:nbn:de:0168-ssoar-456148 [Zuletzt abgerufen am 11.06.2020].

Houston, K. & Neill, N. (2003). Investigating students' modelling skills. In Q. Ye, W. Blum, S. K. Houston & Q. Jiang (Hrsg.), *Mathematical modelling in education and culture: ICTMA 10* (S. 54–66). Chichester: Horwood.

Järvelä, S. & Järvenoja, H. (2011). Socially constructed self-regulated learning and motivation regulation in collaborative learning groups. *Teachers College Record, 113*, 350–374.

Kaiser, A. (2003). Selbstlernkompetenz, Metakognition und Weiterbildung. In A. Kaiser (Hrsg.), *Selbstlernkompetenz. Metakognitive Grundlagen selbstregulierten Lernens und ihre praktische Umsetzung* (S. 11–34). München: Wolters Kluwer.

Kaiser-Messmer, G. (1986). *Anwendungen im Mathematikunterricht*. Bad Salzdetfurth: Verlag Barbara Franzbecker.

Kaiser, G. (1995). Realitätsbezüge im Mathematikunterricht- Ein Überblick über die aktuelle und historische Diskussion. In G. Graumann, T. Jahnke, G. Kaiser & J. Meyer (Hrsg.), *Materialien für einen Realitätsbezogenen Mathematikunterricht* (S. 66–84). Hildesheim: Franzbecker.

Kaiser, G. (2007). Modelling and Modelling Competencies in School. In C. Haines, P. Galbraith, W. Blum & S. Khan (Hrsg.), *Mathematical Modelling (ICTMA 12): Education, Engineering and Economics* (S. 110–119). Chichester: Horwood Publishing.

Kaiser, G. (2017). The Teaching and Learning of Mathematical Modelling. In J. Cai (Hrsg.), *Compendium for research in mathematics education* (S. 267–291). Reston, VA: National Council of Teachers of Mathematics.

Kaiser, G. & Brand, S. (2015). Modelling Competencies: Past Development and Further Perspectives. In G. A. Stillman, W. Blum & M. Salett Biembengut (Hrsg.), *Mathematical Modelling in Education Research and Practice* (S. 129–149). Cham: Springer International Publishing.

Kaiser, G., Blum, W., Borromeo Ferri, R. & Greefrath, G. (2015). Anwendungen und Modellieren. In R. Bruder, L. Hefendehl-Hebeker, B. Schmidt-Thieme & H.-G. Weigand (Hrsg.), *Handbuch der Mathematikdidaktik* (S. 357–383). Berlin Heidelberg: Springer Verlag.

Kaiser, G. & Schwarz, B. (2006). Modellierungskompetenzen: Entwicklung im Unterricht und ihre Messung. *Beiträge zum Mathematikunterricht 2006*, 56–58.

Kaiser, G. & Schwarz, B. (2010). Authentic modelling problems in mathematics education – Examples and experiences. *Journal für Mathematik-Didaktik, 31*(1), 51–76.

Kaiser, G. & Stender, P. (2013). Complex Modelling Problems in Cooperative, Self-Directed Learning Environments. In G. Stillman, G. Kaiser, W. Blum & J. P. Brown (Hrsg.), *Teaching Mathematical Modelling: Connecting Research and Practice* (S. 277–293). Dordrecht: Springer Verlag.

Kaiser, G. & Stender, P. (2015). Die Kompetenz mathematisch Modellieren. In W. Blum, S. Vogel, C. Drüke-Noe & A. Roppelt (Hrsg.), *Bildungsstandards aktuell: Mathematik in der Sekundarstufe II* (S. 95–106). Druck A. Braunschweig: Schroedel.

Kaiser, G. & Sriraman, B. (2006). A global survey of international perspectives on modelling in mathematics education. *ZDM Mathematics Education, 38*(3), 302–310.

Kaiser, G., Sriraman, B., Blomhøj, M. & Garcia, F. J. (2007). Report from the working group modeling and applications— Differentiating perspectives and delineating commonalities. In D. Pitta-Pantazi, & G. Philippou (Hrsg.), *Proceedings of the Fifth Congress of the European Society for Research in Mathematics Education* (S. 2035–2041). Larnaca: University of Cyprus.

Kelle, U. & Kluge, S. (2010). *Vom Einzelfall zum Typus. Fallvergleich und Fallkontrastierung in der qualitativen Sozialforschung.* Wiesbaden: Springer.

Kluge, S. (1999). *Empirisch begründete Typenbildung. Zur Konstruktion von Typen und Typologien in der qualitativen Sozialforschung.* Opladen: Leske und Budrich.

Krauthausen, G. & Scherer, P. (2008). *Einführung in die Mathematikdidaktik.* 3.Aufl.. Heidelberg: Spektrum Akademischer Verlag.

Krug, A. & Schukajlow, S. (2015). Augen auf beim Modellieren. Fehler als Katalysatoren für das Modellierenlernen. *Mathematik lehren, 191*, 33–36.

Krüger, A., Vorhölter, K. & Kaiser, G. (2020). Metacognitive strategies in group work in mathematical modelling activities – the students' perspective. In G. A. Stillman, G. Kaiser & C. Lampen (Hrsg.), *Mathematical Modelling Education and Sense Making* (S. 311–321). Cham: Springer.

Krüger, H.-H. (2012). *Einführung in Theorien und Methoden der Erziehungswissenschaft.* Opladen und Toronto: Verlag Barbara Budrich.

Kuckartz, U. (2016). *Qualitative Inhaltsanalyse. Methoden, Praxis, Computerunterstützung.* Weinheim und Basel: Beltz.

Kuhn, D. & Pearsall, S. (1998). Relations between metastrategic knowledge and strategic performance. *Cognitive development, 13*, 227–247.

Kultusministerkonferenz (2004). *Bildungsstandards im Fach Mathematik für den Mittleren Bildungsabschluss. Beschluss vom 4.12.2003.* München: Wolters Kluwer: https://www.kmk.org/fileadmin/Dateien/veroeffentlichungen_beschluesse/2003/2003_12_04-Bildungsstandards-Mathe-Mittleren-SA.pdf (letzter Zugriff: 11.06.2020).

Kultusministerkonferenz (2005a). *Bildungsstandards im Fach Mathematik für den Haupt-schulabschluss. Beschluss vom 15.10.2004.* München: Wolters Kluwer: https://www. kmk.org/fileadmin/Dateien/veroeffentlichungen_beschluesse/2004/2004_10_15-Bildun gsstandards-Mathe-Haupt.pdf (letzter Zugriff: 11.06.2020).

Kultusministerkonferenz (2005b). *Bildungsstandards im Fach Mathematik für den Prim-arbereich. Beschluss vom 15.10.2004.* München: Wolters Kluwer: https://www.kmk. org/fileadmin/Dateien/veroeffentlichungen_beschluesse/2004/2004_10_15-Bildungsstan dards-Mathe-Primar.pdf (letzter Zugriff: 11.06.2020).

Kultusministerkonferenz (2012). *Bildungsstandards im Fach Mathematik für die Allge-meine Hochschulreife. Beschluss der Kultusministerkonferenz vom 18.10.2012.* München: Wolters Kluwer: https://www.kmk.org/fileadmin/veroeffentlichungen_beschluesse/2012/ 2012_10_18-Bildungsstandards-Mathe-Abi.pdf (letzter Zugriff: 11.06.2020).

Kumpulainen, K. & Mutanen, M. (1999). The situated dynamics of peer group interaction: An introduction to an analytic framework. *Learning and Instruction, 9,* 449–473.

Lamnek, S. (2010, 2016). *Qualitative Sozialforschung,* 5. und 6. Aufl., Weinheim: Beltz Verlag.

Lamnek, S. & Krell, C. (2010). *Qualitative Sozialforschung.* Weinheim: Beltz Verlag.

Leiss, D. (2007). *„Hilf mir es selbst zu tun" Lehrerinterventionen beim mathematischen Modellieren.* Hildesheim und Berlin: Franzbecker.

Leiss, D., Möller, V. & Schukajlow, S. (2006). Bier für den Regenwald. Diagnostizieren und fördern mit Modellierungsaufgaben. *Friedrich Jahresheft* (XXIV), 89–91.

Leiss, D. & Tropper, N. (2014). *Umgang mit Heterogenität im Mathematikunterricht.* Berlin: Springer Verlag.

Leutner Ramme, S. (2000). Anmerkungen zum methodischen Konzept des Projekts. In T. Knauth, S. Leutner Ramme & W. Weiße (Hrsg.), *Jugend – Religion – Unterricht: Vol. 5. Religionsunterricht aus Schülerperspektive* (S. 41–54). Münster: Waxmann.

Leutner Ramme, S. (2005). Ausdrückliche Reflexionsanstöße und positive Schülerreaktionen: Intensivinterviews mit Lernenden zu aufgezeichnetem Geschichtsunterricht. In B. von Borries (Hrsg.), *Bayerische Studien zur Geschichtsdidaktik: Vol.9. Schulbuchverständnis, Richtlinienbenutzung und Reflexionsprozesse im Geschichtsunterricht. Eine qualitativ-quantitative Schüler- und Lehrerbefragung in deutschsprachigen Bildungswesen 2002* (S. 217–232). Neuried: ars una.

Leutwyler, B. (2009). Metacognitive learning strategies: differential development patterns in high school. *Metacognition Learning, 4*(2), 111–123. https://doi.org/10.1007/s11409-009-9037-5.

Lin, X. & Lehman, J. D. (1999). Supporting learning of variable control in a computer-based biology environment: Effects of prompting college students to reflect on their own thinking. *Journal of Research in Science Teaching, 36,* 837–858.

Maaß, K. (2004). *Mathematisches Modellieren im Unterricht. Ergebnisse einer empirischen Studie.* Hildesheim: Franzbecker.

Maaß, K (2005). Modellieren im Mathematikunterricht der Sekundarstufe I. *Journal für Mathematikdidaktik, 26*(2), 114–142.

Maaß, K. (2006). What are modeling competencies? *ZDM Mathematics Education, 38*(2), 113–142.

Maaß, K. (2007). *Mathematisches Modellieren. Aufgaben für die Sekundarstufe 1.* Berlin: Cornelsen Scriptor.

Maaß, K. (2009). *Mathematikunterricht weiterentwickeln. Aufgaben zum mathematischen Modellieren. Erfahrungen aus der Praxis. Für die Klassen 1 bis 4.* Berlin: Cornelsen Scriptor.

Mayring, P. (2002). *Einführung in die qualitative Sozialforschung. Eine Anleitung zu qualitativem Denken.* Weinheim und Basel: Beltz Verlag.

Mayring, P. (2010). *Qualitative Inhaltsanalyse. Grundlagen und Techniken.* 11. Aufl. Weinheim: Beltz (Beltz Pädagogik).

Mayring, P. & Brunner, E. (2010). Qualitative Inhaltsanalyse. In B. Friebertshäuser, A. Langer & A. Prengel (Hrsg.), *Handbuch Qualitative Forschungsmethoden in der Erziehungswissenschaft* (S. 323–333). 3. Aufl.. Weinheim: Juventa Verlag.

Mayring, P. & Frenzl, T. (2014). Qualitative Inhaltsanalyse. In N. Baur & J. Blasius (Hrsg.), *Handbuch Methoden der empirischen Sozialforschung* (S. 543–556). Wiesbaden: Springer Fachmedien.

McCaslin, M. & Hickey, D. T. (2001). Self-regulated learning and academic achievement: A Vygotskian view. In B. Zimmerman & D. Schunk (Hrsg.), *Self-regulated learning and academic achievement: Theory, research, and practice (2nd ed.)* (S. 227–252). Mahwah, NJ: Erlbaum.

Merton, R. K. & Kendall, P. L. (1979). Das fokussierte Interview. In C. Hopf & E. Weingarten (Hrsg.), *Qualitative Sozialforschung* (S. 171–204). Stuttgart: Klett Verlag.

Miller, P. H. (1994). Individual differences in children's strategic behavior: Utilization deficiencies. *Learning and Individual Differences, 6,* 285–307.

Miller, P. H. & Seier, W. L. (1994). Strategy utilization deficiencies in children: When, where, and why. In H. W. Reese (Hrsg.), *Advances in child development and behavior (25)* (S. 107–156). New York: Academic Press.

Niss, M. (1992). Applications and Modeling in School Mathematics – Directions for Future Development. In I. Wirszup & R. Streit (Hrsg.), *Developments in School Mathematics Education Around the World: Vol 3* (S. 346–361). Reston VA: NCTM.

Niss, M., Blum, W. & Galbraith, P. L. (2007). Introduction. In W. Blum, P. L. Galbraith, H.-W. Henn, & M. Niss (Hrsg.), *Modelling and applications in mathematics education. The 14th ICMI study* (S. 3–32). New Xork, NY: Springer (New ICMI Study Series, 10).

O'Neil, H. F., Jr., & Abedi, J. (1996). Reliability and validity of a state metacognitive inventory: Potential for alternative assessment. *Journal of Educational Research, 89* (4), 234–245.

Ortlieb, C. P. (2004). *Mathematische Modelle und Naturerkenntnis.* Unter: https://www.math.uni-hamburg.de/home/ortlieb/hb16Istron.PDF [Zuletzt abgerufen am: 11.06.2020].

Ortlieb, C. P., von Dresky, C., Gasser, I. & Günzel, S. (2013). *Mathematische Modellierung. Eine Einführung in zwölf Fallstudien.* Springer Fachmedien Wiesbaden. https://doi.org/10.1007/978-3-658-00535-1.

Pressley, M. (1986). The Relevance of the Good Strategy User Model to the Teaching of Mathematics. *Educational Psychologist, 21,* 139–161.

Reichertz, J. (2016). *Qualitative und interpretative Sozialforschung. Eine Einladung.* Hagen: Springer VS.

Reiss. K. & Hammer, C. (2010). *Grundlagen der Mathematikdidaktik. Eine Einführung für den Unterricht in der Sekundarstufe.* Basel: Birkhäuser.

Rogat, T. K. & Adams-Wiggins, K. R. (2014). Other-regulation in collaborative groups: Implications for regulation quality. *Instructional Science, 42*(6), 879–904.

Rogat, T. K. & Linnenbrink-Garcia, L. (2011). Socially Shared Regulation in Collaborative Groups: An Analysis of the Interplay Between Quality of Social Regulation and Group Processes. *Cognition and Instruction, 29*(4), 375–415.

Rogat, T. K., Linnenbrink-Garcia, L. & DiDonato, N. (2013). Motivation in collaborative groups. In C. Hmelo-Silver, C. Chinn, C. Chan & A. O'Donnell (Hrsg.), *International handbook of collaborative learning* (S. 250–267). London: Routledge.

Rosenshine, B., Meister, C. & Chapman, S. (1996). Teaching Students to Generate Questions: A Review of the Intervention Studies. *Review of Educational Research, 66*(2), 181–221.

Saab, N., van Joolingen, W. R. & van Hout-Wolters, B. (2012). Support of the collaborative inquiry learning process: influence of support on task and team regulation. *Metacognition Learning, 7*(1), 7–23. https://doi.org/10.1007/s11409-011-9068-6.

Schiefele, U. & Pekrun, R. (1996). Psychologische Modelle des fremdgesteuerten und selbstgesteuerten Lernens. In F. E. Weinert (Hrsg.), *Enzyklopädie der Psychologie. Pädagogische Psychologie: Bd. 2 Psychologie des Lernens und der Instruktion* (S. 249–278). Göttingen: Hogrefe Verlag.

Schneider, W. & Artelt, C. (2010). Metacognition and mathematics education. *ZDM – The International Journal on Mathematics Education, 42*(2), 149–161.

Schneider, W. & Hasselhorn, M. (1988). Metakognition bei der Lösung mathematischer Probleme: Gestaltungsperspektiven für den Mathematikunterricht. *Heilpädagogische Forschung, 14*, 113–118.

Schraw, G. (1998). Promoting general metacognitive awareness. *Instructional Science, 26*, 113–125.

Schraw, G. (2001): Promoting general metacognitive awareness. In H. Hartman (Hrsg.), *Metacognition in learning and instruction. Theory, research and practice* (S. 3–16). Dordrecht: Kluwer Academic Publishers.

Schraw, G. & Moshman, D. (1995). Metacognitive theories. *Educ Psychol Rev, 7*(4), 351–371. https://doi.org/10.1007/BF02212307.

Schreblowski, S. & Hasselhorn, M. (2006). Selbstkontrollstrategien: Planen, Überwachen, Bewerten. In H. Mandl & H. F. Friedrich (Hrsg.), *Handbuch Lernstrategien* (S. 151–161). Göttingen: Hogrefe.

Schukajlow, S. (2010): Schüler-Schwierigkeiten und Schüler-Strategien beim Bearbeiten von Modellierungsaufgaben als Bausteine einer lernprozessorientierten Didaktik. Kassel: Universitätsbibliothek Kassel. Unter: https://nbn-resolving.de/urn:nbn:de:hebis:34-2010081133992 [Zuletzt abgerufen am: 11.06.2020].

Schukajlow, S. (2011). *Mathematisches Modellieren. Schwierigkeiten und Strategien von Lernenden als Baustein einer lernprozessorientierten Didaktik der neuen Aufgabenkultur.* Münster: Waxmann Verlag.

Schukajlow, S. & Leiß, D. (2011). Selbstberichtete Strategienutzung und mathematische Modellierungskompetenz. *Journal für Mathematikdidaktik, 32*, 53–77.

Schukajlow, S., Kolter, J. & Blum, W. (2015). Scaffolding mathematical modelling with a solution plan. *Zentralblatt für Didaktik der Mathematik, 47*, 1241–1254.

Sjuts, J. (2003). Metakognition per didaktisch-sozialem Vertrag. *Journal für Mathedidaktik, 24*(1), 18–40.

Stender, P. (2016). Wirkungsvolle Lehrerinterventionsformen bei komplexen Modellierungsaufgaben. Wiesbaden, s.l.: Springer Fachmedien Wiesbaden (Perspektiven der Mathematikdidaktik). Unter: https://doi.org/10.1007/978-3-658-14297-1 [Zuletzt abgerufen am: 11.06.2020].

Steigleder, S. (2008). *Die strukturierende qualitative Inhaltsanalyse im Praxistest. Eine konstruktiv kritische Studie zur Auswertungsmethodik von Philipp Mayring.* Marburg: Tectum Verlag.

Steinke, I. (1999). *Kriterien qualitativer Forschung. Ansätze zur Bewertung qualitativ-empirischer Sozialforschung*. Weinheim, München: Juventa.

Stillman, G. (2004). Strategies employed by upper secondary students for overcoming or exploiting conditions affecting accessibility of applications tasks. *Mathematics Education Research Journal, 16*(1), 41–71.

Stillman, G. (2011). Applying Metacognitive Knowledge and Strategies in Applications and Modelling Tasks at Secondary School. In G. Kaiser, W. Blum, R. Borromeo Ferri & G. A. Stillman (Hrsg.), *Trends in teaching and learning of mathematical modelling* (S. 165–180). Dordrecht: Springer Science Business Media B.V..

Stillman, G. A. & Galbraith, P. L. (1998). Applying mathematics with realworld connections: metacognitive characteristics of secondary students. *Educational Studies in Mathematics, 36*(2), 157–194. https://doi.org/10.1023/A:1003246329257.

Stillman, G. & Galbraith, P. (2012). Mathematical Modeling: Some Issues and Reflections. In W. Blum, R. Borromeo Ferri & K. Maaß (Hrsg.), *Mathematikunterricht im Kontext von Realität, Kultur und Lehrerprofessionalität* (S. 97–105). Wiesbaden: Vieweg+Teubner Verlag.

Strübing, J. (2014). Grounded Theory and Theoretical Sampling. In N. Baur & J. Blasius (Hrsg.), *Handbuch Methoden der empirischen Sozialforschung* (S. 457–472). Wiesbaden: Springer VS.

Van de Pol, J., Volman, M. & Beishulzen, J. (2010). Scaffolding in teacher-student interaction: A decade of research. *Educational Psychology Review, 22*, 271–296.

Vauras, M., Iiskala, T., Kajamies, A., Kinnunen, R., & Lehtinen, E. (2003). Shared-regulation and motivation of collaborating peers: A case analysis. *Psychologia, 46*(1), 19–37.

Veenman, M.V. J. (2005). The assessment of Metacognitive Skills: What can be learned from multi-method designs? In C. Artelt & B. Moschner (Hrsg.), *Lernstrategien und Metakognition: Implikationen für Forschung und Praxis* (S. 77–99). Münster: Waxmann.

Veenman, M.V. J. (2011). Learning to self-monitor and self-regulate. In P. A. Alexander & R. E. Mayer (Hrsg.), *Handbook of research on learning and instruction* (S. 197–218). New York: Routledge.

Veenman, M. V. J.; Elshout, J. J. (1999). Changes in the relation between cognitive and metacognitive skills during the acquisition of expertise. *European Journal of Psychology of Education, 14*(4), 509–523.

Veenman, M. V. J., Hout-Wolters, B. H. A. M. & Afflerbach, P. (2006). Metacognition and learning: conceptual and methodological considerations. *Metacognition and Learning, 1*(1), 3–14.

Vorhölter, K. (2009). *Sinn im Mathematikunterricht. Zur Rolle von mathematischen Modellierungsaufgaben bei der Sinnkonstruktion von Schülerinnen und Schülern*. Opladen, Hamburg: Verlag Barbara Budrich (27).

Vorhölter, K. (2018). Conceptualization and measuring of metacognitive modelling competencies: empirical verification of theoretical assumptions. *ZDM Mathematics Education, 50*, 343–354. https://doi.org/10.1007/s11858-017-0909-x.

Vorhölter, K. (2019). Enhancing metacognitive group strategies for modelling. *ZDM Mathematics Education, 51*, S. 703–716. https://doi.org/10.1007/s11858-019-01055-7.

Vorhölter, K. (Unveröffentlicht). *Metakognitive Gruppenstrategien beim mathematischen Modellieren – Konzeptualisierung, Messung und Förderung*. Habilitation. Universität Hamburg, Hamburg.

Vorhölter, K.; Kaiser, G. (2019). Eine Idee – viele Fragen. Überlegungen zur Aufgaben-variation beim mathematischen Modellieren. In K. Pamperien & A. Pöhls (Hrsg.), *Alle Talente wertschätzen. Grenz- und Beziehungsgebiete der Mathematikdidaktik ausschöpfen* (S. 296–303). 1. Auflage. Münster: WTM-Verlag (Festschriften der Mathematikdidaktik, 6).

Vos, P. (2011). What Is 'Authentic' in the Teaching and Learning of Mathematical Modelling? In G. Kaiser, W. Blum, R. Borromeo-Ferri & G. A. Stillman (Hrsg.), *Trends in Teaching and Learning of Mathematical Modelling BD1* (S. 713–722). Dordrecht: Springer Netherlands (International Perspectives on the Teaching and Learning of Mathematical Modelling).

Vygotsky, L. S. (1978). *Mind in society: The development of higher psychological processes.* Cambridge, MA: Harvard University Press.

Weidle, R. & Wagner A. C. (1982). Die Methode des Lauten Denkens. In G. L. Huber & H. Mandl (Hrsg.): *Verbale Daten – Eine Einführung in die Grundlagen und Methoden der Erhebung und Auswertung* (S. 81–103). Weinheim und Basel.

Weinert, F. E. (1982). Selbstgesteuertes Lernen als Voraussetzung, Methode und Ziel des Unterrichts. *Unterrichtswissenschaft, 10*(2), 99–110.

Weinert, F. E. (1984). Metakognition und Motivation als Determinanten der Lerneffektivi-tät: Einführung und Überblick. F. E. Weinert & R. H. Kluwe (Hrsg.), *Metakognition, Motivation und Lernen* (S. 9–21). Stuttgart: Kohlhammer.

Weinert, F. E. (1994). Lernen lernen und das eigene Lernen verstehen. In K. Reusser & M. Reusser-Weyeneth (Hrsg.), *Verstehen: Psychologischer Prozess und didaktische Aufgabe* (S. 183–205). Bern: Huber.

Weinert (2001). Vergleichende Leistungsmessung in Schulen – eine umstrittene Selbst-verständlichkeit. In F. E. Weinert (Hrsg.), *Leistungsmessungen in Schulen* (S. 17–31). Weinheim und Basel: Beltz.

Weinstein, C. E. & Mayer R. E. (1986). The teaching of learning strategies. In M. Wittrock (Hrsg.), *Handbook of research on teaching* (S. 315–327). New York: Macmillan.

Wendt, L. (in Arbeit). *Reflexionsfähigkeit von Lehrkräften über metakognitive Schülerpro-zesse beim mathematischen Modellieren* (Arbeitstitel). Dissertation. Universität Hamburg, Hamburg.

Whitebread, D., Bingham, S., Grau, V., Pino Pasternak, D. & Sangster, C. (2007). Development of metacognition and self-regulated learning in young children: the role of collaborative and peer-assisted learning. *Journal of Cognitive Education and Psychology, 3*, 433–455.

Wild, K. P. & Schiefele, U. (1994). Lernstrategien im Studium. Ergebnisse zur Fakto-renstruktur und Reliabilität eines neuen Fragebogens. *Zeitschrift für Differentielle und Diagnostische Psychologie, 15*, 185–200.

Winter, Heinrich (1995). Mathematikunterricht und Allgemeinbildung. *Mitteilungen der Gesellschaft für Didaktik der Mathematik, 21*(61), 37–46. Unter https://ojs.didaktik-der-mathematik.de/index.php/mgdm/article/download/69/80. [Zuletzt abgerufen am: 12.10.2020].

Yildirim, T. P. (2010). *Understanding the modeling skill shift in engineering: The impact of self-efficacy, epistemology, and metacognition* (Doctoral dissertation, University of Pittsburgh).

Zech, F. (2002). *Grundkurs Mathematikdidaktik. Theoretische und praktische Anleitungen für das Lehren und Lernen von Mathematik.* Weinheim u.a.: Beltz. 10. Aufl.

Zöttl, L. (2010). *Modellierungskompetenz fördern mit heuristischen Lösungsbeispielen.* Hildesheim u.a.: Franzbecker.

Printed in the United States
by Baker & Taylor Publisher Services

Printed in the United States
by Baker & Taylor Publisher Services